ヒトラーと国防軍

【著】B・H・リデルハート
【訳】岡本鐳輔

原書房

ハンス・フォン・ゼークト

上　ワルター・フォン・ブラウヒッチュ
下右　ウィルヘルム・カイテル
下左　ウェルナー・フォン・ブロムベルグ

ゲルト・フォン・ルントシュテット

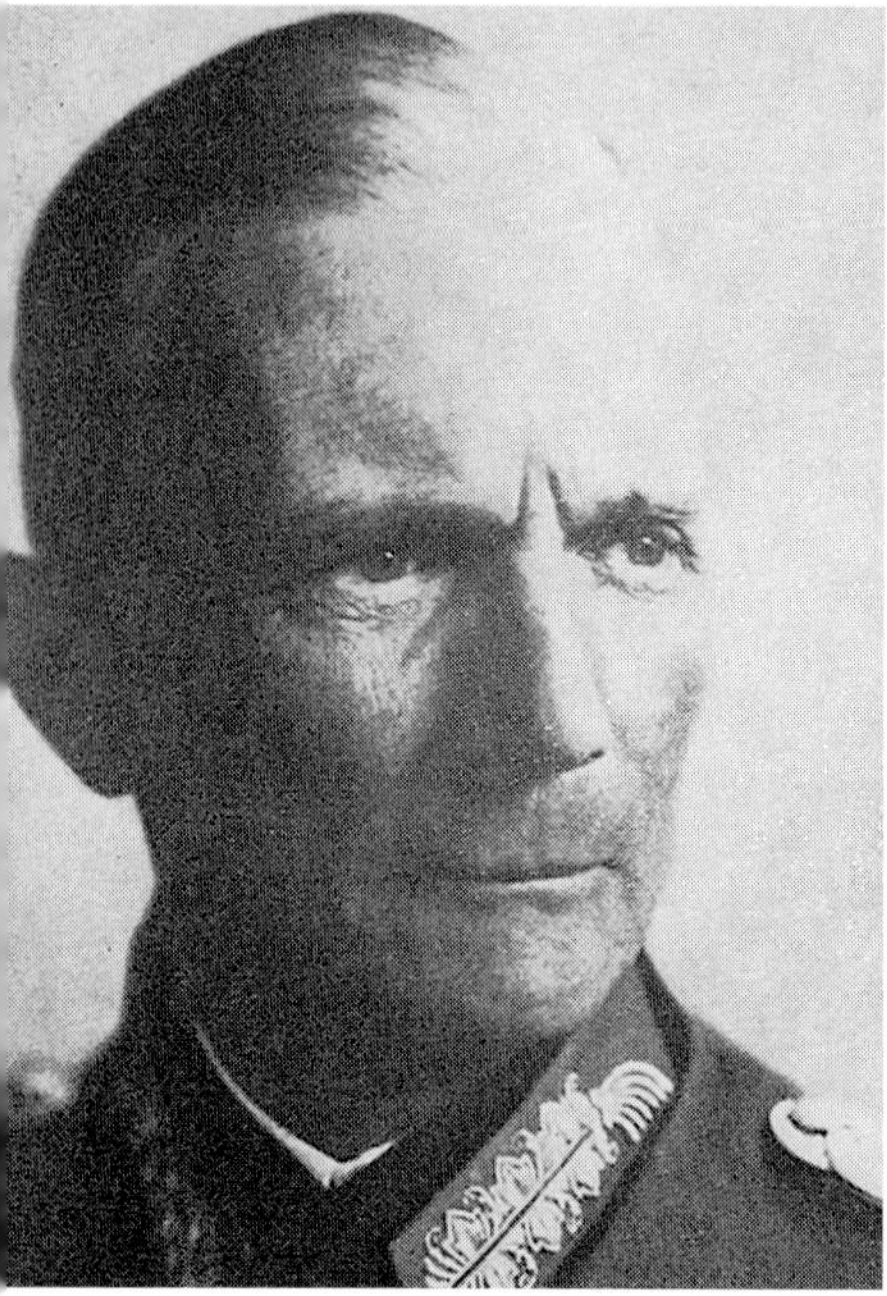

上右　ワルター・フォン・ライヘナウ
上左　フェドール・フォン・ボック
下　ウィルヘルム・リッター・フォン・レープ

上　エーリヒ・フォン・マンシュタイン
下　エルヴィン・ロンメル

右　ギュンター・ブルメントリット
左上　ハンス・ギュンター・フォン・クルーゲ
左中　エヴァルト・フォン・クライスト
左下　ワルター・モーデル

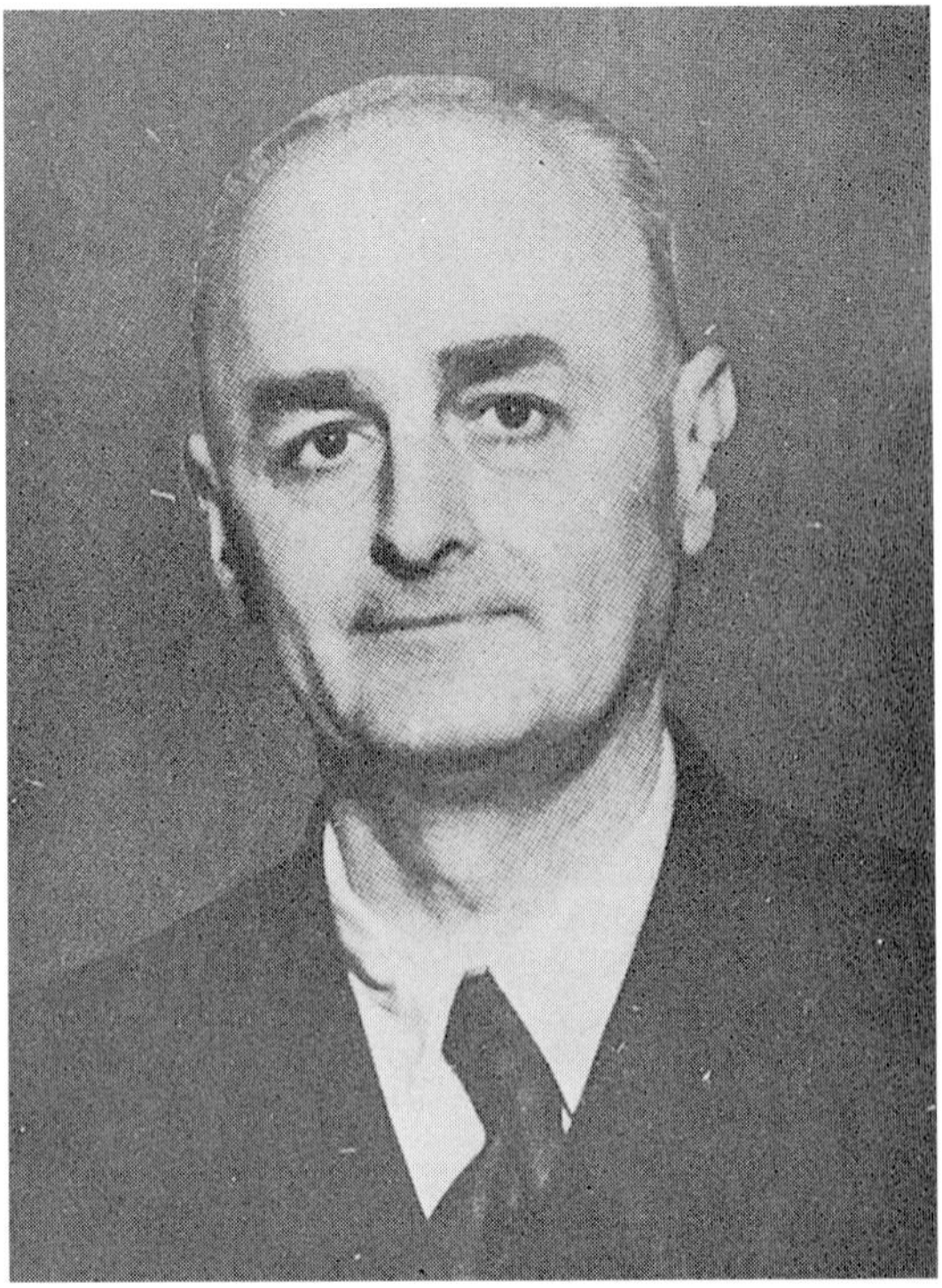

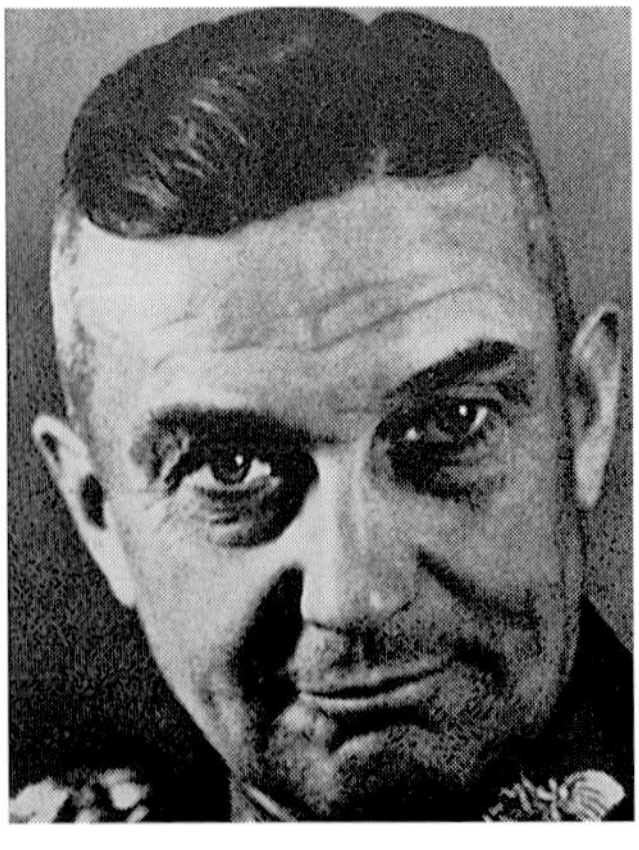

ヒトラーと国防軍

序言

今度の戦争が終った時、私は幸にも旧「敵側陣営」の内部事情を調査して、あちらの側で何が行われていたか、そしてその気持の動きはどうであったかというようなことについて調べる機会に早くから恵まれた。私の従事していた公務のおかげで、私はドイツの将軍や提督達と、かなり長期にわたって接触することができ、そこでその人達との多くの議論を通じて、私は戦争中のいろいろな事件について彼らの側の証言をえた。その記憶が未だ薄れず、また後からの思案によって絶えず色づけられたりすることがないうちに——。かくして私はドイツの統帥部とその活動の幾多の秘密を白日の下に曝すことができたのである。

そこで行われたことを理解するには、彼らの話を聞くだけでなく、その人物を研究することもまたそれに劣らず有益であった。不思議なことに、彼らの中であの典型的な、鉄のようなプロシャ型軍人像に似ていたものは非常に少い。ルントシュテットが一番それに近かったが、ただ彼の場合でも、その生れながらの慇懃さと軽いユーモアによって相殺されていた。逆境に立った時の静かな威厳と、その困難な条件を黙って受け入れること——これはわれわれ抑留者側の名誉とは言えなかったが――は、彼に出会った英国の将校達ほとんどすべての尊敬を克ちえた。それに対して他方には、態度の荒い粗野なタイプの若い将軍達の一群があったが、それはいずれもナチのおかげで昇進した人々だった。けれどもあとの多数は、この二つのタイプのいづれとも違って、どう見ても統率型の人物ではなく、まあ言ってみれば銀行の支配人会議かまたは民間技術者の集りの席か何かへ座っているのが、丁度適役ではなかろうかと思われるような人達ばかりであった。彼らは本質的にテクニシァンで、その専業に専心しており、その他のことには考えが向いていなかった。ヒトラーが彼らを目くらにし、また適当に操って、最後まで優れた道具として使うことができたというのは極めて見易い道理である。

さて、そうした彼らの証言を整理したり分類したりするためには、一応戦争前の軍事情勢についての背景的な知識を心得ておくことが有益であった。それは時間の節約のためばかりでなく、終戦時でさえもなお広く行きわたっていた誤解をさけるためでもあったのだ。

二つの大戦の間において、軍事問題通信員としての私は、仕事の性質上、ヨーロッパにおける事態の進展について常に注目していたし、特にドイツの動向については接触を保つよう努力していた。実際私の軍事問題の著書がドイツで読まれ、かつ若干の指導的な軍人達は自分でそれを訳すことさえしたために、その私の仕事も直接間接、やり易かったことは事実である。

私がナチの脅威に対して警告を発し、あるいはその「宥和政策」に強く反対していたことは、ヨーロッパでもアメリカでも、戦前私の著述をフォローしていた人達には早晩分って貰えると思うのである。私はヒトラーが権力を握る前からさえもその不吉な兆候を指摘していた。それと同時に私にとって明らかであったことは、ドイツの参謀本部がヒトラーに与えた影響力なるものはカイゼルの時代よりも遙かに少く、しかもヒトラーの侵略政策に対しては、そのアクセルになるよりはむしろブレーキになる傾向の方が遙かに強いということであった。

けれども世間の印象はそれとは全然逆であって、ドイツ参謀本部は一九一八年の前と同じく、ドイツの侵略政策に対して大きな役割を果してきたという考え方が、あのニュールンベルクの戦争裁判の時にも、検察側の態度を色どっていた。そうして英・米両国政府が、もうずっと前からこの固定観念に捉われていたために、軍の協力によってヒトラー政権を打倒しようとするドイツの地下運動に対して適時かつ有効な支援を与えることができなかったのである。このドイツ参謀本部によるドイツの政策に対する影響という誤った観念は、今は完全に時代遅れのものだけれども、しかし伝説というものは久しく残り、かつ迷妄はしつこいものだ。これがひいてはヒトラー政権の崩壊を遅らせ、さらにそうでなければ早く終結していたであろう戦争を、数ヵ月、否数年の長きにわたって延引させる結果になった。ヨーロッパに与えたその悪影響は今漸くにして認識されつつあるのである。

私は今この機会に、このさまざまな事件の早期解明を容易ならしめてくれた人々の助力と歴史的センスに対してお礼を述べたい。またF・S・キングストン大尉の巧みなドイツ語とその直感的なチーム・ワークが、このディスカッションに対して非常に大きな助けとなったことに対して謝意を表する。同時に今度の歴史的な調査について、敵側の陣営の非常に多くの人達が進んで助力を提供し、かつ議論において客観的な態度を取られたことを深謝する。最後に本書の準備中、貴重な注意と示唆とを与えられたサー・パーシィ・ホバート少将、チェスター・ウィルモット、G・R・アトキンソン、ならびにデスモンド・フラワーの各氏に対して謝意を表するものである。

B・H・リデル・ハート

目次

目次

序言

第一部　ヒトラーの将軍たち

第一章　自殺的分裂　2
第二章　ゼークトの鋳型　10
第三章　ブロンベルク＝フリッチュ時代　20
第四章　ブラウヒッチュ＝ハルダー時代　31
第五章　日なたの軍人—ロンメル　44
第六章　日かげの軍人たち　54
第七章　老親兵—ルントシュテット　70

第二部　戦争への序曲

第八章　ヒトラーの抬頭　80

第九章　戦車の登場　88

第三部　ドイツ人の目を通して

第十章　ヒトラーはいかにしてフランスを打ち——
そしてイギリスを救ったか　102
第十一章　フランスでの終りそして最初の挫折　133
第十二章　地中海での災厄　149
第十三章　モスクワでの挫折　160
第十四章　コーカサス、スターリングラードでの挫折　181
第十五章　スターリングラード以後　201
第十六章　赤軍について　210
第十七章　ノルマンディーでの麻痺状態　217
第十八章　ヒトラー暗殺未遂事件——西部より見たる　246
第十九章　ヒトラーの最後の賭け——アルデンヌ　258

第二十章　ヒトラー——一人の若い将軍から見た—— 278
ドイツ軍統帥部の構成・本書に登上する将軍たちの官職
訳者あとがき

第一部　ヒトラーの将軍たち

第一章　自殺的分裂

戦争中のできごとというものは、すべてその時点では、ある特別な様相を呈する。それは戦争が終って、より明るい光の中で見るのとは違って見えるものだ。特にその指導者達の姿は一層そうだ。つまり戦争中の表向きの彼らの姿は、実は本当のものではないのみならず、形勢の推移によっても変化する。

戦争開始前、さらには西ヨーロッパを制圧していた頃のヒトラーの姿というのは、それこそナポレオンの戦略とマキャベリの巧智とマホメットの狂信的情熱の三つを兼ね備えた巨人的様相を以て世界の前に立ち現われていた。ところがロシヤでの最初のつまづきがくると、とたんに彼の姿は縮みはじめ、そして終りに近づくにつれて、戦争にかけてはいかにも不ざまな素人と目せられ、その気違いじみた命令と愚鈍な無知のおかげで連合軍は非常に大きな利益を得た。かくしてドイツ軍の蒙った損害のすべてはヒトラーに帰せられ、逆にその成功のすべては皆ドイツ参謀本部の手柄になってしまったのである。

人間をこのように描くことには、もちろん多少の真実もあるが、しかしやはり事実ではない。ヒトラーが愚かな戦略家であったなどとはとんでもない、むしろ彼は明敏すぎた。そうしてそういう明敏さに通常伴いがちな自然の欠点によって彼もまた食われてしまったのである。

彼は不意打（奇襲攻撃）に対する深い洞察力を持っており、戦略の心理的側面についての達人であった。そしてそれを新たな高さにまで持ち上げた。戦争がはじまるかなり前に、彼はその仲間達に向って、ノルウェーを奇襲攻略するにはどうすればよいか、またフランスはどうすればマヂノ線を迂回急襲することができるかということについて説明している。彼はまた戦争に先だつ無血の征服が、地下運動による抵抗組織によっていかに巧に達成されるかということを、他のいかなる将軍にもましてよりよく理解していた。敵の心理を弄ぶことにかけては史上のいかなる戦略家も及ばなかった——これこそが戦略の最高技術であるわけだ。

ヒトラーがその部下の職業的助言者達、つまり参謀将校達の意見に反して屢々彼の意見の方が正しかったということこそが、まさに彼らの犠牲においてヒトラーの影響力を強めて行ったゆえんである。このため結局後日になって、今度は統帥部の方がより正しく観測していた時になっても、結局彼らのその主張の力を弱めてしまった。というのはいよいよ対ソ戦という段階になって、彼の欠点の方がその能力を上廻り、赤字は募って遂に破産に至ったからである。けれどもここでも忘れてはならないことは、その職業的な戦略家であったナポレオンでさえも、丁度同じように自分の成功に幻惑され、まさにその同じところで全く同じ致命的な誤りを犯しているということだ。

ヒトラーのここでの最悪の欠点というのは、要するに味方の損害を最少限度に食い止める努力をしなかったこと、その成功の機会がすでにうすれているにも拘らず、あくまで攻撃を強行しようとしたことだ。けれどもこの欠点なるものもまた、前大戦にドイツの最高統帥者であったヒンデンブルクやルーデンドルフのみならず、当時連合軍の最高司令官であったフォッシュ将軍やエー将軍のような人達にまでも、極めて顕著に顕れていた欠点だったし、しかもそのお歴々はすべてがまさに職業軍人であった。ヒトラーもまたドイツ軍のフランスにおける適宜な撤退を肯んじなかったことによって、そのドイツ軍の壊滅を造り出すのに多くの寄与をなしたけれども、彼のこの態度もまたフォッシュのそれと同じであった。両者の間の決定的な違いというのは、一九一八年のときには現地の指揮官達が、それぞれ自分の判断によって賢明であると認めた以上には、決してフォッシュの命令に従わなかったのに反して、一九四四年から四五年にかけてのドイツの将軍達は、ヒトラーの命令に背くことを極力おそれていたというところにある。

なぜドイツの計画が失敗したかということの真の説明を見つけ出すために我々が探らなければならないことは、この彼らの間に漫延していた、ヒトラーに対する恐怖の原因と、それからドイツ統帥部自体の中での内部衝突である。もしヒトラーの戦略的な直観力と、ドイツ参謀本部の戦略的な計算とがうまく合体していたら、それはおそらくすべてを征服し尽すほどの物凄い力を発揮したことだろう。ところが事実はそれに反して両者が自殺的な対立を作ったために、それが相手にとっては望外の救いになった。

ドイツ統帥制度の育て上げた古風な型の将軍達が、今度の戦争を通じてずっとその戦略面での主な遂行者であったけれども、ドイツ軍が成功していた間はその役割は充分認識されなかった。ところがドイツの形勢が逆転しだすと、その将軍達の占める役割が次第に大きく見えはじめ、やがて相手の連合国の国民の目からは真に恐るべき要素のように見えだした。そして最後の年になると、焦点は専らその指導的代表者ともいうべきルントシュテットにあてられた。常に問題とされたことは、ヒトラーが何をしたがっているかということではなくて、ルントシュテットが何をしたがっているかということであった。その軍事的な側面と、ナチからその権力を奪取するための政治的クーデターとの両面において——。

ドイツの将軍達は非常によくまとまった団体であり、そして気持も全く一つであったから、政治的にもおそるべき力を発揮できると思われていた。そういう印象が連合国側にたえず存してそれが不断の期待となり、その将軍達がいつかはヒトラーを追い出してくれるだろうと信じていたが、遂に最後までその期待は充されなかった。

これはまた彼らがヒトラー同様、連合国にとっては非常な脅威の的であり、ドイツの侵略についての責任を分たねばならぬという一般の確信をも説明するものであった。軍部に対するこういう見方は前大戦には真理であったが、今度の戦争では時代遅れになっていた。ドイツの将軍達は第二次大戦の開始に対してはほとんど何の影響力も持ち合せなかった——余り役に立たないブレーキとして以外には——。

ところが一たび戦争がはじまってみると、彼らの遂行能力なるものはヒトラーの成功に対してかなり大きな寄与をした。けれどもその功績は当座はヒトラーの大成功のかげにかくれてしまった。そしてヒトラーの星が欠けはじめるにつれて、彼らの姿が再び外の世界の人々の目に一そう顕著に見えはじめたが、しかしその時には実は彼ら自身の国の中では、かえって一層無力になってしまっていたのである。

そうなるについては実は、種々の要素の結合があった。彼ら軍部の将帥達は元来が保守的な階級と伝統とを代表する人達で、ドイツ国家社会主義、つまりナチの革命的精神や狂信的な信仰の中で育ってきた若い世代にアピールするものはほとんど持っていなかった。彼らはその体制に反対するようないかなる動きに関しても、特にその体制に対して信仰を吹きこむ人物である指導者《フューラー》に反対するようないかなる動きに関しても、自分自身の部下と軍隊との忠誠心を期待することができなかったのである。彼らは進んで世の公事から遠ざかっていたし、さらにヒトラーが巧に彼らをその情報源から遠ざけたために、そこにもまたハンディができてしまった。

さらにまた他の大きな要因は、国家の首長に対する忠誠の誓というものに対して生来しみついている訓練と、彼らの抱くそれへの深い重要性の念である。ただこの場合、その相手の首長なるものが、実は名うての約束破りの名手であったということを思うとこれは誠におかしなことだが、彼らとしては実に純粋な感情であり、しかも彼らを縛り上げていた要素の中では最も尊敬すべきものであったということはいえるのである。けれどもそれと同時に屢々作用したものは、実は個人的な利害の念であって、それが共同の脅威に直面したさいに自分の仲間に対する信義を裏切り、国家の最善の利益をひっくり返してしまう結果になった。個人的な野心が作用したり、あるいは個々の利害が分裂したりしたために、彼らがその軍事的分野における専門的な要求を貫いたり、外部からの干渉から守ったりするための長い闘争をやる際に、それが致命的な弱点になった。この闘いはヒトラーの抬頭からドイツの没落に至るまで十二年間続いたのである。

その最初の局面は、当時黒シャツ隊の隊長であったレーム大尉と他のリーダー達に対するヒトラーの恐怖心をヒムラーが非常にうまく利用して、例の血の粛正なるものをやらせた時である。あの時、この職業軍人達は間接にではあったが、明かに利益を得たという事実によってその第一幕を閉じたのである。レームが本当にヒトラーを打倒しようとしていたかどうかは不明であるが、ただ彼らがその軍事面の上で大きな場所を占めようとしていたことについては疑いがない。そこで彼らが殺されてしまうと、ヒトラーは今まで以上に一層将軍達に頼るようになり、他方、将軍達はまた軍の中でのその優越性を再び確立することができるようになった。

第二の局面は一九三八年一月に頂点に達した。けれども、今度はその軍人達自身がヒムラーのしかけた別のワナにかかってしまったのである。これより前、一九三三年、ヒトラーはブロンベルク将軍を陸相に任命してあった。ところが彼の同僚達は、このブロンベルクが日ましにヒトラーの影響力の方向へ感染してゆくことについて不安の念を抱いていたが、やがて彼が自分の役所のタイピストと結婚するという話を聞くに及んで大きなショックを受けたのである。これは彼らの同情を一層薄めた。しかしヒトラーはこの「民主的な」結婚を祝福し、さらに自分で臨席までした。ところが、それからまもなくヒムラーは警察で調べた秘密書類を持ち出してきたが、それによると実はこの女性は売笑の経歴があるというのであった。それを聞いたヒトラーは、本当か嘘かは知らないが、ともかく激怒してブロンベルクを罷免した。ついでヒムラーは今度はまた別の文書を提出し、国防軍総司令官のフォン・フリッチュ将軍について男色の疑いがあるということを申し立て、そこで今度は彼がまたヒトラーによってクビになり、フリッチュはその後、正式の裁判で明しが立ったけれども再び復職はしなかった（この事件の詳しい説明は第三章にある）。

ヒトラーはドイツの将校団のこの精神的動揺を利用して、国防軍の最高指揮権を掌握することに成功した。これがきっかけになってやがてヒムラーがその影響力を強めるようになり、遂にはヒトラーが戦略面でも窮極のコントロールを握るようになってしまったのである。この後ブロムベルクに代ってカイテル将軍が陸相に任命されたが、もはやその地位は低かった。そしてそれ以後彼は、己れの地位をヒトラーに隷属することのみによって保ち続けるのである。もともとカイテルはフリッチュ事件の時に種々画策をして、それがために将軍達の反対運動の結束を乱してしまった人物である。軍の首長としての国防軍総司令官には、カイテルよりも遥かに尊敬すべき軍人であったブラウヒッチュが任命された。ブラウヒッチュは古い立場でもなければまたナチス派のグループでもなかったので、この巧妙なやり方によってヒトラーは軍を宥めようとし、実はフリッチュよりは御し易い人物を軍の最高指揮官として確保することができたのである。

ところがブラウヒッチュは、予想に反して職業軍人階級の利益擁護のために一層強力な結束を作りはじめた。彼はまた、ドイツ軍は未だ戦争の用意ができていないこと、従ってヒトラーは戦争を賭してまでその侵略政策を押し進めるべきではないと警告することによって、ナチの外交政策にブレーキをかけようとしたのである。彼は参謀総長のフォン・ベック将軍の協力を得て一層強硬にたてづき、ベック将軍はまた、ヒトラーの好戦的な政策を公然と非難することまでしたために、とうとうヒトラーによって解任された。それでもなおブラウヒッチュとベックの後任者のハルダーとは、ヒトラーがチェコスロバキヤ問題で行くところまで行こうとした時には抵抗したが、ただこの時はかえって相手の英・仏両国政府が譲歩したため、いわば自分の足もとが崩れてしまった恰好になった。

チェコスロバキアの無血征服という、加わった威信を以て、ヒトラーはその調子でポーランドへ乗り出すことができたのである。もはや将軍達は、まずロシヤの中立を克ちうるのでない限り、この問題に関しては決して戦争の危険を犯してはならないとヒトラーに説得する以外には、何ら抑制の役を果すことはできなかった。しかして一たびその中立が得られると、今度はヒトラーは英・仏両国は必ず傍観するであろうこと、そうしてポーランドに対する一撃は決してドイツを重大な危険に巻きこむおそれはないということを、多くの将軍達に説得することができたのである。

ヒトラーとその将軍達の間に新たな緊張が発生したのは、ポーランド征服の後、彼が西部で攻撃に出ることによって、将軍達が恐れていた一層大きな範囲での戦闘への突入をヒトラーが考えているのではないかということを彼らが感知した時である。長い危険を侵さずしては、フランスを打ち負かすことさえ不可能であると将軍達は信じていた。けれどもここでも再び彼らの抗議は無視された。そしてその後、話題になっていたヒトラー転覆計画なるものも消えてしまった。この段階での彼らの無力を責めることはおそらく不当であるだろう。というのは彼らがその計画に取りかかったとした場合、果して部下の将兵達がついてくるかどうか疑問であったし、しかもいやしくも戦時にあって、国民の前に叛逆者として立ち現われるということについての自然な嫌悪感があったからである。

フランスへの侵入は、ヒトラーが彼らの疑問を押し切って命令したものであった。その成功の原因は、一部はその古いタイプの将軍達が保守的な懐疑の念を示していた時に、彼が養い育てた新らしい戦術と武器のたまものであり、また他の一部は、ある若手が言い出したことをヒトラーが強く推進してやらせたところの、新らしい大胆なプランによるものであり、また他の一部は、彼らが全然考慮に入れてなかったフランスの同業者達の大きなヘマのおかげである。

けれども、ともかくこのドイツの将軍達の作戦遂行能力なるものが、ヒトラーのフランス征服にとっては欠くべからざる条件であった。実際、あの時敵を英仏海峡まで素早く追いつめて、その成果を満喫することができなかったのは、まさにこのヒトラーの突然の、そして理解しがたい躊躇であって、彼ら将軍達のそれではない。けれども皮肉なことに、勝利に対する彼らの寄与は、かえって彼らの地位を一層弱める結果となった。この大勝利の後に世界のすべての人々の注目を独占したのはヒトラーであり、月桂冠は彼の額にかけられたのであって将軍達の方ではなかったのである。ヒトラーは自分自身に王冠をかぶせるように留意した。今や自分は世界第一の戦略家になったかのように思いこみ、それ以後たえず将軍達の仕事の分野に口を出し、そして自分の希望に反する意見を彼らから聞くことをますます好まないようになってしまった。

ヒトラーがロシヤに向って突入しようとしているということを知った時、ほとんどすべての将軍達は恐怖した。けれども、ここでも他のすべての特殊技術家にありがちなように、彼らは自分の専門外のことについてはナイーヴであり、ヒトラーはまたそのソ連に対する冒険の必要なことを説得するのに、軍人の知らない政治的な知識・情報を持ちだして彼らの疑念を圧倒するという手を使い、そしてロシヤの内部の弱さが、その軍事力の強さに影響せずにはおかないといって納得させた。そしてこの侵攻作戦が狂いはじめると、ブラウヒッチュとハルダーとは後退することを望んだが、しかしヒトラーにしてみれば、その誘惑に抵抗するには余りにもモスクワへ近よりすぎていたのである。彼は万難を排して攻撃を続行することを強調した――たとえチャンスは失われていても――。そうしてもはやその失敗がかくし切れなくなった時、彼はブラウヒッチュを罷免してうまく責任を転換し、ヒトラー自身が軍全体の長であると同時に自から国防軍総司令官の地位に就いたのである。

残余の戦争期間中、彼は政策に関する将軍達の見解を一蹴して行くことができたし、また彼ら自身の分野におけるその判断を一蹴することさえもできたのである。もし誰かが反対すればいつでもその男の首を切って空席を埋め、その攻撃継続に対する忠誠心を表明する別の人間を発見することは極めて容易だったのだ。すべて軍人というものはいつも本質的にはそうなので、そして常にそうする傾きを持っているものである。それと同時に今やS・Sのリーダー達の勢力が次第に軍に浸透し、かつ疑わしい指揮官すべてを常に監視しておくナチのスパイ組織が深く浸透するようになってしまった。もうそうなると、将軍達の反乱が成功しそうな可能性は著しく減った。結局彼らのなしうることは、その自分達に与えられた命令を、善用するか悪用するかのいずれかより外にはなくなった。というのは将軍達の中には、ただもうヒトラーの計画をさぼって、やがて戦争の終結を早める一方法としてのみ、その絶望的に軽卒だと彼らが考える計画を遂行しようとしているのではないかと疑わせるようなものが何人か出てきたからである。

第二章　ゼークトの鋳型

第一次大戦に対して最大の影響力を持っていたドイツの将軍が、その大戦のはじまる前の年に死んだ――その七年前から、彼はすでに引退していたのではあったが。それがすなわち、バルチック海岸、メックレンブルクの出身、アルフレッド・フォン・シュリーフェン将軍である。彼こそまさにフランス侵入計画の立て役者であり、要塞突破の「カンキリ」を用意して、しかもそれを操作するスタッフを訓練した人物だった。その計画なるものは、結局フランスの側面を迂回包囲するためにベルギーの中立を侵犯することまでを包含しており、そのためとうとうイギリスを参戦せしめることになったのだ。この計画は彼の後継者の手によって、やり損いの形で実演されることになったとはいうものの、それでもあわや一ヵ月以内に勝利を得そうなところまで行っていた。

ところで今度の第二次大戦に対して最大の影響力を与えたドイツの将軍は、その大戦のはじまる三年前に死んだ。そしてすでに十年前から引退していた。これがハンス・フォン・ゼークトで、メックレンブルクとデンマークの間にあるシュレッスウィッヒ・ホルシュタインの出身である。彼はその第一次大戦でのドイツ敗北の後を受けて、ともかくもどうにか役に立つことのできるドイツ陸軍の再建に奔走し、やがては一層大きな建物がその上に立つことのできるような基礎を据えた人物だったのである。彼のそうした作業は、勝者の課した平和条約の、極度に妨害的な条件の中で計画かつ遂行されねばならなかった。現にその条約自体が、ドイツ陸軍のいかなる重大な再建をも阻むはずのものだったから。従ってこれらの制約は当然彼の成果を一層意味あるものにした。ドイツ国防軍の成功のほとんどすべて、特にこの戦での緒戦の勝利は、ゼークトの鋳型にはめて作られたものである。そしてその後半での失敗は、すでに彼の警告によって予兆せられていたものである。

第二次大戦におけるドイツの将軍達を適正に評価するには、どうしてもまず第一にそれに対するゼークトの影響力というものを正しく評価することからはじめねばならない。それをおいては彼らの評価はないのである。それほどにも、ドイツ陸軍再建期が未来に与えた影響は大きかった。それを詳述することによって、然る後に一九三九年から四五年までの期間――この第二次大戦で名声をはせるようになった個々の将軍達の扱いをそれに応じて縮めることができると思う。というのはここにすべての人物に共通している背景があるのであり、かつその理論のはめこまれた鋳型を見ることができるからである。もちろんそれに対する解釈はさまざまであったが、ベルサイユ条約という禁止の下で、参謀本部がひそかに作業していたこの時代に新たに造り上げられた広い土台の重要性に較べたら、遥かに小さなものであったのである。

第一次大戦当時中佐であったゼークトは、クルックの第一軍の中の、一軍団の主任参謀としてスタートした。そのため、シュリーフェンの絶妙な計画がその遂行において誤まられ、決定的な勝利がその達成寸前に崩壊した経過を、すぐ目の前で眺めていた。彼自身は一年後に、一九一五年、かの beau sabreur（猪武者）とあだ名された勇敢な軽騎兵将軍、フォン・マッケンゼン元帥を導びく冷静な頭脳として、ポーランドのゴルリッツにおける決死的突破作戦を敢行してロシヤ軍を壊滅させ、彼らを再起不能の状態におとし入れるほどの成功をとげた。この時ゼークトは、はじめて近代的な浸透作戦の萠芽を含んだ攻撃方法を採用したが、それは結局、予備軍を敵の最も脆弱な部分に投入して、そこをできるだけ深く突破侵入していくというやり方だったのであり、これはそれまでのように全線ほぼ平行に攻撃し、その予備軍は敵の最も強靱な部分を制圧するために使うというやり方とは違っていた。

彼は成功しただけでなくて名声を博した。というのは、マッケンゼン将軍の背後のかげの頭脳として次第に広く知られるに至り、遂には「マッケンゼンあるところゼークトあり、ゼークトあるところ勝利あり。」という言葉がドイツ軍の間で広く語られるようになったからである。彼はその後も東部戦線で重要な役割を果たしていたが、ただ彼の不運でもありかつ人気者になる機会を失ったことの理由は、彼がその一九一六年から終戦に至るまでのドイツ参謀本部を牛耳っていた、ヒンデンブルク＝ルーデンドルフの系統から外れていたということであった。

けれどもこれはまた逆に、西部戦線における最後の崩壊に巻きこまれることなく自分の名誉を保つことができる理由となったし、かつそのため戦後の講和会議におけるドイツ派遣団の顧問にもなったのである。その点からしても、この講和会議でドイツに課せられた将兵合計十万という小さな国防軍の総司令官に彼がなったということは、一応、極めて自然のなりゆきであった。

そしてゼークトがこういう束縛を押しのけて、ドイツの軍事力を取り戻す準備のために自分の一身を捧げだしたということも、これまた一層以って自然であったと言わねばならない。――これはおそらくいかなる国の軍人でも、もし同様の境遇におかれたならば必ずやったに違いない。そこで彼が指針に選んだのは、一八〇六年のプロシャ敗戦の後で、ナポレオンから課せられたプロシャ陸軍解体という指令をもぐってカムフラージュされた軍隊を作り上げ、やがて七年後にナポレオンを打倒することに成功したシャルンホルストの手法に見ならうことであった。しかも今度の場合、ゼークトとその使徒達は、シャルンホルストよりもさらに困難な条件の下にあって、さらに若干の点において一層うまいやり方をした。

ゼークトが克服しなければならなかった最初の障害は、新しい共和国の指導者達が旧軍人階級に対して抱いていた真に自然な不信の念であった。彼らはかつて民間人を軽蔑的に取り扱い、そのくせ、あげくの果には国民を敗北の淵に導いてしまったのである。この点においてゼークトのメリットになったのは、彼の、その洗練された態度とか、対人的なうまさとか、明晰な理解力等が、かつてヒンデンブルクやルーデンドルフのような、剛慢かつぶしつけな態度の軍人達に慣れていた人々に対して、非常に良い印象を与えたということであった。ゼークトという人物は、彼らが剛慢不遜な旧プロイセン型の将軍達に対して抱いていた苦い経験とは、大変違った快よい対照を示したのである。その上品さ、芸術に対する興味、ならびに世故にたけていること等が、スフィンクスとあだ名された彼の自制的な人がらに対して、ある微妙な香りをそえてもいた。ややシニカルな態度とか、皮肉な批評とかというものは、なるほど軍上層部の人達の間でこそ、嫌われていたが、逆にかえって政治家達の目から見れば、それは激しい狂信主義を欠いでいる証拠と受けとられ、かつまた、その軍事的才能と温健なミリタリズムとが、うまく混合している証拠であるとも思わせた。

ゼークトは軍全体を政治から遠ざけることによって、

この具合の悪い時代にドイツの新しい共和主義的体制に対してまず明白な忠誠心を披瀝した。そうすることによって彼は軍の発展生長を隠蔽することができると同時に、当時、旧軍将校の多くのものがしばしば関係していた、半公然たる政治活動をも覆い隠すことができたのである。彼は新たな国防軍の将校および下士官には、既得権の許す限り、戦争の経験を経ているものを任命することにした。こうして彼はこの四千名の将校と九万六千名の小さな軍団を、極めて有能な教師と指導者の群に作り上げ、他日可能となった暁には、急速に拡張することのできる骨組たらしめんことに努めた。その訓練は急ピッチで進められ、かつ新たな方針にそって行われたために、かえって過去の無制限時代の軍隊よりも、その精神と練度において一層濃度の高いプロフェッショナルを作り上げることができたのである。

彼はこの骨組に加うるに、さらにさまざまな形の地下計画を以ってこれを補い、それによって、かく強制的に近代的な主要兵器の使用を奪われた軍隊内でやれる以上の、一層広い経験を将校達に得させることに努めたのである。そしてそれによって退役将校をサビつかせないよう、配慮した。多くの参謀将校や技術家達が、一時、日本、シナ、南米諸国、バルト諸国、ソ連等々において傭聘され、そこで戦車についての若干の実地訓練を受けることができたのである。また、他の将校達は民間航空において飛行訓練をも受けた。それから解体された旧軍人の相当部分は、実は当時のドイツ国内で急速に広まりつつあった非公然の組織の中で、継続的な軍事的訓練を受けており、かつそのための特別な武器を温存するよう、多くの口実が使われていた。

こうしたさまざまの工夫は、結局多くの制約の網の目をくぐろうとする一人の明敏な軍人と、そのアシスタント達の頭のよさを示しているのだ。それはまた、平和条約が充分に守られているかどうかを監視する責任を負った連合国の将校達の、たえざる悩みのタネでもあったのである。けれどもこれを、その後のドイツの新たな侵略という爆発を可能ならしめた原因としてその重要性を過大評価するならば、それは歴史的には誤りであろう。これはドイツが再び世の重大な危険物となる前に、ドイツが取り返さなければならなかった重みに比すれば、その全体の効果は極めて小さなものである。真に重大な結果をもたらした実質的な発展の多くのものは、ヒトラーが一九三三年に政権を握り、そして、旧連合国がもう一切干渉しようとしなかった大規模な再軍備計画に乗り出した後になって、漸く達成されたものである。

ゼークトのやったことの中で一番本当の成果というべきものは、戦後のドイツの陸軍に新しい一連の理念を与えて復活させると共に、さらに新たな発展方向に向かって軍を転換させたところにある。彼はそれによって勝者の無気力がその遂行を黙認する事になってしまった量的復活に加うるに、質的優越までもなし遂げた。彼はドイツ国防軍に対して運動性という福音を与えた。敏速に運動し、かつ攻撃するところの精選された軍隊は、近代的な条件の下では、量にだけ頼っている旧式の軍隊を優に打ち負かす事ができるというのだ。この見解は、彼の東部戦線における経験に負うところが少くない。そこでは面積の広さが、西部戦線におけるよりも一層広い運動の余地を与える。戦後の国防軍において最初に作られた教典によれば、「あらゆる行動は奇襲に基礎を置くべきである。奇襲なくして偉大な成果をあげる事は不可能だ。」それからまた、柔軟性ということも、他のもう一つの要諦であった。「特に予備軍は成功の得られた場所へ、それを拡大するために投入しなければならぬ。たとえそれによって最初の攻撃の重心が移動するようなことになったとしても構わない」このような柔軟性を押し進めるために、国防軍は内部連絡のための新しい手段を急速に発達させた。そして他のいかなる戦後の軍隊にもまして、軍のこの部門に、その制限された力の中の大きな部分を捧げたのである。それはまた、各段階の指揮者に向って、当時通常とされていたよりも一層前進しているべきことが強調された。それによって彼らは自分の指を戦さの鼓動にかけておくことができるのであるし、かつその部下に対する影響力を、より敏速におよぼすことができるのである。

この運動性を強調、重視するという点において、戦後のドイツ教典はフランスのそれと著しい対照を示している。フランス軍では「火力と機動性の二つの要素の中では、火力の方が優先する」。フランスの理論は、将来いかなる戦争でも、明らかに一九一八年のスロースピードの戦術形態のくり返しになるということを頭において作られたものである。この相違は不吉なものとなったのであるが、ただこの場合のドイツ側の方針は、単にその平和条約によって押しつけられたハンディキャップを、最大限に利用しようとした必要性のみから生じたものでもなかったのである。というのは、彼ゼークトは、その新教典の序文のところに極めて率直にこう書いた。――「これらの準則は近代的な軍事大国における軍隊の強さ、武器、装備のすべてに基いて決められたものであって、決して平和条約において定められた十万のドイツ国防軍にのみ、あてはまるものではないのである」

ゼークトの活動は一九二六年に終ってしまった。その年、彼はミスをやって、結局辞職せざるをえなくなったのである。それは、旧ドイツ皇太子の長男に当る人物を、軍の演習に参加することを許したことから生じた政争の結果であった。彼の視野の狭さ――それは他の将軍達に比すれば広く見えたのだが――は、その後になってドイツ人民党の生半可なアイデアのスポークスマンとして政治の舞台に出てきたことによって、一層はっきり露呈した。けれども彼の軍事的な考え方の影響力なるものは、その後もずっと成長し続けた。

彼の未来に対するヴィジョンとしては、その退官直後に書いた『一軍人の思想』（一九二八年）という本の中に明瞭に出ている。彼はその本の中で、徴兵制度に基づく過去の巨大な軍隊の価値に対して疑問を呈し、果たしてそれの効果が、それに要する努力と犠牲につり合うかどうか、単に徐々に骨身を削るような消耗戦になってしまうだけではないかと考えた。「大軍隊というものは動かしにくい。それは運動ができない故に勝利を得がたい。ただその重さによって粉砕しうるのみである」かつ平時においては「男子の労働力を軍隊勤務という非生産的な部門につなぎとめるという事を、極力やらない事が」重要である。科学技術の進歩と戦術的熟練とが将来の鍵だ。「徴兵制に基く巨大な軍隊というものは、その訓練期間も短く、かつ上っつらだけのものになり、もし敵方の良く訓練された少数技術集団に対抗した場合には、この言葉の最悪の意味における標的＝タマの餌食になるにすぎない。」この予言は一九四〇年に完全に実証された。ひと握りの機甲師団が急降下爆撃隊と呼応しながら、装備の悪いフランスの徴兵部隊の大群集をマヒ、粉砕させてしまったのである。

ゼークトの考えでは、「実用的な軍隊」というものは「できるだけ専門職的な、また長期間訓練した志願兵」から成るべきだ。国民中の大量な人的資源というものは、むしろ平時に最新型の武器を職業的兵士に向って大量に供給する、軍需工業の要員として使った方がはるかによいという意見であった。そしてその兵器の型は、いざという時に大量生産が可能なように、最初から良く決めておくべきである。

それと同時に、短期間の強制軍事訓練は、すべての青年達に施しておいた方が良い。ただそれは決して「まず軍事的な方面にウェイトを置くのではなくて、肉体的、精神的な鍛錬の方へ重きをおいた形にするべきだ」しかもこれは軍と国民とを結びつける事に役立ち、結局国民的な統一を確保する事に役立つ。「この方法によって結局大きな軍隊国家ができるのである。ただしこの大集団というのは、正式の戦争においてその機動戦に参加させたり、あるいは戦の帰趨を決定するようなことに使うのは不向きだから、むしろ郷土防衛的な役目を果し、同時にその最良のメンバーの中から、戦場における正規の戦闘要員をたえず補充してゆく役割を果させればよい。」

一九四〇年にドイツの歩兵師団の大部分を構成したのはこの種の徴集兵であったのだ。彼らはただ決定的な機甲部隊という槍の先端の後からくっついて行って、その征服した地域を占領する役割りだけをもっていた。ただその後になって訓練が改良されると、ゼークトが予想した通りのやり方で、戦闘部隊を拡張しあるいは補充するのに役立つようになった。

「要するに戦争の未来像というのは、進んで敵を攻めるにしろ、あるいは退いて国を守るにしろ、比較的に小さな、しかし高性能の機動性のある軍隊をどう使うかということと、そしてその軍全体をどうやって機動化するかということにかかっていると思うのである。それに加うるになお航空機の援護があれば、一層有力なものになるだろう。」

奇妙なことだが、ゼークトはその本の中では、その機動性ということに関して余り戦車のことは述べてなく、自動車輸送に加うるに、専ら騎兵の効能を縷説してある。彼はやや牧歌的な調子で次のような言い方さえするのである。「騎兵の役割というものは、これが良く訓練され、また近代的に装備されたものでありさえすれば、まだその寿命がつきているというものではない」そして「その長い槍は、なお未来の風の中で、ペナントをかざして燦然とひるがえることであろう」ゼークトがこのように機械化部隊を軽視するような言い方をしたのは、おそらく純粋に政治的な考慮にのみよったものであろうと後年言われて、彼の使ったその「騎兵」という字の代りに、「タンク」という字を置いて読み替えるべきだと言われたりしたが、しかしそういう見方はおそらく正当ではないだろう。というのは、彼は飛行機や徴兵制のこともっきり言及しているのであるが、これらも等しく平和条約によっては禁止されていたのであるから、その書きかたと矛盾するからだ。

要するに彼のそういう運動力学論にも拘らず、ゼークトはやはり彼の時代の人物であって、次の時代の先駆者ではなかった。彼の洞察眼は、あらゆる攻撃戦における機動性の必要ということについてははっきり認識していたが、ただそれを可能ならしめる唯一の道が機械化された運動性にあるということまでは見ていなかったようである。その方向への可能性を伸していくこと――および侵略の必要という仕事については、それは他の人々に残されていたのだ。

また、古い形の戦争形態がゼークトのヴィジョンを彩っていたために、彼が空軍の目的として直接に考えていたことは、その相手の空軍の破壊ということだけであった。後年、ドイツ航空隊がポーランドにおいて行ったことがそれであり、やや少い程度においてフランスにおいてやったこともまたそうであった。ところがイギリス侵入の準備段階として、イギリスに対してそれをやりだしたところが、たちまちドイツ空軍としては最初の強力な防空戦闘部隊の要撃を受け、遂に不具になるほどの被害を受けた。

戦争と人生とに関するより広い問題については、彼の見解はつぎはぎだらけのものである。彼曰く、戦争の恐怖を直接体験した軍人こそが、むしろ政治家以上にその戦争に巻きこまれることを恐れるものであると。なるほどそれはある程度までは事実であるが、彼はさらにそれを進めて、その軍人達こそが、言葉の真の意味における平和主義者であることまでも示そうとした。けれどもこういう、いかにも軍人らしい弁解は、その戦をしかけた方の国の諸記録、文書が公開されてみると、いづこの国でも決して彼が言ったようにはなってない。高級軍人というものは、決してゼークトが彼らのために主張したような「知識に根ざした平和主義、生れながらの責任感」なるものを示すことにかけては、屢々失敗しているのである。彼はミリタリズムと侵略主義とが単なる標語にすぎないということを言おうとしたが、その立論は弱かった。だが同時に彼の次のような言葉は非常に賢こい予言である。すなわち権力獲得を目標としている政治家は、「それに対する何らかの障害が起ると、最初はそれを自分の政策に対する脅威と思うけれども、次にはそれを国家の威信に対する脅威と考え、最後はそれを国家自身の存立に対する脅威と考えるようになる――つまりそこで攻撃されている政党と、自分の国とを同視して、それに対する防衛戦に乗り出すのである。」と。

過去の事象に対する道義的な判決を逆にするという現代の心理学的傾向に対する彼の皮肉な批評の中には、予言と同時に一条の人間性も見うけられる。「キリスト教徒を火あぶりにする炎々たるあかりを見ながら寝につくことを常としたというネロのような人物を、もはや一介の怪物的帝王と見てはいけない、むしろ多少変った、現代の独裁者と同様に利口な人物であったと考えろというのは、私にとってはどうも困ったことである。」これはあのナチスのような連中が、今や高らかに掲げようとしていた新しいモラルに対する疑問を暗示しようとしていたものであったのか。かつまた彼は「行動」というものの価値を強調することはするけれども、同時に次のような警句的断言の中には、一つの意味深長な限定がある。「意思のない知性は無価値であり、知性のない意思は危険である。」彼の他の、より広い反省中にも、また賢こい警告がある。「戦争は他の手段による政治の継続であるという言葉は、今では標語になっている。それ故にこれは危険である。次のように言うことも、それと同じく正しいのだ。戦争は政治の破産である、と。」

それと同時に、軍を政治の舞台から遠ざけておこうとするゼークトの用心には、実はそれなりの危険もあった。つまりプロフェッショナルはあくまで政治から離れておるべきだという彼の態度、および彼が政治と軍事との間に引いた極めてシャープな境界線、それが結果的には野心的な政治家に対する軍人の潜在的な抑制力を失わしめてしまったのだから。

ゼークト型の職業軍人は、結局、自分の下した命令の一切についての責任から手を洗おうとする、現代のポンチウス・ピラトスになったのである。純粋の軍事理論なるものは、賢明な政策とは結合しがたい極端な事情を扱うものだ。もし軍人が抽象的な軍事目的だけにその能力を集中し、大きな戦略を考えないようになったら、その結果は、一見純戦略的には正しいように見えながらも、もはや止めることができないところまでその政策を推し進めようとする主張を、一層増々受け入れがちとなるのである。極端な軍事目的というものは、政策をやわらげるということとは調和しがたいものなのだ。

そういう危険は一層大きくなるだろう。というのは、参謀本部の中で形作られるプロフェッショナルの意見というのは、決して原理上そうであるべきだと思われるほどには、実際には意見が一致しないものであるからだ。それは自分自身の「政治」によっても分れるし、また個人的な野心によっても分れてくる。ゼークト自身が次のように書いた時には、過去を思い起しただけでなく、結局未来を眺めていたのだ。――「参謀本部の歴史は……静かな、実証的な作業の歴史になるだろう。尊大と剛慢な同意、虚栄とねたみ、人間的なすべての弱さ、天才と官僚との戦い、勝利と敗北のかくれた理由、それらすべてを物語るものになるだろう。無数の後光からそのきらめきをうばい去り、そしてまた悲劇にも事欠くことはないだろう。」

もともと参謀本部というものは、いかなる軍隊と雖もいつでも必要に応じて必ず供給することができるとは限らないところの、天才の代りに作られた、集合体的代用物である。従ってそれは本来的に天才の出現を阻むようにできており、ヒエラルヒーであると同時に官僚組織であり、ただその代りに一般の能力水準を高い所へ上げるのである。その業績に差等があるのは、それはその個人的な能力の差というよりも、むしろ個人的な利害の差であり、同時に見解の衝突である。いかなる将軍でも、結局昇進の機会の事を考えたら、おそらく暫らくは自分の疑問も述べずにおくだろう。結局そのうちに長い時間をかけてヒトラーがその職人的な意見の結束を壊してしまった。これはいかなる国の軍隊にもあてはまることだが、特に全体主義国においては甚だしい。新たに昇進してきた将軍にとっては、その状況はいつも自分の前任者の目に映っていたよりも、よりよいような気がするし、しかもその前任者の失敗した点について成功する自信があると考える。いかなる支配者でも、新任者のこういう気持を極めて有利に利用するものであるからだ。

第三章　ブロンベルク＝フリッチュ時代

ゼークトのあとをついだのはハイエであり、そして一九三〇年にそのまたあとをついだのはハンメルシュタインであった。両名ともゼークトとは全く違った型の軍人であったけれども、大体においてその政策を踏襲していった。ハンメルシュタインは次第に成長してきたナチの運動によって大きな衝撃を受け、その信条・手段の双方に対して嫌悪の念を抱いたために、軍は政治から離れてあるべきだというゼークトの方針に反して、何とかヒトラーの権力掌握を実力的に阻止する可能性はないものかと考えるようになってきた。けれども彼の立場はその足もとから崩れてしまった。というのは、新ドイツ共和国のもう碌した大統領のヒンデンブルク元帥がヒトラーを総統に任命したため、そのヒトラーの地位が憲法上有効なものになってしまったからである。その上、ハンメルシュタインの右に述べたような心配は、「純粋かつ単純な」軍人であったところの他の指導的な将軍達の共感をよばなかった。

次の重大な段階は、ヒトラーが政権についた直後に、フォン・ブロンベルク将軍を陸相に任命した時にやってきた。この選定はもともと東プロシャでブロンベルクの参謀総長を勤めていたと同時に、ヒトラーとも親しい接触のあったフォン・ライヘナウ大佐の野心から出たものである。ブロンベルク自身はヒトラーを知らず、しかもその性格は多くの点においてヒトラーのそれとは違っていた。彼がその任命を引き受けたこと、およびその在職中にしたことなどを見てみると、いかに純粋の軍人というものが単純であるかということが分るのである。

ブロンベルク

その前年、ブロンベルクは軍縮会議におけるドイツ代表団の首席軍事顧問であった。五十を少し出たばかり、従ってドイツおよび各国の軍の長の平均年令としてはやや若かった。この素早い昇進は結局仲間の嫉妬を買うこととなり、その反感は、ドイツの将軍達の「ボヘミヤの伍長」に対する侮蔑感によって一層増大したのである。彼らの大部分は、ヒトラーが自分達の計画していた軍備拡張に好意的である限りにおいてのみ、彼の権力獲得を歓迎したが、一方でその退役伍長が何らかの軍事的な判断を下す資格があるなどとは信じなかったし、それがひいては軍の人事に対するヒトラーの好み、人選というものを常に片っぱしから問題とした。

国防軍内部の上級将校のこういう態度が、最初からしてブロンベルクの立場を極めて不利なものにした。かく同僚の目が冷たくなるにつれて、彼は自然にヒトラーの支持によりかかるようになり、遂には自分の判断が彼を導く限度以上に、ヒトラーの方針に追随するようになった。皮肉なことに、彼がこういうもたれかかりの姿勢をとるようになると、その人がらのなごやかさとか、プロシャ型の軍人タイプとは違ったさわやかな柔らかさのようなものが、かえってハンディキャップになってしまった。他の軍人達によって与えられた「ゴム製のライオン」という彼のあだ名は、結局、彼のこの両面の結びつきから生じたものである。

もともとこのウェルナー・フォン・ブロンベルクは、この新しいドイツの体制のリーダーである、兇暴かつヤクザ的な連中とは違ったタイプの人間であった。もし彼が他の将軍達以上に一層ナチに同情的であったとすれば、その一半の理由は、彼が他人以上により理想主義的であったためであり、そのロマンチックな情熱のおかげで、自分の見たくないものは見えないという、極めてたやすく目くらになったというところから来たものであろう。事実ナチスの運動は、初期の頃にはこのような理想主義者の相当多くの人々の心を捉えたものであったのだ。もっともその大部分はブロンベルクよりは、世代としては若かったけれども。しかしながら軍人なるものは元来成長が遅いものである。ブロンベルクは天性の情熱家であり、彼は軍人という職業をあたかも中世の遍歴騎士か何かのように考えていた。それは、私が一九三二年、ジュネーブで彼に会った時から明瞭だった。彼は軍事上の新しい考え方に対しては常に熱心な関心を示したし、特に戦術面での新たな技巧や手腕に対しては、あたかも技術のゲームのような強い興味を示したが、しかしさらに彼がなお一層熱心であったのは、古い騎士道教範とでもいうべきものを復活させる可能性についてであった。彼は戦さにおける「紳士らしさ」に訴えるということについて語る場合には、ほとんど叙情詩的になった。長期にわたって軍の上層部の人達をじっと眺めていると、自然に無神論的になってくるものであるが、ブロンベルクの私に与えた印象は、その信仰を吐露する点において例外的に純真な、というよりはむしろ小供っぽいような感じであった。身体つきは長身でがっちりしていたが、その態度において決して人を威圧するようなところもなければ、凄み、こわさを感じさせることもなく、その生来の慇懃さの中に相手の気持をなごませるような、フランクな話しぶりが交っていた。彼が軍とナチという二つのライバルの間を調整しなければならなかったということと、かつ両者の緩衝役としての役目を背負わされたということがつらい定めであったのである。これが、もう少しましな環境の下であったなら、彼もまたもっと大きな人物になっていたかもしれないのである。

ただ、ある一つの重要な点についてだけ、彼の影響力は見かけよりも一層効果的であったといえるかもしれない。第二次大戦の驚くべき特徴の一つは、戦場におけるドイツ陸軍は、概して一九一四—一八年の時よりも——少なくともその西部の敵に対しては——一層厳格に戦争法規を遵守したということであった。ちょっと考えると、あのナチズムと旧プロシャ主義とが結合しているのだから、その行動、態度は昔に比べて一層ひどくならなければならないはずである。ところがそれが比較的改善されたということと、この点に関する汚名を残さないようにという一層大きな注意や努力をしたことは、それらは軍人の行動についてのさらに洗練された考え方に帰せられるべきものであろうけれども、これは実はブロンベルクをはじめ、その考え方を同じくしていた一群の人達の努力の結果、ドイツ国防軍に植えつけたところのものである。一九四〇年にベルギーとフランスに侵入したドイツ軍によって守られた抑制は、一九一四年の時の先輩達に比べれば確かに賢明なやり方であった。そしてそれは敗北の痛みを和らげ、かつ征服された国々の人達の気持をいやすために非常に多く役立った。だから、もし彼らと丁度対照的なゲシュタポやS・Sの蛮行さえなかったたなら、その効果はもう少し長い期間にわたって続いたかもしれない。

戦術的な面では、ブロンベルクは軍の将来の発展方向を非常に大きく切りかえた。前任者のハンメルシュタインは、これまでのドイツの戦法であった攻撃型の原理を継承したけれども、それに必要な物的手段とか、あるいはその刃を鋭くするような新たなテクニックを導入することはしなかったのであるが、このブロンベルクの方はそれより前に、東プロシャで新しい型の戦術を実験していた。それは近代的な防御に内在する利点をもっと現実的に認めていって、これを攻撃の補助手段として、他の方面で活用して行く。たとえば頑固に防守された地点を強襲するようなことはしないで、敵をその陣地からいざないよせ、かえって軽燥な攻撃形に誘導しておいてワナにはめ込み、その混乱に乗じて一層強烈な形の反撃で以って突き返す。その場合の誘導のエサは、退却の擬装かまたは敵の補給、連絡等を急に切断する態勢を以っておどかすのである。この攻防両策を結びつけた誘導作戦の有効なことは——言わば剣と楯との関係にあるが——実は私もジョージァにおけるシャーマンの戦術を研究しているうちに気づいたことであって、その後の書物で私もこれの近代戦への適用を考えてみたことがあった。我々二人をはじめて接触させたのは、実はこのアイデアに対するブロンベルクの特別な関心であったのだ。

（註）シャーマンの方法は、またパットン将軍の想像力をも点火した。特にこの戦術をとるために間接的な迂回路を取ること、それがために運動の敏速性を重視して輜重を犠牲にしたことである。一九四四年、パットンがノルマンディーの上陸作戦の直前に私と会った時、彼がシャーマンの戦術を研究するために、いかに私の本を手にして時間をかけて実地をふみ、研究したかという事を私に語った。

我々はこれらの方法を近代戦に適用することはできないものかということを議論し合った。その研究の結果が、後日この時のノルマンディーからモーゼルへの進撃になって現われたのである。第四機甲師団を率いてパットンの先鋒をつとめていたウッド将軍も、同じくこのアイデアの信奉者であり、彼がセーヌ川の線についた時に手紙をよこして、このアイデアの応用がいかに成功であったかということを書いてよこした。

またブロンベルクは、当時における他の将軍達以上に、機動戦という新しい考え方を理解して、歴史的な騎兵に代えて戦車の役割を評価したが、これはイギリスの陸軍でも、当の戦車グループ以外の間では半信半疑の状態だったものである。ライヘナウはこの点に関してはもっと敏感で、自分で私の本もいくつか訳していたが、ただ彼と雖も後年、グーデリアンやトーマのような人物が、一九三四年以降、ドイツの機械化部隊を作り出すのに直接力を尽しだしたほど、それほど完全にはこの機械化戦争の意義を正しくつかんではいなかった。

今次大戦開始当初二年間のドイツの戦術とその機械化部隊の成功は、前大戦の後、敗戦国に対して課したところの武装解除という政策に関して皮肉な反省を投げかけた。実質的にはそれは確かに成功であった。ドイツ軍当局がなしたさまざまの潜行工作は、実は小さなものにすぎなかったし、またその力の点においても、決して相当程度回復したというほどのことではなかったのである。ドイツの実質的な再軍備が進んで、それが大きな危険になりはじめたのは、ナチ政府が公然、平和条約の制限規定を一擲してからのちのことである。それから後でも、ドイツが恐るべき大きさにまで肥大することを許したのは、それは勝者の側が躊躇していたからであった。しかもドイツは強制的に武装解除されたために、言わば新たなスタートをすることができることになり、戦勝国の方が一九一四―一八年当時に持っていたような古ぼけた装備から解放されることができたというのも、その強制された武装解除の一つの重大な結果であった。もしそれらのものが残っていたなら、それはかえって古ぼけた、時代遅れのお荷物となり、自分達を古いやり方に縛りつけ、しかもその力を過信せしめたに違いない。それらが一掃されてしまったために、ドイツが後に大規模な再軍備計画に乗りだしたとき、これが結果的には新構想に基づく全く新たな武器の開発を可能ならしめる空地を残すことになったのである。

この新構想の展開なるものは、これまた勝者によって課せられた、もう一つの束縛によって、またまた助けられることになった。すなわち参謀本部の廃止である。もしこれが古い形のままに残って、その荷厄介なカラをくっつけたまま動いていたとしたら、それはおそらく他国の参謀本部と同様に、そのお役所仕事で押しつぶされ、官僚的でどうにもならなくなっていたろう。ところがこれが表向きは禁止されてしまったものだから、万事は地下へもぐってしまい、そのメンバーはいづれも煩鎖な事務手続から解放され、未来の計画に対してその構想力を集中せざるを得なくなり、かくして実戦的には一層有効なものになった。こういう軍事上の組織も、存在する実体としてなら壊すこともできよう。けれども思考機関として活動している限りにおいてはどうにもならない。——思考は弾圧できないからである。

かくして前大戦後のドイツの徹底的武装解除がもたらしたものは何かといえば、結局、ひとたび再軍備を可能ならしめるような政治的機会が訪れた暁には、その軍隊の一層有効な近代化を推進しうる道を開いたことであったのである。そしてその近代化の程度を制限していたものは、国際的にドイツに課せられていた制限ではなくて、実は内部の保守主義と、もろもろの利害の衝突であったのである。

フリッチュ

ブロンベルクが陸相として在職したことは、その抱懐する新戦術を一層推進させ、彼よりもさらに古風な正統型の将軍達が、他の国々たとえば特にフランスなどで示したような抵抗を克服してゆくことを可能にした。ただ彼の立場が、言わば緩衝役的な弱いものであったがために、その政策の進みかたは普通のスピードよりは遅かった。一九三三年末に、彼がハンメルシュタインの後任として、国防軍総司令官の地位にライヘナウを任命しようとした時、彼は軍上層部の一致した反対に出合って失敗した。そこでその軍の意嚮に基いてヒンデンブルクはフォン・フリッチュを任命した。これは政治的にも軍事的にも一層古いグループを代表していた多才多能な軍人である。彼は戦車や航空機の価値をある程度までは認めていたが、ただこれらを言わば「成り上りもの」と心得て、これを本来固有の場所、つまり補助的な役割をあてがうことしか考えなかった。おまけに後年参謀総長になったベック将軍は、この言わば戦車革命とでも言うべき趨勢に対して、丁度ナチ革命に対する感じと同じくらいに批判的であった。かくしてドイツの軍隊組織は、確かにその機械化兵力において他の諸国よりは進んでいたというものの、やはり全体的には旧型と新型との妥協の上に止ってしまったのである。

ウェルナー・フォン・フリッチュは参謀将校として比較的若い時代、一九二〇年から二二年にかけて、ゼークトが新しい共和国陸軍省で新たな組織を準備していた頃、その下で働いたことがあった。それから彼は砲兵隊の連隊勤務をやり、ついで東プロシャの参謀長になった。一九二七年に彼は再び陸軍省に帰ってきて、当時作戦部門を担当していたブロンベルクの仕事を助けた。この段階で彼は、ひとたび開戦となった暁には、東部戦線ポーランド方面で敏速な攻勢をとり、西部、フランスでは守勢を守るという作戦計画に関して大きな責任を負うた。これが結局一九三九年に実行された計画の胎児であったので、その場合にはもちろん、規模、兵力は一層大きかったが、実はその作戦の萌芽はこの彼の計画の中にすでに胚胎していたわけである。

　ナチス抬頭以前には、フリッチュは主としてその外交的な手腕を発揮した。これはさすがに古いタイプのドイツの将軍達の持ち合わせていないものだった。国会議員から発せられる厄介な質問、つまりドイツの軍事予算はどうしてそんなにふくらむか、また十万国防軍という割合小型な軍隊のくせに、どうして参謀部と士官候補生の数がそんなに不均合いに大きいのかといったような厄介な問題をいなすのに、彼は極めて秀れた才能を見せたし、さらに相手に余り深追いさせずに納得して黙らせてしまうコツのようなものも心得ていた。それがためには、時に質問者の愛国心に訴えてみたり、あるいは相手の弱点を逆用したり、または個人的に親しい関係を作ったり、とにかくさまざまの巧妙な手段によって相手の質問を封ずることを知っていた。ふだんはかなり冷たい態度でありながら——また性格もそうなのだが——必要とあればいつでもそれが温情あふれるばかりの魅力的な態度に早変りした。

　ナチ政権の誕生と同時に、将軍たちは、軍の立場を守ってゆくためにはどうしても腹のすわった、それと同時に外交家でもある長が必要だということを知ったのである。一九三四年早々、フリッチュがこの地位についたのは、結局彼の戦略家としての名声と同時に、こういった才能をも併せ持っていたからであった。彼の最初の仕事というのは、結局レーム大尉に率いられたナチスの素人兵士達の野望を挫いて、彼らが余り大きく成り上って、遂には自分達専門家の権威や利益を侵害するところまで行かないように、ブレーキをかけることであった。彼はヒトラーに向って警告を発し、この連中が正規の国防軍の補助隊のような顔をして強化しているあの突撃隊なるものは、実はヒトラー自身に対するクーデターの手段として計画されたものだという証拠を出した。実はヒムラーもまた、別の動機からではあったが、同一歩調を取っていたので、結局あげくの果に一九三四年六月三〇日、有名な血の粛正なるものをヒトラーにやらせるよう、納得させることに成功したのだ。

この事件の結果、ヒトラーに対するフリッチュの立場が強まると同時に、さまざまの理由から、ナチの影響が広がることを恐れていたドイツの各方面に対してフリッチュの立場を強くした。だから彼はその当座、ドイツ国内の諸勢力の均衡の上に軍の優越性を確立し、かつ、ヒムラーにも勝った形になっていた。徴兵制度の復活とか、ラインラントの進駐というような問題についても、フリッチュはいつもヒトラーと共に歩んだ。けれども彼は、言わば歩き出す時にはいつも、まず地面の方を確かめてかかり、前進のペースも抑えてゆくよう注意していたために、そのドイツ国防軍がまだ充分な成長をとげないうちに、重大な試錬に遭遇するということはなかったのである。

ドイツがこういう挑戦的な態度に出ても、それを英・仏両国がいくじなく見のがしていたのに力を得てきて、ナチのリーダー達は、今度はスペインの内乱に干渉するという一層大がかりなことをやりだした。それによってフランコ将軍の内乱を成功させ、英・仏両国の海洋連絡を突破して、スペインに全体主義国を作ろうというのである。スペインの戦場を利用して、この目的のためのサンプル部隊を送りこみ、それによってドイツの新兵器と戦術の実験場にするということについては、フリッチュは非常に熱心であったが、ただ明敏な彼としては、ここで事を構えて英・仏両国を公然と敵に廻すということになると、このスペインの位置は、地理的には非常にまずいと考えていた。けれどもその心配は、ナチの指導者達には反撥された。彼らはそれまでの成功に酔うていたのだ。同時に赤軍との友交関係を強めるような彼の努力は、このナチの連中からは非常に強く嫌われたのであった。

かくしてヒトラーの強烈な赤嫌いは、フリッチュの政敵に対して彼に関する疑惑のタネをまくために絶好の土壌を提供したのである。摩擦は次第に昂じてきた。新しい将校団に対しても古来の軍人精神を植えつけて、ナチのイデオロギーを浸みこませまいとするフリッチュの努力は、次第にそれを激しいものにしていった。とかくするうちに、フリッチュとブロンベルクとの間にミゾができはじめた。フリッチュとその仲間達は、ブロンベルクがヒトラーにたぶらかされ、本来彼がなすべきはずの軍の利益を擁護していないと感じたのである。彼の卑屈な気持は、自分の制服にナチの徽章をつけていることによって明らかである。そこで彼らは、ブロンベルクに対してHitler-Youth-Quex というあだ名をつけた。これはあるナチの映画に出てくる、理想的なナチの小供をもじったものである。

連続解任

一九三八年一月、危機は一見本当の原因から極めて遠い事件からやってきた。ブロンベルクは、自分の役所のあるタイピストと恋に落ちて結婚した。ヒトラーはこの結婚を賞揚した。それは国家社会主義国ドイツの軍事指導者が、その社会的な視野を拡げて民衆と一体になり、自分のカーストの中だけで結婚するということをしなくなったという理由からである。彼は結婚式に立会人として出席し、祝福した。けれども一方、ブロンベルクの同僚達はこの結婚を余りふさわしくないと考えた——但しその頃広く噂されたのとは反対に——彼らが揃って反対し、それによってブロンベルク失脚の原因を作ったというのはうそである。たとい彼らがどんな抗議をしようとも、結局それはヒムラーによって出しぬかれてしまったろう。

ブロンベルクの結婚式が挙行されたのち、ヒムラーはこの花嫁が実は売春の経歴の持主であるということを示した警察文書をヒトラーの許にさしだした。実は戦後のアメリカ側の調査では、この女性をブロンベルクの身辺に送りこんだのは、ヒムラーのしかけたワナであったといわれている。さてこれが曝露されると、ヒトラーは激怒した。「街の女」の結婚式を祝福するために出席したというのは、いかにもばかげて見える話だからである。彼は早速ブロンベルクを解任し、あまつさえその名を将校名簿から消してしまった。

このニュースは他の将軍たちを驚かしはしなかったが、ついで起ってきた第二の事件によって全身がよろめいた。この陸軍大臣の後任を決めねばならない問題の矢先に、ヒムラーは第二の警察文書を差出して、それによると今度はフリッチュが男色の容疑で警察の監視をうけているというのであった。実はその文書は、同名異人についてのものであったけれども、ヒトラーがその件についてフリッチュを召喚した時、ヒムラーは証人を出して、フリッチュこそがその当の人物であるという証言をさせてしまったために、そこでヒトラーはまたまたフリッチュをもクビにしたのである。

レーリヒト将軍の話によると、この時のヒムラーの動きは、要するにブロンベルクの後をフリッチュがついで、その地位と権勢とを引きつぎ、それが結局ドイツ全陸軍の最高指揮権を握るようになるのを防ぐためであったというのである。「だれがその地位を継いでも、それは結局、今や新たなドイツ空軍の司令官に成り上っていたゲーリンクの上官となることは当然であった。ゲーリンクの上司に新人を据えるということはむつかしかったろう。だがフリッチュならば今でも国防軍総司令官としてゲーリンクの先輩なのだから、これが可能な唯一の人事である。もっともヒムラーの干渉はゲーリンクのために計ったのではなくて、実は自分のためであった。彼のすべての動きは、将来そのS・Sを軍に代えるという野心のための、一歩一歩の布石であった。」

フリッチュはこの事件についての正式裁判を要求し、それは非常な苦労の末にやっと叶えられたが、それも実は上級将校団の代表としてのルントシュテットの尽力の結果であった。その公判が決った時に、ヒムラーは自分が裁判長になりたいと言いだしたけれども、その時にはもう司法大臣がフリッチュの味方に立って、軍法会議を開くべきだと言いだした。そうすると今度はヒムラーは証人を買収しようとしはじめた。将軍達は、その証人の身辺の安全と出席を確保するために、軍隊の手をかりて守ってやらねばならなかった。いざ審問がはじまると、ヒムラー側の主たる証人がその前言をひるがえし、そのため彼は殺された。しかしフリッチュは完全に無罪になった。

その間、ヒトラーは軍の全権を握ろうとして機会をうかがっていたが、彼はこういう相つぐ事件で、もはや将軍達に対する信頼が失せたと言いだした。ブロンベルクの以前のポストはずっと下げられ、それはカイテル将軍によって占められることになった。彼はヒトラーの目から見れば、一人の単なるお追従者にすぎなかったのだ。同時にフォン・ブラウヒッチュがフリッチュに代って総司令官の地位についたために、フリッチュは裁判では勝ったけれども、もはや復帰すべき場所はなかった。結局こうして巧みに企てられた「危機」の結果は、統帥に関するヒトラーの把握を強め、かたがたヒムラーの影響力をも強化した。

かくして事実上の国防軍総司令官の立場についたヒトラーは、自然にその事務部局を強化して、遂に Oberkommando der Wehrmacht ――俗にO・K・Wといわれる部局を作り上げたのである。この部局の中に、陸・海・空三軍に共通する政治的・行政的な権限が集中された。そしてこの中に小さな「国防部」(Landesverteidigung) が包含され、これが政・戦両略のボーダーラインの問題と、それから三軍の調整機能を司ることになった。これをすぐに国防軍作戦部 (Wehrmacht General Staff) に発展させようとする動きができたが、これはヒトラーとカイテルととの両名の希望に基づくものであった。

この計画に対しては、軍の方から強い反対が出た。従来の軍のことを Oberkommando des Heeres 略して O・K・Hといったのであるが、彼らはこの企てを以て、旧来の参謀本部に取って代ろうとする企みだという事をすぐに感じた。彼らは、古い、伝統のある組織をやめて、こういう素人ばかりでできている新たな機構にかえるのは危険であり、かつドイツの軍事問題なるものは、すぐれて大陸的なものであるから、従来の統帥部が決定権を持たねばならぬと主張した。その反対は一時成功した。それは、陸上の素人たちによって指図されることをいやがった海軍の同調を得たことと、空軍司令長官であるゲーリンクに対する個人的反感からである。それでこの問題は、当分の間棚上げになった。そしてドイツの作戦は、ヒトラーの総括的な指図を受けるという条件の下に、従来通り旧参謀本部が掌握した。かくしてヒトラーが戦略家としての役割を演じ、台上のコマを自由に動かすようになるまでには、まだ相当の距離があったのである。

第四章　ブラウヒッチュ＝ハルダー時代

バルター・フォン・ブラウヒッチュのような人物がフリッチュの後任として指名され、しかも彼がそれを引きうけたということは、一見意外と見えるかもしれない。というのは、彼はそれ以前のワイマール体制に対して熱心な忠誠を示していたし、さらに政治的・経済的問題については自由主義的見解を抱き、一方ナチスの政策に対しどは、これを公然と批判していたからである。ユンケル独特の狭隘さ、あるいはナチの狂信ぶりの双方とも彼の性には合わなかったが、同時に彼は名誉を重んずる念が極めて強く、かつまた利己心からも遠い人物であると一般に考えられていた。これらの理由からして、さらに彼の強い正義感と他人に対する思いやりの念からして、彼は同僚ならびに後輩の間で非常な信頼を得ていたのである。一九三八年二月、彼がヒトラーの要請を受諾したのは、あるいは急に自分の野心がきざしたのか――賞品はかくも大きい――それとも自分がこの要職の矢面に立つことによって何ほどかの奉仕ができると思ったのか。おそらく後者の理由の方だろう。それはフリッチュがその職を失ってから後も、ブラウヒッチュは彼と親交を続けていたし、彼に対する称讃を一再ならず行って、そのあげくナチの指導者達に不快な思いをさせたのだから。けれども事態はやがてブラウヒッチュが足場の悪いところへはまりこみ、結局、真直ぐには立っていられないような状況をすぐにも呈しはじめたのである。

彼が任命された理由は簡単である。たといナチに同情的ではないにしても、少なくとも一般の信頼を博す程度の人物を選定するのが肝心だということを、ヒトラーは賢明にも知っていたのだ。ブラウヒッチュは一般には健全で、しかも進歩的な軍人であると見られていた。根は砲兵科の出身であったが、戦車については、大部分の上級将官以上にその潜在的な能力を評価していた。またその他の点についても、彼はフリッチュの一派ほどには保守的ではなかった。そして各方面に人気があったということは、大変大きなとりえであった。それはこの人事の裏にまつわる政治的な動機についての疑いを消し、またそれ以前の内紛についての疑問をも消したのである。彼の気取らない態度は、彼ならばフリッチュよりは御し易いだろうという希望を強めた。

けれどもヒトラーにすぐ分ったことは、なるほどブラウヒッチュはその態度こそ丁寧であったけれども、軍の中へ政治色を浸透させてゆくということについては、フリッチュ以上にやりにくい相手だということであった。彼が最初に手がけたことは、一般兵士の待遇の問題と退役軍人の身のふり方の改善の問題であったが、彼はそれについてもナチの組織がおよばぬように主張した。同時に彼は軍の規律を一層きびしくした。彼は軍の装備の強化を早めることは望んだが、同時にナチの外交政策が他国との衝突を早める結果になることに対しては、ブレーキをかけようとした。彼の立場は、当時の参謀総長であったベック将軍によって補強された。ベックは有能でかつ強固な意思を持つ上に、元来「反戦車派」の傾向を持つ人物であったため、それだけ一層、ヒトラーが新兵器を使ってやろうとしている侵略政策の成果に対しては過少評価をしがちであった。

その年の夏にヒトラーが自分の計画を明らかにした時、ブラウヒッチュは部下の将軍達を集めて会議を開き、そこでベックの作成したメモを紹介し、もし一同が同意するならこれをヒトラーに提出すると発言した。その後でベックがその覚書きを読んだのである。それには、ドイツの外交は戦争の危険をさけるべきであるということが書かれてあった。特に「ズデーテン地方のような小さな問題」については、一層以ってそうだというのだ。その覚え書きは当時のドイツ軍の弱点を指摘して、将来、連合敵国となるかもしれない相手諸国に対する劣勢を指摘してあった。また、たといアメリカがすぐには参戦しないとしても、ドイツの敵に対する武器弾薬の供給に、その資源を使う危険が多分にあるという事を強調してあった。

この会議の模様を私に語ってくれたルントシュテットはこう言っている。「ベックがその覚書きを読み終った時に、ブラウヒッチュが立ち上り、今列席の諸君の中で、このメモをヒトラーに差し出す前に、この内容について何か異論はないかと聞いた。誰も異論はなかったので、その文書は提出された。それはヒトラーを物凄く怒らし、やがてベックはクビになった。そしてハルダーが彼に代った」と。

この事件はナチに対する軍の反対を一時鈍らせたけれども、九月に入ってチェコの危機が絶頂に達すると、ブラウヒッチュはヒトラーに向って、ドイツ軍はまだ戦争の準備ができてはいないから、戦争を勃発させてしまうほど強くはその要求を押さないようにと警告した。ブラウヒッチュはハルダーに助けられ、そのハルダーはヒトラーのやり方よりも、自分の前任者であったベックの方針により忠実に従っていたから、彼は固い団結を保つドイツの軍部に対してクサビをうちこむことは、やはりむつかしいのだということをヒトラーに見せたのである。

軍事上の見解については、ハルダーの方がベックよりも進歩的であったけれども、彼もまた政治の問題については長期的な見方をする型の人間であって、ドイツの未来を一発勝負に賭けるというようなことはしなかった。また、ブラウヒッチュよりも強い性格の持主であった彼は、ヒトラーに対してもブラウヒッチュより強かった。ヒトラーがその忠告を聞き入れないことが明らかになった時、ハルダーは、ヒトラーの政策や体制を覆えすための軍事的叛乱計画に賑がしくなってきた。

けれどもフランス、イギリスの方は、ドイツよりも一層準備ができておらず、チェコのために戦争の危険を犯そうとは考えていなかったから、ヒトラーはあのミュンヘンで、ズデーテン地方に対する要求を苦もなく達成したのである。

その勝利の酔いとともに、ヒトラーは増々制御しにくくなっていった。翌年春にはミュンヘン協定を破って、あっというまにチェコ全体を占領してしまった。彼は続いて休みを置かずに、今度はポーランドの方へ乗り出して、ダンチッヒ返還と、それからポーランド廻廊を通って東プロシャへ達する治外法権的鉄道と道路の建設要求を持ち出した。彼には他人の立場に立ってものを見るということができなかったから、この制限された要求が、その状況からして非常に途方もなく大きなものに見えるということが分らなかったのである。ポーランド人は英国政府の急拠なされた援助申出でに力を得て、かかる再調整を考慮することを拒絶した。ヒトラーは顔をつぶされたと思って激怒し、結局事態を自分が意図していたよりも遠方まで、かつより早く進めてしまったのである。一方でポーランドが結局は折れてくれることを願いつつ、またそれによって自分のメンツを救うことを望みながらも、一層、戦争の危険を賭す方向へ傾いて行った——その戦争の危険なるものが、さして大きくないならば——。

ヒトラーがこの問題を軍の首脳部に相談した時、ブラウヒッチュはカイテルよりも一層限定された返事をした。もし相手がポーランド、フランス、イギリスに限定されるならば、おそらくドイツとしては有利な結果が期待できるとブラウヒッチュは考えた。けれども、もしロシヤをも敵に廻すとなると勝利のチャンスは多くはない、ということを彼は強調したのである。ベルリン駐在フランス大使のクーロンドルがこの議論のことを聞いて、それを本国政府に報告したのが六月初めのことである。

ブラウヒッチュの危惧の念は、イタリヤの同盟国としての利用価値も高くはないという彼の評価と相まって、軍のナチ化を阻止されたことに不満を抱いていた一層激しいナチの連中を当惑させた。彼らは、ブラウヒッチュに対する反対キャンペーンをやり出した。そのため、彼はこの頃総統に対する忠誠の誓を公に述べてみたり、またタンネンベルクでの戦勝記念式典に出席して、ポーランドに対して脅迫的と聞こえるような演説をしたりしたのはその故である。もっともその演説も仔細に検討すれば厳密に防御的なものと解釈されたのだったけれども。

ただ彼自身、ここでこういう話をしても別に危いとは思わなかったということは充分分ることである。というのは、この際の状況を軍事的なハカリで量ってみれば、もしロシヤが中立のままで残っているとした場合、イギリスおよびフランスが、ただポーランドを助けるためだけに、戦略的に見てかくも絶望的な結果になる戦争を賭するであろうとは、到底考えられなかったからである。ヒトラーはブラウヒッチュの条件にそうべく対ソ政策に乗り出して、その中立を確保するために過去の全政策の作り直しをやり出した。ひとたび政治的な方向転換の必要を受け入れると、彼は急いでロシヤと協定を結ぼうとした。当時のイギリスがロシヤと提携しようとして、しかも躊躇と遷延とをくり返していた状況に比すれば、誠に顕著な対照である。

やがて独・ソ協定が発表されたけれども、英国政府はそこから出てくる軍事的な予測にはお構いなしに開戦を決め、フランスをも同じコースに追いやった。けれどもドイツ側では、その見込み違いが判明する前に、すでにヒトラーの命令でとうからポーランドへの侵攻がはじまっていた。当分の間、ブラウヒッチュもハルダーも戦争指導に忙殺された。そしてそういう専門仕事に没入することによって、しばしその危惧の念を忘れることができたのである。

ポーランド戦は彼らの立案した計画通りに進んで、戦闘そのものは短期に終った。現場の司令官には自由裁量の権限が与えられ、それは非常に効果を発揮して、古くからのよき伝統の中に養われてきた創意、柔軟性というものを充分に生かしてその真価を発揮した。主役をなしたのはルントシュテットの率いる南方軍集団であって、ポーランド国境を突破した後、大量の機械化師団を伴うライヘナウの機動第十軍を北方に廻してワルソーに進撃させ、中央部に居たポーランド軍主力の背後を廻ってこれを切断してしまったのである。ポーランド戦の帰趨を決めたこの攻撃は、実はすでにポーランド軍が南東に退却中であると信じたO・K・Wが、第十軍に対して真直ぐにウィッスラ川をこえて進撃すべき命令を下してあったために、一層注目すべき結果となった。けれどもルントシュテットと参謀長のマンシュタインとは、ポーランド軍の主力部隊は未だワルソーの西に止っており、それ故ウィッスラ川の近所で包囲することができると思った。第一線の司令官は自分の判断で行動することが許されており、それがこの場合には幸したが、同様の重大な局面が次の会戦で現れてきた時、今度はヒトラーが自分の判断を押しつけて、そのため重大な損失を蒙った。

ポーランド戦での勝利の結果、ヒトラーはその成果に酔うことになった。けれどもそれと同時に、速やかに西で平和を確保しなければ、東で何が起るかもしれないという恐怖が混在していた。この陶酔と恐怖がお互に作用し合いながら、彼を一層向う見ずにして、さらに新たな行動にかりたてたのである。

ブラウヒッチュとハルダーの両名にとっては、ポーランドでの勝利はそういう陶酔はもたらさなかった。戦塵が収まってみると、彼らにはこの勝利のもたらした厄介な結果がはっきり見えたし、さらに一層の深みに巻き込まれてゆく危険も見えた。ポーランド戦が終了すると、彼らは場合によっては叛乱をも賭する覚悟で反ヒトラー計画に立ち戻り、西方での攻撃が、連合国をして一層平和に傾かしめるに違いないというヒトラーの見方に反対しようとしたのである。けれども数ヶ月の不活動を埋めるべき何ものかが、平和にとっての有利な条件を作り出すために必要だったし、また冬の間、ウインストン・チャーチルが公然と放送していた連合国による戦闘開始という脅威が、ヒトラーをして当然それの機先を制する方向へとかりたてることになった。戦争の動力学は、たえず事態の連鎖を作らずにはおかないものである。

一九四〇年四月のノルウェー侵入は、それまでに予定されていなかったヒトラーの侵略的な動きの最初であった。ニュールンベルクの裁判で証拠がはっきりした通り、彼は不本意ながらそれに引きよせられてしまったのである。それは説得と挑発とが一諸になって始まったので、自分の希望からと言うよりもむしろ恐怖からであった。この征服は極めて容易に成功したが、彼はもはや自分のコースを自分で決めることができなくなってしまったのである。その説得の方は、ノルウェーの親ナチであったヴァイカン・キスリングの意見から出たもので、放っておいたらノルウェー政府の黙許の有無に拘らず、イギリスがその海岸を占領しそうだということであった。もしそうなるとドイツの海軍としてはイギリスの海上封鎖の締めつけが一層きびしくなるであろうということと、その潜水艦作戦が妨害されるという憂慮によって、その説得は強められた。これらの危険は十一月の末のロシヤ・フィンランド戦の勃発によって増々大きくなったのである。この戦で英・仏二国は、ドイツが明敏にも察知した通り、スカンディナビア半島に戦略的な支配権をおよぼそうという意図を秘めつつ、フィンランドに対して援助の申し入れをしたのである。しかしヒトラーは、ノルウェーが中立を続けていてくれた方が一層有難いと感じていたから、この方面への戦争の拡大はさけたいと思っていた。そして十二月の中旬に彼がキスリングに会った後には、そのキスリングがノルウェーでのクーデターに成功するという自分の希望を叶えてくれるかどうかを静観することにしたのである。

けれども一月に入ると、チャーチルが熱心に中立諸国に訴えて、ヒトラーに対する闘争に立ち上るべきことを強力に放送しているのを見て心配が昂じてきた。しかも他方で、連合軍の動きが活発になる別の徴候も現われてきた。二月十八日にはイギリス駆逐艦のコサックがノルウェーの水域に侵入してきて、ドイツの補給船アルトマルク号に乗船し、船中に抑留されていたイギリスの水夫を奪い返すという事件が起った。この挙は当時チャーチルが大臣であったところの海軍省の命令で行われたものである。これはヒトラーを怒らせただけでなく、もしチャーチルが、僅か一握りほどの捕虜を救うためにノルウェーの中立を破るようなことをする位ならば、ドイツにとって死活の重要性をもつ鉄鉱石のナルヴィックからの輸送を断つために、増々大きなことをするだろうと、ヒトラーは思ったのである。

この問題についてルントシュテットは私に語った。「チャーチルの放送は常にヒトラーを怒らせた。後のルーズベルトのそれと同じく、いつも皮膚を通って彼の中味に突きささったのである。彼は特にノルウェーに関しては、国防軍最高司令部に対し、くり返して主張した。もしこちらが先に動かなければイギリスが動くであろう。そしてこういう中立国に居すわってしまうだろうと。」その時、居あわせたフォス提督も、彼の軍令本部における経験からこの見解を裏書きし、そして同じく次のように語ったのである。「アルトマルク号に対するイギリスの襲撃は、ヒトラーに対する効果という点において決定的になった。それはノルウェー侵攻を誘発する導火線になったから。」

この事件の直後にヒトラーは、フォン・ファルケンホルスト将軍に命じてノルウェーの諸港を占領するための兵員を準備させた。二月二十三日の会議で、海軍総司令官であったレーダー提督は、次のように力説している。「この鉄鉱石の輸送を確保することと、それと同時に一般の情勢にとって最善の方策は、ノルウェーの中立を維持することである。」けれども彼はそれに続けてこう言っている。「絶対に許すべからざるものは、すでに前にも述べた如くイギリスによるノルウェーの占領だ。もしそうなったら取り返しがつかぬ。」

その頃までのノルウェーからの報道では、キスリングの一党が次第に力を失いつつあり、一方英国からの情報では、兵員、輸送船が集中していて、ノルウェー地区で何かの作戦が計画されているらしい事を示していた。三月一日、ヒトラーはノルウェー作戦の指令を出した。海軍当局は九日に計画を提出し、イギリス側の上陸が切迫しているという情報にかんがみて、この作戦を急がなければなるまいと考えた。彼らは非常に弱っていたが、その準備の完了にはまだ時間を要するはずであり、さしあたってできることは、その英国の輸送隊が現われる前に、方々の港の外へ潜水艦を配置しておくという事だけであった。

けれども十三日にフィンランド軍が降伏したため、連合軍の計画は当分おじゃんになってしまった。つまりナルヴィクへ上陸する口実がなくなったのである。二十六日、レーダー提督がヒトラーに会った時、彼はヒトラーに向って、イギリス軍のノルウェー上陸の危険は今のところそう強くはないが、どうせ別の口実を探すだろう、そうして鉄鉱石の輸送を阻止するための新たな企てをはじめるだろうという見解を述べた。「早晩ドイツは Weser-uebung 作戦——これがノルウェー占領作戦の暗号名であった——に乗り出さざるをえないだろう。」となれば、遅れるよりも今すぐやった方がよい。事実その時にはすでに準備は完了していたのであるから、それを早く実行したいという気持は抑えることができなかった。その前後、ほとんど同時に連合国はノルウェーおよびスウェーデンの政府に対して新たな圧迫をかけることに決めた。四月五日、ノルウェーの水域に機雷線を敷設することになり、最初の輸送船団が八日にナルヴィクに向けて出港した。けれども敷設作業は七日の夜まで延期され、そして翌八日の午後、ドイツの上陸部隊が出発したのである。

四月九日早朝、専ら軍艦によって輸送されたドイツ軍の小部隊が、オスロからナルヴィクまでのノルウェーの主な港に上陸し、ごく簡単にそれらの街々を占領した。結局、連合軍の準備はその計画に追いつけず、反撃の方も失敗し、やがてデンマークもろともノルウェー全土をドイツに引き渡すことになってしまったのである。ドイツとしてはこの征服は西部戦線からほとんど兵力を抜きもせず、またそこでの準備に支障を生ずることもなしに達成された。おまけにこの作戦はO・K・Hの指導ではなく、O・K・Wの命令の下に行われたのである。

西部戦線の攻撃計画がいかにして作られたかということについては後に述べるし、事実ここではそう簡単には要約できない。ただこの計画の輪廓だけを説明し、そのプロセスを支配した基本的な要因を指摘しておく方が有益だろうと思う。それが結局この件に関与した個人個人の影響力とか、内部での論争などについての一層詳しい記録の背景になると思うからである。

この西部攻撃戦は、電撃戦の最高の見本であるかの如くに世界の前に現われたけれども、実際にはその巧妙さという点において一層顕著であったものである。その成功の最大の原因は、連合軍の左翼、つまりその機動部隊の最精鋭部分を擁していたその左翼軍が、ベルギーの内部深くに誘いこまれ、さらにはオランダにまでもおびきよせられてしまったそのやり方であった。ドイツの戦車攻撃が、連合軍の左翼の中心を深く敏速に突破して決定的な効果を上げるためには、この左翼の部分をその本来の防衛線からつり上げてきて、アミにかけることが絶対に必要であった。その上、こうしてドイツの機甲師団が連合軍の戦線を突破して、そこに大きなポケットをこしらえながら英仏海峡に向って急進するのと同じ速さで、歩兵の快速師団がその後に追従してゆき、そのポケット状にとぢこめられている連合軍のかたまりと、それからこうして進撃してゆく味方の機甲部隊との接触面の、全線にわたって防御の壁を作る必要があった。これらの戦術は最少の衝撃力から最大の効果を引き出して、そして戦術的な防御を攻撃の補助に使ったものである。というのは、不利な状況の下での攻撃の荷重というものは、何とかしてその包囲の袋を破ろう、あるいは切られた場所をまたつぎ合わそうという企てになって出てくるものだからである。こういう微妙なうまさが、戦略の本質なのである。

連合軍の左翼が脱出突破に失敗したことによって、その運命は決ってしまった。ただその一部は、すべての装備を捨ててダンケルクから、海路脱出することにつとめた。しかしそれも、もしヒトラーがダンケルクの郊外にまで迫っていた機甲部隊の進撃を止めるということさえしなければ、ほとんど脱出できなかったろう——後でさらに検討するような理由によって——。けれどもこのやりそこないはすぐには影響しなかった。左翼の壊滅と同時に残余の部分はたちまち手うすになって、フランスの長い戦線を到底その強力な攻撃に対して支えきれなくしてしまい、ドイツ軍の次の攻撃が始まる前に、その崩壊が明瞭となった。一九一四年には、軍の目標は内側に向って旋回しながら、相手を一つの大きな包囲のアミへ包みこんでしまうことであったが、これはその当時のドイツ軍の力からすると手に余る、大きすぎることであった。ところが一九四〇年には、ドイツの統帥部は、むしろ外側に向って旋回するというやり方で敵の一部分を切断し、この一つ一つの過程によって、結果的には敵の全軍を呑み尽しかつ崩壊させてしまったのである。

けれどもこのヒトラーの場合も、ナポレオン同様、そこで残った問題に立ち向わねばならなくなったときに行きづまった。つまり島国であったイギリスがあくまで抵抗をやめず、この国を征服しなければ、それこそ丁度脇腹にささったトゲのようないたずらをいつまでも続けるであろうという見込が強くなったからである。ドイツ国防軍は、大陸での戦争の準備はしていたし、また実際発生したことよりももっと広範な事態の発展にも備えていたが、ところがいよいよ英本土上陸作戦といった、今まで夢にも考えなかったことを企てて、しかもそれを達成しなければならないということになると、たちまち船と装備の準備不足という事態の中へ閉じこめられてしまったのである。とてもそんな大規模な渡航侵入作戦といった新事業を、実施するような準備は何もしてなかったのだ。

このディレンマに遭遇し、さらにそれまでの陸での破竹の進撃に勢づいて、彼らはナチの福音書の命ずるままにナポレオンの轍を踏襲し、結局ロシヤ侵略に乗りだしたのである。ブラウヒッチュとハルダーとは、ナポレオンの失敗したところで成功しようと企んでいるヒトラーの野心を制御しようと努めたが、彼らもまたその自分たちが、それまでになし遂げた成功の大きさに目がくらんでしまって、ヒトラーに温健な政策をとるよう説得することができなくなってしまっていた。その上、彼らはナチと違って、ロシヤの征服が容易であるとは少しも思っていなかったが、ただ逆にロシヤの力をかなり高く評価していたために、それが一層大きく伸びてくるのをタックルしなければならないとは考えていた。

対ソ作戦に対して彼らの採用した計画は、一九四〇年の時と同じ原理のものであった。つまり赤軍正面の脆弱なところを突破して、それによって切り離されたいくつかの大きな部分を個立させ、そうして包囲されたこれらの集団がアミを破って脱出しようとして、逆に反撃に出てくるのを叩くというのである。彼らはロシヤ軍の主力を国境附近で撃破しようと考えた。未だ打撃を受けていない敵が、ロシヤの内部に逃げ込み、ドイツ軍が進むよりも早く後退するのを追いかけることによって、奥地に引きずり込まれるのを特にさけようとしたのである。ロシヤの地理的条件は、西部と違って戦線正面が広いため、この突破作戦は西部よりはやり易いように見えたが、ただその反対に西と違って、たとえば海峡といったような自然の行き止まり線がないために、突破した敵を閉じ込める自然の壁には恵まれないという不利益はあった。

ドイツの作戦計画は部分的には大勝利の連続となり、それはまた当初ロシヤの指導者達の自信過剰と相まって、ほとんど完全に成功しそうに見えていた。ドイツ機甲部隊の突破作戦は、深く、次から次へとロシヤ軍の大きな部分を切断し、しかもその中には最も精強かつ優秀装備の部隊の多くが含まれていた。けれどもドイツ軍の利益と不利益とをバランスにかけた時に、この正面の延々たる長さという利益とは逆に、その奥行きの深さという不利が働いて、ロシヤ軍はいつまでも全滅を免れながら後退することができたのである。こういった赤字は、作戦が進むにつれてますます累積していった。

次に現われてきたもう一つの困難は、機甲部隊の不足であった。ドイツの攻撃が成功するかどうかは、ひたすらこれにかかっている。一九四〇年の西での勝利は、事実上は十個の戦車師団による強襲突破が先に立ち、ドイツがそこに展開させていた百五十の通常師団のために道を切り開いて行った、そのやり方にあったのである。一方、一九四一年の対ソ戦では戦車師団の数こそ二十一に増えてはいたが、その各師団あたりの戦車保有台数は約半分に減っていた。この機動師団の数が増えたということが、こういう広正面の戦では非常に大きな機動力を発揮することになったと同時に、その個々の部隊での攻撃力の低減も、初期の段階では大して大きくひびかなかった。逆に、これらの師団の中で歩兵の割合がふえたということは、古い、正統派の立場からは歓迎された。つまり押えた土地を確保するための部隊の割合が増えることになるからである。けれども肝心の攻撃力が細ったということは、戦争が長びくにつれて大きく響くようになり、特にドイツ軍が重要都市に近づいてその密集した防御を受けはじめるに至って、ますます痛感されるようになってきた。

ドイツの勝利がゆらぎはじめたのは、それがこれらの「岩」にぶつかりはじめた時である。こういう目標に接近すればするほどドイツ軍の攻撃の方向は明瞭となり、偽装運動によって敵の目をくらますことはむつかしくなった。永年ヒトラーには有利に働いてきた間接接近の本能とでも言うべきものは、今、こういう大きなエモノが目の前にぶら下ってくるにつれて、彼から離れてしまったのである。丁度ナポレオン同様、モスクワが彼にとっては致命的な磁石になった。

ドイツ軍がドニエプル川の西で、決定的な勝利を占めるという目標に失敗した時――つまりそれを越えて東へ後退するより前に破砕する――ヒトラーは、しばし決断に迷って一時その重点を南方、ウクライナへ移した。けれどもキエフ周辺の華々しい包囲戦の後、再びもとの目標に復帰した。すでに秋が真近に迫っていたけれども、彼はモスクワへの進撃を決意し、ウクライナを通ってコーカサスへ出るという南方コースと併行してその作戦を進めることに決めたのである。十月はじめ、彼は自分の威信をかけて一大賭博に乗り出し、モスクワ攻略の最後の段階がいよいよ開始されたと発表した。

最初のうちは非常な成功であった。約六〇万のロシヤ軍が、ボック元帥麾下の軍隊によるヴィヤズマ附近の包囲戦で捕捉された。けれども十月の終り頃、まだその殲滅が終らないうちに冬が近づき、その勝利を一層拡げて成果をあげるという望みは、モスクワへの長い道の泥土の中に埋もれてしまった。

ヒトラーが新たな奮起を要求した時、ブラウヒッチュとハルダーとは、軍は暫く矛を収めて休養し、冬の気候からも、また敵からも、安全に隠れられるような防衛線に徹収するべきであると進言した。けれどもヒトラーは、そういう用心深い進言には耳をかさなかった。そして、再度の大攻撃が十一月にはじまった。けれども今やドイツ軍の目標は明瞭であり、攻撃線もそれに向って集中されてきたから、それに対してはソ連もまた予備軍を要所要所に集中して、その危険に備えるという問題に容易に対処できたのである。ヒトラーの命令によって行われたこの後の攻撃戦においては、ブラウヒッチュは名目以上の責任を負うことをやめた。十二月はじめ、その攻撃がとうとう失敗してしまい、南方方面ではロストフからドイツ軍が撤退すると、遂にブラウヒッチュはその任を解かれ、これから先はヒトラーが自分の「直感に従がって」やってゆくということが決定され、そして彼が直接軍の最高指揮をとるということが公に発表された。それは、もちろん一九三八年の二月にブロンベルクを解任して以来、名目的には軍全体の最高司令官であったのだから、それに加えて実質的にも作戦上の国防軍最高司令官になったわけである。

ブラウヒッチュがこの時にやめたということは、彼としてはしあわせであったと言うべきだろう。彼の経歴の上には、近代史上類稀な嚇々たる勝利の連続だけが記録されており、ただ汚点と言えばそれは自分が予想もしたし、同時にまた、自分の上役に向って警告もしていた失敗だけであったから。けれども彼の解任によって、本職の軍人が戦略ならびに軍事政策に関する諸問題についての決定権を持つべきだという主張は、結局破れてしまったことになる。それ以後は「ボヘミヤ生れの一伍長」が、将軍たちを、彼らの本来の領域において指揮命令するということになり、彼らとしては、ただもう助言するかまたは抗議するよりほかに何の権限もなくなってしまった。不承不承にやる人間に、ろくなことができるわけはない。

我々との話の中で、この経過について述べてくれたのはディトマールであった。「ポーランド戦、西部戦、そして初期の段階での対ソ戦では、その作戦指導はO・K・Hがこれに当り、O・K・Wの影響は比較的少なかった。キエフの戦闘は、ヒトラーが直接指導しようとした最初のものである。介入の理由は、対ソ戦を冬までにあげる必要があるから、というのであった。それからあとは、O・K・Hは次第にO・K・Wの支配をうけるようになってしまった。O・K・Wというのは、要するにヒトラーの別名にすぎなかったが――。」

ディトマールは、さらにもう一つの重要な発展の結果を左のように強調している。

「O・K・Hの責任範囲はロシヤ戦にのみ局限せられるべきであり、そしてO・K・Wの仕事は戦争の他の全局面にわたって総括的な指揮権を持つべきだというのがヒトラーの決定であった。このため、O・K・Hは戦争全体を大局から眺めることができなくなり、この視野の狭さが災いして、次第に戦略上の誤りを指摘する能力を弱めていった。O・K・WとO・K・Hとの、この責任範囲および関心の区分けは、ドイツの戦争指導を大きく弱体化する結果となった。

私はハルダーから屢々この点についての話をきいた。彼曰く、ヒトラーは神がかっており、戦略的な諸原則を無視するか、乃至はいつも軽視する傾向があった、と。

理性や知識は問題でない。勝利に対する不屈の意思、目標に到達しようという不断の努力だけがすべてであるということを、ヒトラーは人にも教え、かつ自分でも信じていた。その神秘的で神がかった計画が時・空の考慮を超越し、彼我の相対的な力関係を注意深く計るという態度を失わせたのである。統帥部には、もはや行動の自由はなくなって、最高地位にいた諸将すらもがその絶えがたいヒトラーの後見の下に縛られたのである。」

第五章　日なたの軍人──ロンメル

一九四一年以降、ドイツのあらゆる将軍の名前は、みな、エルヴィン・ロンメルの影に隠れてしまった。彼は大佐から元帥に上るという最も驚くべき出世をした軍人であるが、実はロンメルは二重の意味におけるアウトサイダーであった。まず第一に、彼は通常出世の有資格者と見なされている参謀本部の出ではなかったということと、次に彼は永くヨーロッパ外の舞台で働いていたということである。

彼の名声は、実は意識的に作られたものであった。彼自身の手柄もさることながら、むしろヒトラーの計算された選抜によったのである。彼は、国民が戦時にはいつも華々しい人物像にあこがれるものだということを知っていて、それにふさわしい二人の人物を選びだした。そして、まさしく二人だけであった。この二人だけは、ヒーローに仕立て上げても安心であるとヒトラーは考えた。「一人は太陽の子であり、も一人は雪原の子」であった。アフリカのロンメルは太陽の英雄であり、フィンランドのディートルは雪の英雄だったのである。

この両名とも舞台のメイン・ステージの両翼で演技をしていた。その中央にはヒトラーがいて、脚光は専ら彼があびていたのである。この二人とも活動的なファイターで、その能力はむしろ局地的な成功に適しており、高度の戦略指導という面で、ヒトラーの競争相手になるかもしれないような知的タイプの軍人ではなかった。そして両名ともに、ヒトラーの忠実な手足となること確実であった。結果的にはロンメルの方が、二人の中ではその功績という点で、ヒトラーのめがねにかなったこととなるのだが、ただその彼も、末長くヒトラーに忠実であることまず違いないという信頼の方は、それほど確かでなかったことになる。ヒトラーとドイツとは両立しがたいということをロンメルが覚った時に、彼は自分の祖国の方を第一に置いて、自分のパトロンに背を向けたのである。

ロンメルは非常に多くのものをヒトラーの恩顧に負うたけれども、彼をはじめてヒトラーに強く印象づけたのはその活動的な人間型であったのであり、やがて相手の英軍に対しても、ヒトラーの予想を越えて、その名声を高めてゆくほどに深い印象を与えた。

前大戦当時、一介の青年将校にすぎなかったロンメルは、一九一七年、カッポレットにおけるイタリヤ軍に対する攻撃戦で非常に有名になり、ドイツ陸軍最高の勲章であるところの Pour le Vérite を拝受した。けれども彼の軍事学上の知識は、その戦闘力ほどではないと見られたため、戦後の軍では低い役職しか与えられなかった。彼は将来の参謀本部入りする、選ばれたサークルの中へは入る資格はないと考えられた。さらに彼が戦後のある時代、一時、ナチの突撃隊の隊長であったことがあるという話は、彼が有名になった後に、彼と党の名声とを結びつけるために宣伝家が作った伝説である。

彼にとってのチャンスは、一九三三年にナチが権力を握った後、S・Aの軍事指導員を命ぜられた時にやってきた。彼は説明のうまい有能な講師であって、しかも、ハウスホーファー教授の弟子の一人で、地政学という新しい分野を学んで自分の視野を広めていた。ついで、彼はドレスデンの歩兵学校の教官になり、それからヴィーナーノイシュタットにできた新しい学校に転任した。実はその前、彼はヒトラーと面識ができていた。ヒトラーの方は彼を見て、これは新しい軍事上のアイデアについて話のできる、旧い型から外れた新タイプの軍人であると思ったらしい。今次大戦の勃発と同時に、彼はヒトラー直属の司令部の指揮官に任ぜられ、それが自然に両者の接触と彼の昇進の機会を増したのである。ポーランド戦の終った後、彼はヒトラーに乞うて一戦車師団の長の地位を得た。これは、ロンメルが自分の能力にふさわしい仕事のアキを見つけ出し、かつそれをうまく手に入れる鋭いカンを備えた男であったということを物語っている。というのは、戦争前は彼は熱心な歩兵主義者で、戦車戦を唱導する論者の考え方には反対していたからである。彼はワルソーへの道に光を見出し、躊躇なくその〝光に従おう〟とした。

彼は第七機甲師団長に任ぜられ、それを西部攻撃戦で指揮をした。彼はミューズ河の突破作戦と、それに続く英仏海峡への進撃戦で花々しい働きをなし遂げた。ついで南方に転じて、アベヴィユとアミアンの中間でソンム河に布陣したフランス軍を突き破り、セーヌ河に向ってルーアンまで進撃した。その後の宣伝も手伝って、その嚇々たる名声は一層高まり、彼の部隊は「幻の師団」であると言われた。

それから一九四一年早々、イタリヤ軍のエジプト侵入を援助するため、ヒトラーが機甲部隊と快速部隊を特派しようとした時に、彼はロンメルを、この〝アフリカ軍団〟の指揮官にした。彼がトリポリに着くまでに、既にイタリヤ軍は国境を越えて追い払われていたのみならず、その退却戦の過程でも完全に破壊されていたのである。ロンメルは、彼を迎えたその惨状を見てもくじけなかった。英軍は勝ってはいるけれども数が少いということと、もうその力の限界点に来ていることを彼は覚って、直ちにその最初の上陸部隊を率いて攻撃に出た。彼は、実は戦車の技術的なことについてはほとんど知らなかったが、軍の機動性ということについての驚くべきカンと、奇襲作戦についての直感力を備えていた。彼は英軍がばらばらになって駐在し、かつその戦車の大部分が修理を必要とする状態にあるところを、個々別々に捕捉していったのである。彼が敵に迫るときの素早さと、そのあたりを包む砂ぼこりは、一層その兵力を大きく見せた。英軍は周章狼狽してキレナイカから追い出され、やがてエジプト国境を越えて追い返された。

次の十八ヵ月間、ロンメルの名声は上るばかりであった。あいつぐ英軍の攻撃を片っぱしから挫いて行ったそのやり方と、特に、いよいよ今度こそはロンメルをやっつけたのだとイギリスが早まって発表する。その寸前に、実は意外の反撃にでて、かえってイギリスの方が敗北するという、その巧みなやり方によってである。その過程でイギリス第八軍の各隊は、自分の指揮官よりも敵のロンメルの方をはるかに偉いと思うようになり、しかも、そのいちいち人の意表に出る巧みな戦術がかえって英人のユーモアをくすぐり、その賞讃の声は後には愛情にまでも変って行った。その名声が絶頂に達したのは、一九四二年夏、彼がガザラとトブルクの中間でイギリス第八軍を粉砕し、ついでその敗残部隊を追跡して、西部の砂漠を越えてナイル河のデルタ地帯にまで迫った時である。

イギリスの中東軍総司令官であったオーヒンレック将軍は、この危機に臨んで自ら敗残第八軍の指揮をとり、その士気の落ちた軍をエル・アラメインの線に結集し、ここを決死の防御線にしようとした。他方、ロンメルの部隊は長途の遠征に疲れており、かつ補給も不足していたため、ここで二度の攻勢に失敗して追い返された。これが結局侵攻軍の目的から見て、決定的な挫折になったのである。

ロンメルは、依然三度目の攻撃が成功すると思っていたが、希望は次第に薄らぎ、やがて補給をととのえているうちに時間がたった。その間に英軍の方は、本国から新たな師団を増員した。また指揮者も変った。チャーチルは、英軍は増援が届き次第に攻勢に出ることを望んだが、オーヒンレックの方はもっと賢明に、彼らが砂漠の状態に慣れるようになるまで、もう少し待つべきだと主張した。結局オーヒンレックはアレキサンダーに代り、それから第八軍の司令官はモントゴメリーになった。しかし、八月の終になってまずロンメルの方から攻撃に出て、再びそれは新たな防衛計画によって挫かれ、これを境に戦さの主導権がイギリスに移った。完全準備のための長い休養の後――オーヒンレックの考えていたよりもっと長い――モントゴメリーは、十月の最後の週に、空軍、火砲、戦車の圧倒的な援護の下に攻勢に出た。それでもなおその週一ぱい、ひどい苦戦で広く側面に迂回することはできなかった。ただ敵はその足が余りにも伸びすぎて、地中海を輸送されてくるタンカーが潜水艦によって撃沈され、致命的な状態になっていた。それが事態を決定した。そしてひとたび敵がその一番伸び切った先のところで崩壊しだすと、途中でもう立ち直ることができなくなり、遂に一千マイル以上も後方のリビヤの西端まで退却した。

ロンメル自身にとっては、その決定的な打撃は八月攻勢が失敗したことであった。その失望に引き続いて、精神的な打撃によって身体をこわし、ウィーンへ静養に行かなければならなくなった。モントゴメリー攻勢の噂を聞いて、彼は医者の制止にも拘らず即座にアフリカに飛んで帰ろうとしたが、その後の数ヵ月は彼の腕前を充分発揮できるような健康状態ではなかったのである。彼はモントゴメリーの包囲を逃れて、軍を無事にずっと奥深く撤退させることには成功したが、敵の攻勢を阻止する機会を失い、病気も手伝ってマレスの戦に失敗し、その結果、モントゴメリーのチュニジアへの道を開いてしまい、結局枢軸軍がアフリカで完全に崩壊する道を作ってしまった。ただ彼自身はその一ヵ月以上前の三月、再び治療を受けるためにアフリカを去った。ヒトラーにとっては、ロンメルを将来も使うためには、その名声を落さぬようにすることが大切であったのである。

エル・アラメイン以後、「ロンメル伝説」とでもいうべきものについていろいろ語られ、彼の従来の名声は、実は不当に誇張されたものだということが言われはじめた。こういうそしりは、運が変りだしたときにはいつでも言われることである。けれどもこれにはまず第一に、もっと深い理由があった。彼は、モントゴメリーがやってくる前からイギリス第八軍のヒーローになっていた。ロンメルに対する英軍の敬意がいかに強かったかということは、何か巧妙なことをやったことに対して、それは「ロンメル的だ」という言いかたがされていたことでもよく分る。こうなると英軍の士気にも悪影響を及ぼすので、モントゴメリーが指揮をとりはじめると同時に、極力この「ロンメル伝説」をうち消して、その代りに「モンティ伝説」とでもいうべきものを立てようとした。

この逆宣伝が広がって、結局ロンメルというのは、実は過大評価された将軍にすぎなかったのだという見方が広がった。しかしモントゴメリー自身の気持は、彼がロンメルの写真をしきりに集めて、デスクの周りにピンアップしていたことによって知れるとも言える。ただ彼は、後年ルントシュテットとロンメルの二人を比較すれば、前者の方が一層手ごわい相手であるとは言っていた。ただその点で注意すべきは、モントゴメリーはロンメルの全盛時代には、彼と戦を交えたことがないということである。この両名が相まみえたときには、ロンメルは病気で弱っていただけでなく、兵力も不足、燃料も不足で行動も思うにまかせずという、戦術的には極めて不利な時であった。

ロンメルの成功の顕著な特徴は、それがいつも兵力劣勢であり、かつ制空権もない状態の下で達成されているということである。そういう条件の下で勝利を収めた将軍は、敵味方を通じて他に一人もないのである。ただ例外とすべきは、ウェーヴェル将軍麾下の初期のイギリスの指揮官達だが、しかしその時の相手はイタリヤ軍であった。ロンメルがいくつかの誤りを犯したことは事実であるが、ただ自分が圧倒的な優勢に立って戦っている時の将軍というものは、いくらミスをしても大がいその優位性で以ってカバーができるが、その反対にこちらが劣勢で戦っている時には、いかなるやりそこないでも直ちに以って敗北に連なるものだ。

彼の一層明確な欠点と思われるものは、戦略の執行面を無視する傾きがあったこと、および細かなはしばしに至るまで完全ではなかったということだ。同時に彼は権限を委譲する方法を知らず、それが彼の部下の指揮官達を非常に悩ませたのである。彼は万事を悉く自分でやろうとしただけでなく、すべての場所へ自分で行こうとしたために、屢々司令部からの連絡がつかなくなって、何か大事な決定のために参謀が探している時に、彼は戦場を自ら乗り廻しているというようなことがあった。そうかと思うと、彼は非常に大事な、肝心かなめの場所を直観的に摑んでいて、そこには必ず姿を現わして危機に臨んで味方の行動に決定的な刺戟を与えた。また彼は活動的な若干の将校に、彼らの真価を発揮する機会を与えたのであるが、それは年功序列制で固まっている将軍達では、到底やれないようなことであった。そのため、彼は若手から非常な尊敬を受けた。この感情は、実は多くのイタリヤ将兵にも感染した。彼らは安全第一主義の、耄碌したような自国の司令官に較べて、なんと決定的に違うものなのかと感じたのである。

戦術面では、ロンメルはその策略と偽勢の使い方に特に秀でていた。アフリカにおける最初の攻撃で、その進撃が余りに速かったため、多くの戦車が砂漠の中で道に迷いその数が減ってしまった。英軍の前面に現われた時、彼はその劣勢をかくすため、トラックをあたり一面かけ廻らせて猛烈な砂ぼこりを立て、戦車の大軍が四方から集結しつつあるかのような印象を与えた。これで敵を崩壊させたのである。

非常に大胆であるかと思うと、時にはまた極めて細心巧妙にもなった。彼が屢々使った手は、まず何台かの戦車をエサにして英軍をおびきよせ、対戦車砲を張りめぐらしたワナの中に引きずり込んで、そうやって極めて巧みに攻撃と防御とを組み合わせるのである。戦争が進むにつれてこの「ロンメル式戦術」が、すべての軍によって次第に多く採用されるようになった。彼がアフリカを去った時には、その敵からも大変惜しまれたのであった。それは結局ロンメルという人物が、彼らの全生活の中に占めている場所、ならびにその想像の中に占めているスペースが、それほども大きかったが故である。その理由の一部は、彼がイギリスの捕虜を特に丁重に扱ったということである。実際、捕虜から逃れて自軍に帰ってきた英兵の中で直接彼と接触したものがいくらかいるが、彼らは皆、異口同音にロンメルの場合にはその騎士道的精神と戦術とが結びついていると言っている。さらに広く印象づけられたことは、彼の動きの素早さと、それから明らかに敗けたと見える場合でも、その驚くべきカムバックであった。

戦略家としての彼のいくつかの欠点は、その巧妙さと大胆さをかなりの程度帳消しにしたし、逆に戦術家としてはその長所の方がその欠点をカバーした。そして指揮官としてのロンメルは、その統率力と部下を駆りたてる能力とが比類なく結びついて、しかもそれが彼の快活な性格と並行していたために、彼は屢々容易に意気揚々たる気分からその反対の沈滞の気分にまで、極めて激しく動揺した。

一九四四年にロンメルは、再び軍集団司令官として英仏海峡に現われて、英米軍の上陸作戦を食い止めることになった。ここでは彼は、西部軍最高司令官フォン・ルントシュテット元帥の麾下に属することになったのである。その際両名は、敵の侵入を要撃するべき最良の方策と、その上陸の場所についての見解を異にした。ルントシュテットは縦深防御を主張して、侵入軍に充分中まで来させておいて、その後で強力な反撃をやればよいと信じており、ロンメルもまた、自分も屢々アフリカでその通りの戦法を取ってきたから、それには自然に同調したが、ただまさにそのアフリカでの経験から、優勢な空軍に支援された侵入軍の場合には、その戦法は実行できまいと思っていた。そこで今度は上陸軍が充分な橋頭堡を築き上げる前に、それを阻止することに目標を絞って行動するべきであると思っていた。また、ルントシュテットの方は、敵主力の上陸場所はソンム河からカレーの間、つまり英仏海峡の一番狭い場所で、そこから直接くると思っていたのに対して、ロンメルの方はノルマンディーの西の方、カーンからシェルブールのあたりに来る可能性が強いとますます思うようになっていた。そしてこの点については、ヒトラーの意見と同じであった。

この問題についてはロンメルの（そしてまたヒトラーの）予想が当ったわけである。その上彼は過去四ヵ月間、ノルマンディーの沿岸防御を強化するべく非常に努力した形跡がある。それまでこの地域は、連合軍にとって幸なることは、カレー地帯に較べると手うすであった。連合軍にとって幸なことは、彼の努力も資材不足で妨げられたことである。それがために水中の障害装置もまた沿岸の要塞構築も、完全というには甚だ遠い状態に止どまってしまった。

一方連合国の方の考えは、――特にその将軍達の間では、ルントシュテットのやり方の方がよかったということになっている。つまり予備を後方に下げて待っていて、機会を見て大挙反撃にのり出すというやり方である。それに反してロンメルのやり方は、連合軍をノルマンディの橋頭堡へ釘付けにすることだけに力を消耗してしまう結果になるであろうと思われた。それがまた、他のドイツの将軍達のほとんど全部の一層強い見解でもあったのである。彼らは概ね参謀本部育ちの伝統的な「カースト」（身分）に所属しており、ロンメルを目してほぼヒトラー同様の素人であると思っていた。彼らに言わせれば、ロンメルはロシヤ戦のような経験がないから、軍を縦深に非常に深く配置することの重要性を知らないというのである。

なるほどルントシュテットの計画は、戦略の基本理論にはよりよく一致していたであろう。けれどもこの時の連合軍は、まず兵力自体が途方もなく大きい上に制空権までも握っており、また、その軍を動かすための広い空間もあったから、果してルントシュテットの言うように、ひとたび彼らがフランス本土の奥深くへ浸透してきた場合に、その後で反撃しても果してその進撃を阻止しえたかどうかは、実は非常に疑問である。こういう状況の場合、唯一の確実な希望は、ともかくも海峡のこちら側へ充分な橋頭堡を作ること自体を阻止するのにかかっていたかもしれないのだ。ロンメルは最初の数日間は、ほとんど連合軍からその希望を奪うところまで行った。それが失敗したのはむしろ彼のミスではなくて、パ・ド・カレーから敏速に兵力を廻してくることができなかったからである。その理由は、ドイツの上級司令部の方が、ノルマンディーへの上陸は偽装であり、それはあくまでル・アーブルからカレーにかけての本格上陸戦の序章にすぎない、という確信を持ち続けていたからだ。おまけにドイツの西部軍には、もはやそれ以上通常の予備はなかった。ルントシュテットは、フランスの南半分をカラにしてもよいから予備を一つ作ろうとしたが、ヒトラーはそれを許さなかった。

ルントシュテットとロンメルの両人が、もはや侵入軍を阻止することができないということがすでに明らかとなった時でも、ヒトラーがノルマンディーからの撤退を遂に認めなかったことのために、そのマイナスは致命的になった。適時に後退することによってのみ、ドイツ軍をしてセーヌ河の岸で頑ばらせ、さらにドイツの国境で一層長く抵抗することを可能にさせたのかもしれなかったが、ヒトラーは全面的撤退ということはあるべきでないと主張して、西部の指揮官に対しては、そのヒトラーの許可なくしては僅か数マイルの局地的な後退さえも許さなかった。その結果、各師団は完全に粉砕されるまで頭ばり通し、そのためかえってルントシュテットやロンメルが考えたより、遙かに長い退却をせざるを得ないはめとなったのである。

ヒトラーのやり方に共に絶望したこの両名は、従来よりも一層親しくなった。六月下旬、ヒトラーはこの両名の切なる要求によってフランスへ来た。それは、一九四四年にヒトラーが西部を訪れた唯一の訪問であったのだが――。そして両名はヒトラーにソワツソンで面会した。けれどもヒトラーは、二人が機械化部隊の反撃の準備のために主張したところの、オルヌ川の手前まで後退するという、極めて控え目な提案さえも、聞き入れようとはしなかった。翌週になって前線の緊張が悪化して、ルントシュテットはもう率直にこれ以上戦を続けても無駄であり、戦を終らせるべきであると主張した。ヒトラーはそれを聞いても気持は動かず、かえって指揮官の更迭を考え、ルントシュテットの代りに東部戦線にいたフォン・クルーゲ元帥を派遣した。

この時の人事について、ヒトラーがロンメルをとばして素通りしたというのは意味深長というべきだ。もっともロンメルをクビにはしなかったけれども。つまりその前のソワツソンでのロンメルの態度が、ヒトラーの気に入らなかったのである。けれどもヒトラーに対するロンメルの気持の方は、一層大きく変っていた。彼は自分の部下の指揮官に向って、今のドイツの唯一の希望はヒトラーをできるだけ早くどかすことであり、そしてそれから和平の交渉をすることであると語っていたのだ。だから彼は、あの七月二十日のヒトラー暗殺計画において頂点に達した陰謀のことを、少くとも知ってはいたということは事実である。

その三日前、ロンメルは戦線近くの道路を走っている時、数機の低空攻撃を受けた。車が転覆して彼は投げ出され、頭を強打した。この衝撃の舞台というのは、奇しくもセント・フォワ・ド・モントゴメリという名の村であった。彼はパリの病院に行き、回復するとウルムの自宅へ帰って行った。その時までに秘密警察は、ヒトラーに対する陰謀のすべてを調べ上げてあったのである。二人の将軍が彼に面会にやってきてドライブにつれ出した。その途中でヒトラーからの手紙を彼に渡した。それにはン自分で毒を仰ぐかそれとも取調べに応ずるためにベルリンに来るか、二つに一つを選べとあった。彼は毒の方を選んだのである。そのあと彼は事故の怪我が原因で死んだと発表され、国葬を以て葬られた。

かくして一人の軍人の生涯が終った。高度の戦略を把握するという点においては欠点があり、またそれを実施するについての細目においても欠点はあったが、実戦の場に沿んでは真に天才的なひらめきを見せ、同時に活動的な遂行力を兼ね具えていた人であった。彼はあらゆる状況において、致命的な場所ときわどい時間とを見抜く直観力を有していた。部下の幕僚将校をやきもきさせながら、しかも彼は第一線の将兵からは崇拝されていたのである。

第六章　日かげの軍人たち

一九四一年の暮までのドイツのとった戦争の形、筋道は第四章で述べた通りである。そして前章ではロンメルのアフリカの戦場における経歴の移り変りを述べた後、その彼と共に一九四四年夏の西部戦場における決定的な再開にまで立ち帰った。けれどもそれだけではまだこの「型」にギャップが残る。そこで最後の段階に立ち入る前に、ヨーロッパにおける事態の経過を一九四一年の暮から再びとり上げて、その穴を埋めることが望ましい。ただし事態の一層完全な描写については、後に第三部のところで各将軍達の詳しい話が出るはずであるから、それとは重複しないようにこの幕あいの章では、主だった将軍達の人がらに関係した限りにおいて、事態の経過を簡単にたどってみることにしてみたい。彼らは、言わば二重の意味における日かげの軍人達である。つまりヒトラーの不興の雲に隠されたという意味と、同時に敗戦の雲がそのコースにたれ下っているという意味においてである。

ハルダーの最後の飛躍

一九四二年の対ソ作戦は、参謀総長ハルダー将軍の計画に基いて行われたものであったが、しかしそれは常にヒトラーの総括的な指令の下に置かれていた。ハルダーはすぐれた戦略的頭脳の持主で、開戦当初の大成功は概ね彼の籌画から出たもので、部内の優秀な助手達のひらめきから出たものはほとんどない。けれどもブラウヒッチュの退任以来、彼が統括していたO・K・Hは、当時人が軽蔑的に「ヒトラー伍長の軍事局」と呼んでいたO・K・Wからの監督を、一層はっきりと受けつつあったのである。

この困難な状況の下におかれたハルダーは、かつてブラウヒッチュがその権威からして、当然受けていたような支援を受けることはできなかった。かつて軍の総司令官とO・K・Wの長とが別人であった時には、前者の力をバックにして、後者と議論を交えることも可能であったが、今やそれが一つになって、しかもその長をヒトラーのような性格の男が占めるとなると、それは非常に困難となった。ブラウヒッチュとハルダーとの間では、こういう高い地位には珍らしいような和合があって、意見の相違は滅多に起らなかった。彼らを知っている他の将軍達の話によると、両者の仲は極めて緊密であって、この両人それぞれの機能と影響力というものは、分けて考えることができなかったというのである。ただどちらかといえば、「ハルダーの方がややリードする型ではあった。」ハルダーが考えたことを、ブラウヒッチュはヒトラーに進言した。またハルダーはブラウヒッチュの介ぞえなしには、ひとりでヒトラーに会わなかった。けれどもこれから先は、彼は自分の戦を一人でやらねばならなくなった。

一九四二年の夏の会戦は華々しい緒戦の成功をもたらして、ハルダーの作戦の優秀性が立証された。わざと主攻正面では攻撃を遅らせ、同時にクリミヤ半島に対する奇襲をかける。その結果、ロシヤ軍をしてハリコフの方向に向って攻勢的イニシャチブを取らしめる。こうして南部のロシヤ軍をここに封じこめておいて、ドイツ軍の攻撃主力はその側面を通過して、ドン河とドネツ河の間の彎曲地帯になだれ込んだのである。けれどもドン河の下流を越えてから後は、ドイツの進撃は、ヒトラーの干渉によって方向が分散してしまう結果になった。つまり、コーカサスへ進んで油田を取るという主目標はかすんでしまって、かえってスターリングラードを抑えて、停滞をとり戻すという助攻勢に変ってしまった。本来こちらは、実はコーカサスへの進撃の側面を固めるだけの副次的な目的だったのである。さらに悪いことには、ヒトラーの目は丁度一年前の時のモスクワのように、スターリングラードという狭い目標だけに緊りつけられてしまった。この市の名前自体が彼に挑戦してきたのである。そしてここでもまた、ひとたび彼の目標がはっきりしてしまうと、ロシヤ軍をしてその予備兵力をそこに集中せしめることを助けてしまった。

この努力が失敗して、味方の攻撃力がもはや衰えてきたことが明らかになるや否や、ハルダーはこの計画の中止を主張した。ヒトラーは彼がいろいろなことについて絶えず反対することに対して、次第に立腹してきていたが、遂に今度はその不愉快な進言を理由として、九月の末にとうとう彼を追い出してしまったのである。

ツァイトラー

ハルダーの後任者として登場したのは、それまで西部戦線の参謀長であったツァイトラーである。彼がそれまで東部の事情にうとかったということが、こういうピンチに際して任を引き継ぐ上でのハンディキャップになったと共に、そこでヒトラーの考え方に異を称えるという機会を減してしまった。

彼は年もずっと若く、戦前は一歩兵連隊長たる大佐にすぎなかったが、その後クライストの機甲軍の参謀長になった。ドイツ機甲部隊の長距離進撃とその敏速な転回にいちいち追いついて、これを補給してゆくという困難な問題を解決したのは、実に彼だった。有能かつ精力的で、いかにもナチの気に入りそうな行動型の人間であり、それは例えばハルダーのような、軍事問題について秀れた文章を書いただけでなくて、数学者でもあり、植物学者でもあったような、言わば思索型の人物とは違っていた。

彼の前任者ほどの戦略家でなかったツァイトラーではあったけれども、その軍隊の戦略的な移動という点については、きわだって頭の働くオルガナイザーであり、機械化された近代軍によってどういうことができるかということに関して、類稀な把握力を有していた。一九四〇年にアルデンヌを突破し、フランスを席捲した時の機甲軍隊の快進撃を組織し維持した彼の知謀籌画は、今度は一九四一年の独ソ戦における復雑な運動の連続において、またまた、卓越した才能を示したのである。すなわちクライストの機甲部隊が、ブグ河、ドニェプル河を渡って退却しようとするブジョンヌイの軍を阻止するために、まずウクライナを突破して黒海に向う。それから方向を変えて北進してグーデリアンの部隊に合流し、キエフ周辺の包囲戦を完了する。それから再び南に転じて、ドニエプル河の向うのドネプロ・ペトロウスクの地域に張り出していたドイツ軍の橋頭堡を攻撃していた新鋭ソ連軍の後方にまで進出し、そこでロシヤ軍を壊滅させておいて、それからドネツ盆地を急下してアゾフ海周辺にいたロシヤ軍を分断した——この一連の機動作戦に遺憾なく発揮されている。クライストは私に向って、自分の参謀長を惜しみなく誉めて強調した通り、このように軍隊を動かす上での最大の問題は、いかにして補給を維持してゆくかということだったのである。

ツァイトラーのこういう手柄はヒトラーの注目をひいて、一九四二年初期、彼はツァイトラーを引見した。その席でツァイトラーが述べたことが、一層ヒトラーに深く印象付けたのである。その時の話は、彼の所属していた第一機甲軍において、その年の冬の寒さをどうやって越したかということについての、彼の講じた緊急措置の話であった。大体ドイツの将軍達は、型にはまった考え方しかできない、臨機応変の措置というものは全然できないものだと考えていたヒトラーに、一層強い印象を与えた。ツァイトラーは、その後すぐに西部軍の参謀長に補せられて、そちらの防衛策を再び講ずるようになった。九月にはディエップへの上陸戦を撃退した後、再び東部に呼び戻され、そこでヒトラーから参謀総長に任ぜられるという話を聞いた。これは、若い少将としては破格の昇進であった。

機械化戦争をよく理解した若手の軍人に対するヒトラーの好み、そしてその方面におけるツァイトラーの実績もまたそれにかなっているということがツァイトラー抜擢の理由であったが、実はそれがすべてではない。彼はこういう若手をO・K・Hの頭にすえることによってその人物に恩を売り、それが結局軍に対する忠誠心を曲げて、かのカイテルやヨードルがやったように、ヒトラーの使い走りになってくれることを望んでいたのだ。彼はハルダーを追い出すことによって、あのドイツの職業軍人という固い身分の「うるさい牧師」からしょっちゅう横槍を入れられるという、不愉快さから免れることができたのである。

しばしツァイトラーは目がくらんだ。そうして、結局コーカサスへの進撃のみならず、スターリングラードの攻略という目標にしがみつき、そのため、ドイツ予備軍の大きな部分をこれに巻きこみ、結局こういうムダな努力によってそれまですでに消耗されていた部分に加うるに、未だ残っていた部分をも離脱不能にしてしまったのである。

けれども、やがて彼の疑問が芽ばえはじめて、冬中ずっとスターリングラードの前進基地を守り続けるという、ヒトラーの直感力というものを怪しむようになってきた。ロシヤの反撃がはじまった時、彼は直ちにパウルスの軍を下げようとしたが、ヒトラーは怒って拒絶した。その後、両者のマサツは頻発した。というのは、パウルスの軍が包囲された後になっても、ヒトラーはそれまでの拠点を捨てて西の方へ退路を開きながら打って出てくるということを許さなかったからである。ツァイトラーは辞表を出したいと思ったが、ヒトラーはそれをはねのけた。

スターリングラードの第六軍が降伏した後、ツァイトラーはヒトラーを説得して、モスクワとレニングラードの、二ヶ所の危険な突出部から徹退することについての裁可を求めた。そうすれば戦線の緊張を減らし、爾後の敵の反攻からも安全になり、かたがた予備兵力を他の方面に転用することができるのである。けれどもヒトラーは、ロシヤのこの二大都市から、かかる覆うべからざる挫折的撤退をするということにたえられなかった。彼は一般的な戦略的徹退の如きは、考えようとはしなかった。ツァイトラーは、ヒトラーにさからうくらいの勇気は持ち合わせていたが、ただカイテルとヨードルとがいつもヒトラーの味方をしたため、彼はその戦をいつも孤立無援でやらなければならなかった。しかもこの両名の職場が、ヒトラーの大本営の中にあったのに対して、ツァイトラーの部局は、いつもそこからは多少離れたところあったから、こういう喧嘩は一層不利だったのである。しかもこの距離は単に空間的なものではなくて、ツァイトラーの抗議が増えてくると、彼ら両名が毎日相談のために会った時にも、ヒトラーの気持はだんだんツァイトラーから離れて行ってしまったのである。

これが結局、ヒトラーの私設官房長官とでもいうべきヨードル将軍の影響力を増すことになり、やがては、作戦全体に対するヒトラーの統制力をも増していった。戦争中ずっとその地位に止っていたヨードルは、その自分に割りあてられた領分内で、自分の立場をうまく保って行くという点についての達人であったからこそ、これほど長くクビにもならずに続いたのだろうし、実際彼は第一級の書記であった。それに反してツァイトラーの方は衝動的で、かつ己を殺して人に従うなどということは、全然できない男であった。彼は、屢々ヒトラーとの議論中に腹を立てた。けれどもヒトラーとしては、このツァイトラーのような機械化戦術理論の達人で、しかもカイテルもヨードルも共に持ち合わせていないような機動戦術問題を実際的に解決できる人物を、手離したいとは思わなかったようである。

けれどもとうとう一九四四年七月早々、ドニエプル河上流での敗北がきっかけになって、両者は分れた。ツァイトラーは、バルト諸国に布陣していた北部方面軍集団を、包囲されないうちに撤退させることの許可を求めるために、個人的にヒトラーに会いに行ったが、ヒトラーはそれを受けつけず、その後両名は険悪な状態になってしまった。ツァイトラーは辞職しようとしたけれども、それは何度もつき返され、そこでツァイトラーは自分の賛成してもいないことに責任を負わされるばからしさから、とうとう病気を申し立てた。ヒトラーはその仕返しのつもりで、ツァイトラーからその官職にまつわる一切の特権を取り上げた。そのうちやがて退役になり、しかも軍服を着るという通常の権利までも奪われたのである。

グーデリアン

ツァイトラーの後釜として、ヒトラーは戦車戦術の一層早くからの、また一層先輩格の専門家である、グーデリアンを任命した。この任命は、参謀本部の連中にショックを与えた。グーデリアンはただの戦車についてだけの職人で、しかも戦場での「ブル」であり、とても参謀総長として要求されるような戦略的識見も、あるいは大局的な調和のとれた見通しも、一切持ち合せていない人物であると思われていたからである。この選択は、革命的なアイデアに対するヒトラーの本能的な好みを物語っており、同時に、グーデリアンの過去の活躍ぶりを評価した結果であった。

（註）　この点については後に第九章で述べることにする。

それは、言わば久しくドイツ機甲部隊の生みの親、パイオニアであり、やがてその後ドイツに幾多の勝利をもたらした槍騎兵に対して与えられた、王冠のようなものであった。だが実際には、ウィンドウの飾り衣裳としての性格を一層強めただけになってしまった。

というのは、ヒトラーは永らく戦争を完全に自分一人で指導してきた。そしてそのO・K・Hなるものも、東部戦線における細かな執行面だけを司る。彼の命令の伝達手段の一つとして以上には見ていなかった。だから、かりにグーデリアンがその性格と経歴からして参謀総長に適任であったとしても、彼が実際にその役割を演ずることは許されなかっただろう。事実、彼は二重の制約を受けたのである。彼をとりまくプロフェッショナルとしての参謀本部の将校達からの不信の空気と、それから彼の上に鎮座しているヒトラーからの干渉と――。

参謀本部にいた彼の部下達は、このグーデリアンのことをやや好意的に、というよりもむしろ惜しむというような言い方で、闘将—ファイターではあっても戦学というアカデミーの軍人ではないと言っていた。そして参謀本部の伝統とも言うべき、特殊のテクニックに不慣れな徴候がありはせぬかと疑っていた。ヒトラーの後援でもあれば、彼もその部内の反抗を抑えることができたろう。ところがまもなく、彼は自分でヒトラーと衝突しはじめた。大体、ドイツの形勢が悪くなりかけていた時に就任したということが苦しかったが、一層彼にとって困難だったのは、その任命が七月二十日の陰謀事件のすぐ後だったということである。ヒトラーは当時、不信感で一ぱいだったので、何か自分と意見が違うと、たちまち以ってそれを反逆の徴候と見なしてしまった。若手の軍人の中にはその猜疑の念を打ち消して、問題を絞って論ずるコツを心得ているものもあったけれども、グーデリアンには、そういう要領のよさはなかったのである。

グーデリアン自身、かなり高齢で、元来のバイタリティも、そろそろ失せかけていた時である。彼は自分を信じないもの、疑の目を以って見るものに対する不断の戦闘で、一部分は消耗していた。しかしまた、その闘いの過程の間で、彼の確信は頑固さに変ってしまい、火のようなエネルギーは怒りっぽさに変った。それはこういう型の人間に屡々生ずることである。また、種々の障害からして遅れてこういう地位についたため、それが一層彼のその傾向をつのらせた。

けれどもこの新らしい攻撃戦の福音の使徒は、その主人であるヒトラーよりも、一層今の状況の下で防御の必要性を認識していた。一九四四年の初期の頃、彼がまだ機甲部隊の監察長官であった頃、彼は東部における戦略的な退却と、そしてその目的のために一九四〇年の国境の線に沿うて後方での防御線を用意するよう、ヒトラーに向って進言した。彼が参謀総長になった時は、プリペット沼沢地帯の北の戦線が崩壊した直後であったが、ロシヤ軍の大洪水は、最後には彼が考えていたところからそれほど遠くない、後方の線のところで食い止められた。けれどもその崩壊に続いて起った敗走のために、かれこれ二十個師団ばかりの兵力を失い、さらにはその装備をなくしてしまった。そこへできた穴は、ルーマニヤから機甲師団を廻すことによって辛うじて埋めたけれども、今度は逆にそちらの方が手うすになって崩壊し、しかもルーマニアが直ちにソ連側につくにおよんで、傷口は一層深くなったのである。このため、ロシヤ軍はドイツ軍の側面を広く迂廻しながら、カルパチア山脈を越えて中部ヨーロッパに進出することができるようになってしまった。

東プロシャと中部ポーランドの防衛線を固めるという、グーデリアンのその秋の努力は妨げられた。それはハンガリヤ軍を支援するための予備兵力がなくなったためばかりではなくて、ヒトラーが西で新たな攻撃を企てていたからである。つまりもう一度アルデンヌを通って、英軍にダンケルクの二の舞を演じさせるという夢のような計画のために、すべての予備兵力がかき集められたのであった。しかもなおこの期におよんでも、ヒトラーはバルト諸国、バルカン、イタリヤ等から撤去して、そこで浮いた予備兵力を、東部の主戦場へ廻そうとはしなかった。

アルデンヌの攻撃が失敗した後になっても、ヒトラーはなおグーデリアンの見方に反対した。彼は、グーデリアンが東部において新たなロシヤの攻撃が切迫していて、しかもドイツ軍にはそれを支える力がないと警告したにも拘らず、ごく少数の兵力を東へ廻すことを許しただけであった。しかも一層いけないことに、その僅かな増援部隊も、現実にはヒトラーの命令によって中止されただけでなく、ポーランドにあった機甲師団の最精鋭の部分三つが、ロシヤ軍のブダペスト包囲を反撃するためというムダな目的のために、南方に廻されてしまったのである。

一月十二日にロシヤ軍の攻撃がはじまった時、グーデリアンは、約八百マイルの戦線に僅か十二個師団の予備兵力を持っているだけであった。かつその三日以前に、グーデリアンはソ連の攻撃に先立って、危険な突出部から撤退するべきことを具申していたが、ヒトラーはそれも禁止した。そのためポーランドの戦線は急速に崩壊し、ロシヤの進撃はドイツ国内へ侵入してきて、それは結局オーデル河に達するまで止めることができなくなった。ロシヤ軍はここまできて漸く補給が切れ、さらに側面も伸びすぎたために、一時反撃の余裕ができた。ヒトラーは漸く第六機甲軍を西部から転用することを承諾したが、しかもこれを反撃に使用することを許す代りに、それをまたまたブダペストを救援するというムダな命令を下して、ハンガリーの方へ送ってしまった。彼は現実から離れた夢の世界に住んでいたのだ。

やけくそになったグーデリアンは、ナチの他の領袖に向って和平を講ずることの急務なるを説いた。しかしその行動はすぐヒトラーに聞えて、三月に彼は解任された。ドイツ崩壊の僅か一ヵ月前である。

マンシュタイン

ドイツの将軍達の中で恐らく最も有能であったのはエリヒ・フォン・マンシュタイン元帥であろう。それは私が戦争について話し合ったところの、ルントシュテット以下の将軍達のほとんどすべての人の評価である。彼は、タンク学派そのものに属していない、他のどの将軍よりも機械化された兵器のことをよく知っていたし、すぐれた戦略感覚を持っていた。けれども彼は、一本調子の熱心家とは違って、戦車以外の他の兵器の重要性とか、あるいは防御の重要性といったような点についても、その認識を失うことはなかった。開戦の少し前、彼は装甲迫撃砲を改良したが、これはその後の戦争で非常に大きな力を発揮したものである。

レヴィンスキー家の一員として生れた彼は、小供の時分にマンシュタイン家の養子になり、一九一四年の少し以前に歩兵将校に任ぜられ、陸軍大学校へ入学するには未だ年が足りなかったけれども、フォン・ロスベルク将軍の幕僚として注目された。この人は一九一七年に新しい縦深防御構造を作りだした人である。一九三五年までにマンシュタインは、参謀本部の作戦部門の長になり、翌年ベック将軍の下で参謀次長になった。けれども一九三八年二月、フリッチュが解任された時、マンシュタインもＯ・Ｋ・Ｗに対する反対勢力、ならびにナチの計画に反対する勢力を除くという政策の犠牲になって、同じくＯ・Ｋ・Ｈから排除された。そして彼はシレジアの一師団長に転出した。けれども一九三九年の開戦前夜には、そのポーランド戦で決定的な役割を演じたルントシュテット軍集団の参謀長になった。その後、彼はルントシュテットに従って西に転戦した。

ここで彼は、フランスの敗北を生みだしたドイツ軍の脳波――インスピレーションの源になったのである。つまり、戦車の突撃で以ってアルデンヌを突破するというアイデアだ。けれどもこのアイデアは、皮肉なことに彼がその地位を去った後になって、はじめて採用された。というのは、軍の上層部は彼の主張の仕方が強すぎると感じて、一九四〇年の一月末、彼は外に出されて、歩兵第三十八軍団の司令官になっていたからだ。彼が希望していた機甲軍団の方は、経験不足という理由によって断られた。彼は自分が転任してから後でヒトラーに呼ばれ、そこで自分の計画を披露する機会を持ったのである。ヒトラーはそれに同意した。そして一週間後、O・K・Hは計画変更の指令を出した。マンシュタインの転属は、少くとも、この戦闘で補助的役割しか演じないことになってしまったボック軍集団の不快感を和らげることには役立った。つまりルントシュテット軍集団に主導権を握らせるというこの計画を推進したのは、決してマンシュタインの個人的な利益から出たものではないということを示したからである。同時に彼のインスピレーションが、フランス軍を崩壊させるのに極めて有効であることが分ったために、少くともマンシュタイン自身がそのハンドルを握っている必要はないと考えられたが故である。

この会戦の第一段階では、彼は軍団長としての才能をそれほど充分発揮する機会がなかった。というのは、彼の部隊は機甲部隊の進撃をバックアップするだけの役割だったからである。けれども、次の段階でソンム河に布陣したフランス軍の新しい戦線を攻撃するという段になると、彼の軍団はアミアンの西方で、その戦線を最初に突破するという主役を演ずることになった。ロンメルの戦車が突破口を開くと、マンシュタインの歩兵部隊がそれに膚接して追従し、その歩兵をあたかも機動部隊のように操って行ったのである。彼の軍団は、六月十日にセーヌ河に到着してこれを渡った先陣である。――その日のうちに四十マイル以上進んだ。それから早い歩度でロワール河に進撃し、やがてそれから英本土上陸が問題になってくると、彼の部隊は英本土上陸第一陣として、フォークストーンのそばでドーバー海峡を渡るという、巨大な仕事を割りあてられた。しかしその計画は未発に終った。

ソ連侵入前、彼は東プロシャの新たな第五十六機甲軍団の指揮官を命ぜられた。彼はそこでロシヤの前線を突破して、四日のうちに約二百マイル離れたドヴナ河に達するほどの快速ぶりを示し、そこの重要な橋を抑えた。けれども、彼は自分が希望していた通り、そのままレニングラードかまたはモスクワへ進撃することは許されず、そのドヴナ河のそばで、他の機甲軍団と第十六軍が到着するまで約一週間ばかり待たされたのである。彼はそれから進撃を続け、七月十五日までにレニングラードの南のイルメン湖畔に到着したが、そこで漸く余裕を得たロシヤの予備隊によって、その進撃を阻まれた。九月には彼は遙か南方の第十一軍の司令官に昇進し、そこで狭く堅固に守られたペレコップ・イスムスを突破することによってクリミヤ半島への入口を開いた。これは、彼の攻囲戦の巧な技術を証明する離れわざであった。

ロシア侵攻作戦が冬に入ってモスクワの前面で泥と雪の中で膠着し、ヒトラーは犠牲の山羊を求めてブラウヒッチュを解任すると、ドイツ軍の若い将軍達の多くは、マンシュタインがその後をついで総司令官に任命されることを望んだ。しかしヒトラーはその地位には自分がついて、そしてマンシュタインを参謀総長にすることを考えたが、しかしハルダーより一層御しにくいかも知れないと思ってやめにした。

一九四二年夏、マンシュタインはその時の主攻撃に先立って行われたところの、有名なセバストポールの要塞攻撃の任を受けた。ここでの彼の成功が、黒海におけるロシヤの主要な海軍基地を奪ったのである。その後彼は、今度はこの目的のために、南の端から北の端へ廻されることになった軍を率いて、レニングラードを攻囲した。どうも彼の活動分野は、このセバストポールを陥した時の、攻城戦の専門家という観点だけから絶えず見られるようになってしまったらしい。

けれども、マンシュタインの今度の使命は実現しなかった。というのは、軍がレニングラードへ移動する前に、すでに膠着状態になっていたスターリングラードへ行くようにという命令を受けたからである。けれども、そこでの難戦はやがて危機となり、ドイツ軍は包囲された。その間マンシュタインは、ドン軍集団と称する急拠編成された兵力を以って救援に向ったのである。

けれどもそれは遅きに失し、その努力は成功しなかった。この戦争中、最も凄惨な死闘の後に、その後の後退で崩れた戦線を立て直し、ロシアの攻撃をドニエプル河で食い止めた。そこでめざましい反撃を行ってロシヤ軍を遥か後方に撃退し、一九四三年の三月にはハリコフを再び奪取した。今やマンシュタインは、南方軍集団の総司令官になっていた。その年の夏、中央軍集団のクルーゲと呼応して、東部戦場における独軍最後の大反攻に出たのである。

彼は、実は二つの案を考えていた。一つは五月早々、ロシヤ軍がまだ準備のできない間にこれを打って、クルスクの突出部に鋏状の攻撃を加えて敵の準備を狂わすこと、他のもう一つは——彼としてはこちらの方が良いと思っていたのだが——敵の攻撃に先んじてこちらが先に徹退し、然る後にキエフ地域から側面攻撃に出て、敵の戦線を包囲することである。しかしヒトラーは、そういう大胆な戦略が巻き起すかもしれない危険を恐れて、この後者の案は採用しなかった。そして前者を採ったのだが、まさに攻撃に出ようとしていた直前に、その攻撃を延期した。

味方の力が付くまで待っているうちに、チャンスが一層確実になると思ったのである。けれども、結局攻撃に出ないで七月まで時間を空費しているうちに、その延引によってロシヤ軍の方が一層有利となった。マンシュタインの率いていた南方からの攻撃は相当深く浸透したが、北はロシヤ軍のねばりと弾力性のために効果が上らず、最後はかえってロシヤ軍による側面攻撃によって崩壊してしまった。これがきっかけになってソ軍の全面的反攻がはじまり、結局ドイツはそれを支えることができなかったのである。

マンシュタインは兵力に格段の差があったにも拘らず、極めて巧妙に、ポーランドの戦線まで一歩一歩と後退した。けれどもヒトラーは、ロシヤ軍の圧迫を振り切るために、大巾に後退するというマンシュタインの主張には耳をかそうとしなかった。しかも彼が余りにも熱心にそれを主張するために、次第にヒトラーの勘気にふれて、一九四四年三月、棚上げされてモーデルに替った。一歩一歩と頑強に抵抗しつつ徹退する方が、巧妙な作戦運動の技術よりはもっと大事だというのである。この非難の底には、マンシュタインに対するヒトラーとヒムラーとの政治的な不信があった。かくして連合軍の最も強力な相手は、そのキャリアを終ったのである。機動性という近代的な概念と、軍を操つるということについての古典的なセンスと、技術的な細目と、大きな迫進力とを兼ね具えていたこの恐るべき強敵が——。

マンシュタインが戦場から消えたことを非常に残念がって、ブルメントリットは私に対してこう言った。

「彼はドイツの将軍の中で最も秀れた戦略家であっただけでなく、非常に秀れた政治感覚をも持っていた。そういう能力を持った人間は、ヒトラーにとっては扱いにくい存在であった。ヒトラーとの会談において、衆人の前でマンシュタインは屡々ヒトラーと意見を異にした。そして、屡々ヒトラーの主張のある点については、ナンセンスであると宣言することさえやったのである。」

クルーゲ

ヒトラーはこの数ヵ月前に、東部において他のもう一人の最も良く知られた指揮官を失っていた。クルーゲが飛行機事故で負傷したのである。けれども、一九四四年夏になってけがが治ると、ヒトラーは西部でクルーゲを使おうと思い、ルントシュテットの代りに西部の総司令官に任命した。

グェンター・フォン・クルーゲ元帥は、ヒトラーが一九三九年にはじめて戦に乗り出した時から一諸にやってきた最初からの軍司令官の中での、ただ一人の人である。ポーランド戦、フランス戦、それから一九四一年のロシヤ戦で、彼はずっと第四軍を率いてきた。ポーランド戦と対ソ戦とでは彼はボック軍集団に所属して、そして対ソ戦ではモスクワ攻撃を命ぜられた。もっとも彼は、ヒトラーやボックほどにはその作戦を楽観してはいなかった。元来、彼は非常に性格の強い男であったのに、ボックの下でそれほど長く勤めることができたということは、彼の我慢強さを示す証拠である。というのは、ボックというのは非常に仕えにくい男だったからである。同時にまたクルーゲは、ヒトラーに対しても充分自分の意見が言えるだけの勇気を持ってはいたが、ただ彼は悶着を起す瀬戸ぎわまで、しつこく自分の意見を言いつのることはしなかった。一九四二年にボックが解任されると、クルーゲはその後をついで中央軍集団の総司令官になった。彼はそれから次の二年間、ロシヤ軍の続けざまの攻撃を防ぎ止めたところの、巧妙な防御態勢を作り上げたのである。

その防御作戦の成功と、さらに彼の性格、忠誠心等が一緒になって、彼は非常にヒトラーに気に入られた。もうその時にはルントシュテットもロンメルも、不可能を可能にするようなやり方によってヒトラーを喜ばせることはできなくなっていたのだし、かつその不可避な結果をヒトラーに指摘することによって、彼をますます苛立たせていた。クルーゲが就任する頃までに、すでに連合軍はノルマンディーの拡大された橋頭堡に大兵力をつぎこんできて、もう早晩ドイツ軍の余りにも広がりすぎたダムなるものが、その連合軍の重みだけで決壊しそうになっていた。現に三週間後にはその西の端のところで、パットンの率いるアメリカ第三軍の新たな衝撃によって崩壊させられたのだ。けれども、依然ヒトラーはいかなる撤退をも禁じていた。

クルーゲのような順従な男は、とてもそういうはっきりした命令に反することはできなかった。その一つの現われは、八月六日にパットンの軍が出てきたアヴランシュの狭窄地帯に向けて反撃しようとした計画の中に見ることができる。この攻勢は非常に賢明なプランであったから、もしそこで使用された機甲師団の戦車の数が多かったなら、多分、敵に対して致命的な効果を与えることができたろう。けれどももうその衰弱した状態の下では、それが空軍の集中攻撃によって粉砕される以前でさえも、その成功の機会は絶望的なまでに小さかった。さらに悪いことには、この空しい希望が流産した後になっても、ドイツ軍はこの締めつけられた状態から離脱することが許されなかったことである。今や退却は不可避であったにも拘らず、すべての後退が致命的に遅すぎ、かつ短かすぎた。その結果、戦闘はフランスにおけるドイツ軍の全面的崩壊を以て終らざるを得なかったのである。こうなってしまった後にヒトラーはクルーゲを追い出して、モーデル元帥をそれに替えたのである。

クルーゲは、この解任を表面冷静に受けとめた。後任者に状況を説明するのに一日半を費した後、静かに自宅の方へ帰る途中で服毒自殺した。これは自分の経歴がおしまいになったのを歎いているのではなくて、帰宅と同時に逮捕されることをおそれたのである。というのは彼はすでに一九四二年頃から、例の一九四四年七月のヒトラー転覆計画に発展するところの陰謀に関して接触があり、かつこれに共鳴していたからである。いかにも彼らしく、自分ではこれにコミットしてはいなかったが、この計画が失敗した後、発見された文書の中に自分の名前がは入っていたことを知っていたのだ。

モーデル

ヴァルター・モーデルは五十四才で、普通のドイツの上級指揮官より約十年若かった――その平均年令は、終始連合軍の方のそれよりもずっと高かったのである。同時に彼は、その出身も違っていた。この点でも、彼はロンメルに似ていたのである。ただロンメルと違って、もっと参謀畑の下地はあった。ヒトラー体制の下で大規模な軍備拡張がはじまった頃、モーデルはブラウヒッチュの下で陸軍省の教育部門で働いており、そこでナチの幹部と親密になった。彼はゲッペルスに深い印象を与え、ゲッベルスはモーデルをヒトラーに紹介した。その後、彼は発明部門の仕事を担任した。彼の技術的知識は乏しかったが、努力と想像力でそれを補い、そのため屡々熱心の余り空想に任せて実現不可能なアイデアに引きずり込まれることはあったけれども、ただ新式の装備を備えることについては大きな貢献をしたのである。

ポーランド戦で第四軍団、フランス戦で第十六軍の参謀長をつとめ、それに続いて第三機甲師団の長に任ぜられた。対ソ戦ではその猛撃力で有名になり、ドニエプル河に向って快進撃を続けて行った。その抜群の努力によって出世も早く、まず機甲軍団長になり、ついで冬には第九軍の司令官になった。彼はそこで困難な状況の下において防御戦で多大の能力を発揮して、防御戦における戦車の価値を発揮した最初の一人となった。特にそれを掘りめぐらして、小型の「動く要塞」に使ったのである。

一九四三年、彼は夏期攻勢でクルスクの突出部に対するハサミ状攻撃の北側の腕として、主導的な役割を与えられた。ここで彼は――クルーゲやマンシュタインの意見と反対に――戦車の数をもっと集めて、その衝撃力を強化するまで攻撃を延期するべきだという意見を以ってヒトラーを説得し、それによって実は最良の機会を失った。この遅れはロシヤ軍に猶予を与え、そのため彼らの巧みに構築された弾力性のある防御陣地突破へ向けての攻撃は、大きな損害を出して失敗した。それでも彼はそれに引き続いてのロシヤの危険な攻撃をうまく食い止めて、十月には北部方面軍の総司令官に上り、そこでレニングラードからの撤退戦を指揮して戦線をナルヴァ＝プスコフの線で固定した。一九四四年四月には、マンシュタインに代って南部方面軍の司令官に移り、カルパチヤ山脈の通路を破って西進しようとするロシヤ軍の攻撃を回避した。六月下旬、ロシヤの夏期攻勢は中部方面軍に対して向けられ、ここは直ちに崩壊した。モーデルはそこへ行って指揮をとらされたが、丁度ウィスラ川の線でロシヤの攻撃を食い止めた時に、西部の危機に対処するために今度は西に廻されたのである。

七月二十日のヒトラー暗殺計画が失敗した後、彼は率先してヒトラーに対する忠誠の誓いをくり返し、東部線戦にいたヒトラーが最初に受けたところの忠誠電報を彼は出したのである。これが彼の軍事的な才能に対するヒトラーの信頼をますます強めはしたけれども、ただモーデルもまたヒトラーの命令を無視して自分の判断通りに行なうという、数少い軍人の一人であったのである。

彼の下で働いたことのある何人かの将軍と話してみて、彼は上官としても仕えにくいし、また部下としても使いにくかったという点が強調されたが、全体的な統率力の卓越という点に関しては一様に賛辞を呈することを私は知った。マントイフェルは、彼のことをこう言っている。

「モーデルは非常に秀れた戦術家であって、攻撃よりは防御の方がうまかった。彼は、たとえばある軍隊が一体どれだけのことができるか、またどういうことはできないかということを見分けるカンを持っていた。彼の態度は粗野であり、そのやりかたは必ずしもドイツ陸軍の上層部には受け入れられ易いものではなかったが、それは逆に双方ともにヒトラーの好みに合ったのである。他の人間ならば到底できないようなやり方で、彼は屡々ヒトラーにたてづいた。そして自分の賛成しないような命令は、実施することを拒否することさえあったのである。」

一九四四年秋、西部ですでに崩壊していたドイツ軍が、その国境線のところで驚異的に立ち直り、連合軍の完全勝利の期待をくじいたのは、専ら彼の努力とその異状な能力によるのである。すなわち彼は、もうほとんどカラになっていた食器棚から、なけなしの残りものをかき集めてきた。彼はその後も連合軍の最後の攻撃を食い止めることに主要な役割を果したし、また十二月のアルデンヌにおけるドイツの反撃作戦においても、主要な役割を果したのである。もっともこの「ドイツ防衛戦争」指導の最高指揮権は、ルントシュテットの手にあったけれども——。というのは、ヒトラーはドイツ崩壊の最後の瞬間になって、「老親兵」たるルントシュテットを再び手許に呼び戻したからである。

第七章　老親兵——ルントシュテット

車輪は完全に一廻転した。軍の信頼を取り戻そうというヒトラーの熱狂的な努力の末に、彼も結局この人物を軍の最高ポストに据えざるを得なくなってしまったのである。つまり他のだれにもまして古いドイツと軍の伝統を代表し、義務に対する献身、政治的保守主義、職業的な専一さ、ならびにヒトラーによって代表されるような、素人戦略家に対する侮蔑感等を合せ代表している人物である。おまけにこのゲルト・フォン・ルントシュテットは、骨の髄まで紳士であった。自然に備わっている彼の威厳と行儀のよさは、彼と著しく見解を異にする人々にさえも尊敬の気持を起こさせた。このような根っからの貴族主義者にとっては、ワイマール共和制の民主主義というのは肌があわなかったが、同時にまた、ナチズムのやりかたに対しては一層嫌悪の念を抱いていた。

今や七十才近くになって、彼はヒンデンブルクが前大戦の時に、軍の最高の地位にあったのとほぼ同じくらいの年令であった。その年と功績との双方が、彼をしてほぼヒンデンブルクと同じような民族的アイドルたらしめていたのである。けれども、彼はヒンデンブルクよりも遙かに有能な軍人であった。いや、ヒンデンブルクとルーデンドルフを一緒にしたよりも、もっと秀ぐれていたかもしれなかった。しかもその実際の手柄もそうだった。それは彼の風貌容姿を、両名のそれと比べてみれば分ることである。彼ら両名と同じように威厳があって、しかも一層洗練されており、やせ型、禁欲的であり、うち見たところも思索的である。もっとも彼の思想は、その職業上の問題に限られてはいたけれども。そしてその軍とドイツに対する献身の念の余りに、本来ならばツバキを吐きかけてもやりたいと思うようなことに対してさえも、我慢してのみこんでしまう義務感もあった。ここに、この軍人僧侶とでもいうべきルントシュテットの経歴ならびに顔つきに表われている、内心の葛藤の根があった。

彼は政治を軽蔑していたが、しかし政治の方が彼の住居の中へ侵入してきた。

一九三二年までに至る数度の昇進の後、彼はベルリンを含む第一軍集団の司令官になって、そのためとたんに心ならずも政治の香いをかぐことになった。というのは、もしプロイセンの社会民主党出身の閣僚達がその地位を去ることを拒否した時には、新宰相パーペンの命令によって、彼らを追い出すという手はずの仕事がかぶってきたからである。ところがその時、パーペンはやりすぎてしまって、結局、首相の地位はフォン・シュライヒャー将軍に移ってしまった。けれどもそのシュライヒャーは、十分な支持勢力をとりつけることができず、かくして結局ヒトラーの登場を促して、その手で以ってナチ以外の他の政党を一切禁圧してしまういとぐちを作るに至った。こういう成り行きをルントシュテットは好まなかった。彼はナチスの指導者達のかかげている社会的目的も、またその態度や行状も、共にはっきり嫌いだったのである。けれども、彼はそのナチの軍拡についての熱烈なキャンペーンには満足したし、特に一九三四年六月三十日の粛正がナチスの突撃隊の力を抑えたことに対しては、一層大きな満足を感じていた。彼の単純な軍人的感覚からすると、このナチの突撃隊のような多くのニセ軍人どもが片づけられて、そうして正規の軍人が、彼のいわゆる「茶色のチリアクタども」の脅威から免れることができるようになったというのは、極めて健康な徴候だったのである。

彼は今やその自分の注意を、軍の発展ということだけに向けることができるようになった。軍事面ではまず第一に、歩兵の力を復活することに意を用い、その訓練・装備の両方を共に近代化することによって自信を深めるようにした。というのは、彼は機械化された近代戦という観念を受け入れて、そのイギリスにおける理論や実験に対して深い関心を払うことはしたけれども、それを熱烈に信奉するという学派の一人ではなかったのである。いや彼はどちかというと戦車なるものに対しては、将来の戦場の主役ではなくて、非常に有用な召使と考える学派の、一層進歩的なリーダーの一人だったのである。

彼は完全に機械化された軍隊を作るよりも、むしろ今の軍隊の力を増強するためにこれを自動車化して、それと同時に火力を大幅に増強することの方が、一層有効であると信じていた。彼は前の大戦で、歩兵が機関銃恐怖症とでもいうべきものにかかってマヒ状態になったことに鑑みて、それを除去する実際上の方策を考えると共に、その劣等感を治《いや》すための宣伝戦をも開始した。けれども彼は、相当程度に科学的でもあったから、一九三四年のイギリスの将軍達が、その期の大演習で、あたかも歩兵一個師団で以って機械化一個師団をマヒさせることができるかのように演じて見せたことによって、イギリス最初の機械化師団の編成を、もう三年も遅らしてしまうことに力をかしたような愚は演じなかった。ルントシュテットは、ドイツ陸軍の中へ機械化師団を作ることには賛成であった。ただその比率が高すぎてはいけなく、またそれが在来の歩兵集団の方の装備改良を邪魔する結果となってもいけない。要約すれば、彼のヴィジョンとその学派の考え方の幅というものは、結局一九四〇年にフランスに対してはドイツ陸軍が優位を占める程度であり、一方そのヴィジョンの限界はと言えば、それが一九四一年にロシヤに勝つのに必要な程度の機械化の優越に達し得なかったのはなぜかということを説明してくれるのである。

一九三八年の就任当初、ルントシュテットはもう一つ別の政治的ショックに出会って、充分その精力を集中することができなかった。つまりヒムラーが、軍の総帥であったフリッチュとブロンベルクとを追い出して、自分が軍全体の指揮権を握ろうとしたあの陰謀が、ヒトラーに一つの口実を提供していた時である。フリッチュに対する処遇について、ルントシュテットはヒトラーに抗議した。フリッチュは道義的汚名だけは免れたけれども、彼のポストはすでに他人によって占められていたから、それはなんにもならなかった。それから数ヵ月後に、ヒトラーの好戦的なやり方に対してブレーキをかける意味の警告書を、当時の参謀総長であったベックが書いて、ルントシュテットもそれに連署している。けれども、それは単にベックの解任を導くだけに終ってしまった。秋に入ってズデーテンランド併合の後、ルントシュテットは老令を理由に退職を申し出て許可された。

一九三九年八月に、彼はポーランド戦線の一軍集団の司令官として呼び戻された。彼がその招致に応じた理由は説明しにくい。というのは、ドイツの外交政策の第一の原則は、イギリスとの再度の戦争はどうしても避けるべきであるというのが、彼の長年の主張だったのだから。彼がこの召集に応じた理由が、その愛国心から出たものとすれば、いかがかと思う。結局、ドイツを破滅に導く可能性があると彼自身も予言していた戦争に、彼が主役を演ずることになるよう求められているのだ。これを説明するがためには、彼が育ってきたところのきわめて厳格な軍人の義務と服従のルールを理解するよりほかに仕方があるまい。もしそれ以外の理由を探すとすれば、あとはもう熱心な軍人にはだれでもありがちなような、こういう職業的なチャンスに対しては抗しえないという心理的な要素のほかにはなかったろう。

　その機会を彼は確かに充分に果した。はじめにまずポーランド、次にフランスを征服するのに決定的な役割を華々しく遂行したのは、彼の率いた軍集団であったからである。ただその名誉も喜びも、彼にあっては、その底に横たわっている不安の念によって損われてしまっているという徴候があった。一九四一年の対ソ戦では、彼は再び華々しい働きをした。南部のロシヤ軍を覆滅し、ウクライナ地方の農・鉱資源をドイツにもたらすことになった掃討侵攻作戦を彼は指揮した。けれども、今度だけはその勝利すらも完全な成功とまではいかず、それがやがては最終的な壊滅の予兆となった。ルントシュテットは、以前からロシヤを討つことの危険性をヒトラーの不興を侵して進言してあったが、今やその不安な予感が確かめられたのをす早く感じた。秋になってモスクワへの進撃を続けるべきかどうかが議論された時、ルントシュテットは停止することを主張しただけでなく、最初の出発線まで撤退すべきことを主張した。その進言はさらに一層総統《ヒューラー》の気には入らぬものであった。それと同時にルントシュテットの方でも、このヒトラー「伍長」が、作戦面の細かなことにまでいちいち干渉することの患わしさに、次第に耐えがたくなってきていた。結局十一月末になって、ヒトラーのある一つの命令に対して返電し、もし総統が、この自分が最善と信ずる策を遂行することを信用しないならば、だれか他に然るべき人を探してくれと言い送った。この辞職の願いは、ヒトラーによってこれまた敏速に受け入れられた。ルントシュテットの危惧と反抗によって、ヒトラーのカンは増々昂ぶってしまった。その神経は、勝利が次第に遠ざかりつつあるということによって、すでに充分に昂ぶっていたのだ。

　けれども、ルントシュテットは久しく棚上げされてはいなかった。一九四二年はじめ、ヒトラーは彼に西部での指揮をとることを要求し、それが国民としての義務だという点を強調して彼の躊躇を押し切った。アメリカが参戦してくると、やがてアメリカ軍が英国を基地にして大陸へ侵入する可能性が生じ、ルントシュテットはその危険を非常に恐れた。次の二年間、彼はドイツ軍のフランスならびにネーデルランドの占領から生ずる内政問題に忙殺されると共に、彼の恐れるこの危険に対処する準備をした。一九四四年六月になって、遂に危険が現実となった。その話の輪廓はすでに述べた通りである。

運命の七月二十日には、ルントシュテットは引退していた。そのため、ヒトラーが殺されたという陰謀団からの最初の電報連絡が東西の両司令部に届いた時には、彼はナチに反対して軍に主導権をとらしめるというチャンスを持っていなかった。だから、彼が果して他の上級指揮官達の大部分と異った態度を取ったかどうかは分らない。彼らはその意図がどうであろうと、ヒトラーがなお生きているという第二報が伝わってくるや否や、完全に呪文にかけられたようになってしまった。しかしいずれにしても、ルントシュテットはこの陰謀には参加しなかった。それは意味深長なことである。

彼のナチズムに対する嫌悪の念を知っていた多くの軍人達は、ヒトラーに対して立ち上るのに、彼がリーダーとなるべきことを期待していたが、反面、彼を一番よく知っていた人達は、全然そういう期待は持っていなかったようである。まず第一に、彼は余りにも真直ぐな人間であり、名誉心という軍人綱領を極めて厳しく考えていたから、陰険、微妙を必要とする陰謀といったものへ参加することは不向きであると思われていた。第二に、その軍隊における彼の名声の象徴的な価値からして、たといその目的がどんなによくても、陰謀というもののもたらす必然的な汚なさから、彼をきれいにしておきたいと願う軍人達の希望があった。その上、彼はその高い地位からして、すべての将軍達が一様にとり囲まれていたナチのスパイの網の目によって、一層厳しく監視されていた。

同時に若干の将軍達は、このルントシュテットが米・英との休戦をもたらしてくれるか、あるいは少くともロシヤ軍の侵入を抑えるために、ドイツ国内への無抵抗進駐を認める措置を講ずるであろうと考えていた。この希望は彼が七月早々に解任された時には消えたけれども、九月になって復職した時にまたよみがえった。その間、クルーゲは七月二十日に同じ措置を考えたけれども、それに乗り出すことを躊躇した。躊躇の理由は、まず第一にヒトラーに対する忠誠の誓に叛くことになるからであり、第二にドイツ人は、これまで余りにも長い間暗黒の中に閉じ込められてきたから、到底そういう行動を支持はすまいということであり、第三に東部戦線の兵士達は、その裏切り行為の故を以って西部の兵士たちを責めるであろうということであり、第四に祖国に対する裏切りものとして、歴史的な烙印を押されてしまうだろうということであった。こういった拘束的考慮が、九月の危機に再び呼び戻された時——厳重な監視の下で、こういう行動は実際上困難であったということの外に——ルントシュテットのような人にとっては、一層大きな影響を与えたものではあるまいか。ヒトラーが、あらゆる問題について絶えず干渉するということだけでなく、彼の判断とその義務感との心理的な葛藤のため、その秋の数ヵ月は事実上、無力な状態にあった。その間、連合軍の方では、彼がドイツ西部の防衛を指揮しているものと思っていたのだ。

その年の十二月、アルデンヌで行われたいわゆる「ルントシュテット攻勢」なるものに、彼が果してどの程度関係していたかというと、それはほとんど遠方からかつ危ぶみながら眺める傍観者以上のものではなかったのである。この計画は、その目的といいタイミングといい場所といい純粋にヒトラーのもので、多少の技術的な点については、第五機甲軍を指揮していたマントイフェルの示唆によって改善されたにすぎなかった。そしてその遂行に当っては、モーデルとその二人の直属の部下であったマントイフェル、ならびに第六機甲軍司令官のゼップ・ディートリッヒの手に委ねられていた。

十月下旬に、ヒトラーは自分の計画をルントシュテットの許に書き送ったが、それは一九四〇年の傑作と同じパターンのものであった。連合軍がその重心をベルギー平原にかけて、そこを通ってアーヘンからケルンの方向へ侵入しようとする、それを逆手に取ろうとしたもので、当時ドイツ軍の反撃は予想していない——特にアルデンヌの地域では——という計算の上に立てられた。この心理学的な計算は再び正しかった。第五、第六の両機甲軍を二つの手にしてこれを延ばし、アンデンヌのアメリカ軍の弱い戦線を突破させ、それから北へ廻ってミューズ河を越えて、アントワープでこの両軍を合流させる。第六機甲軍はリェージュを通ってこの環の内側の弧を旋廻し、第五機甲軍はナミュールを通って外縁を旋廻する。第十五軍は第六機甲軍の側面を援護する形でリェージュの北に進出し、他方、第七軍は第五機甲軍が北に旋廻するにつれてその側面を援護するものとする——。

このハサミ状の進撃作戦によって、ヒトラーはモントゴメリーの第二十一軍集団をその基地とアメリカ軍とから切り離し、よしそれが絶滅されないまでも、再び「オランダのダンケルク」にまで追いこんでいこうとしたものである。イギリスはもはや届かない、けれどもその軍隊は目の前にいる。その最後の一撃の絶好の目標として——。けれどもヒトラー麾下の将軍達は、いずれも味方の人員・資材の現状から見て、この計画は余りにも野心的すぎると考えていた。

直接抗議しても無駄だと思ったので、ルントシュテット、モーデル、マントイフェルの三人は、もう少しささやかな代案を出すということで一致した。ミューズ河の東の、アーヘン周辺のアメリカ軍の突出部をつまみ取る、という計画である。けれども、ヒトラーはこうやって目標を縮めることには反対したから、ただマントイフェルがタイミングと方法について若干の修正を申し入れただけであった。それというのも、ヒトラーはいつも年輩の将軍よりは若い世代の将軍達の議論を良く聞くくせがあり、それと共に用心とか注意とかの忠告よりも、何かあるオリジナルな意見の方を良く聞くくせがあったのである。このマントイフェルの申し入れた修正によって、初期の奇襲のチャンスを一層増したことにはなったけれども、しかし最後の勝利というチャンスを増したことにはならなかった。

この攻撃は極めて大きなカケであった。すべての高級執行者達は、みな一様にドイツが最後のカードを出しつつあると感じたし、もうその資源も涸渇して、成功の極めて薄い機会しかないということを知っていた——よほど珍らしい幸運に伴われるか、または連合軍の指揮官達がなみ外れたヘマでもやらぬ限り——。けれども、攻撃というものに対してそういう見方をするのは宜しくない。結局この攻撃は連合軍のバランスを大いに狂わせ、非常な困難と不当な危険に陥こませてしまったことは事実である。けれども、ドイツ軍はすでに余りにもその力を消耗しすぎていたために、通常の攻撃には必ず随伴しがちであるところの、極めてありふれた程度のミスや手ちがいのようなものでさえも、犯す余裕はなかったのである。マントイフェルは漸くミューズ河に到達したが、彼よりもっと大きな兵力を持ち、逆に距離は遙かに近かったゼップ・ディートリッヒの方は、たちまち故障に出くわしてしまった。それがために、予備兵力がマントイフェルの援護に振り向けられた時には、すでに連合軍の敏速な反撃にあって、何らの成果もあげることができなかったのである。この攻撃は、目的の遙るか手前で挫折してしまい、しかもそれが失敗した後では、ドイツの予備軍を完全に使い切ってしまって、もはや長期の防戦は不可能な状態になってしまった。

第二部　戦争への序曲

第八章　ヒトラーの抬頭

ヒトラーの抬頭についての物語はすでに種々の角度から述べられているが、しかし未だ国防軍の見地から述べられたものはない。その国防軍の首脳者達は、これまでヒトラーの登場を助けたりそそのかしたりしたという非難を受けてきたけれども、この告発を支持するような証拠は実はほとんどないのである。

国防軍の将校達がその職業上の見込みからして、ヒトラーの登場に伴う軍拡からの受益者であったことは明らかである。その上、もともとブロンベルクと他の将軍達は、元来ヒトラー体制がドイツとその軍隊とをベルサイユ条約のクビキから解放するものだと思って歓迎したのだ。この気持は彼らが年を歴るにつれて、やがて悔恨の念には変ったけれども、それは熱心な職業軍人の気持としては極めて自然のものであった。もっとも、中には一層先を見こして、最初から危ぶむものもあったことは事実である。というわけは、ナチのS・Aを率いていた全く素人の兵隊、あるいは退役軍人達が、ひとたび自分の党が権力を握った暁には、その軍隊の官職というものを、伝統的に保守的な国防軍の特権的な保存地域として残しておくことに満足するわけはないと思われたからである。

けれども、かなり多数の将校がヒトラーの抬頭に対して好意を持っていたと言っても、その同じ彼らが、ヒトラーの権力獲得に協力したり道具になって使われたりしたと考えたら、事実と違うし、ましてやドイツ国防軍が一体となってその走狗と化したというようなことは絶対にない。そうなるには、当時、軍を掌握していた人達がそういう気持を起さなければできないことだが、その点についての基本的な事実は全く異る。この重大な時期における軍の政治的な首脳者は、パーペン内閣の陸相であったフォン・シュライヒャー将軍であり、その下に、陸軍省官房局長のフォン・ブレドウ大佐がいた。（これが後にO・K・Wとなるのである）そして当時の国防軍最

高司令官は　フォン・ハンメルシュタイン将軍であった。ヒトラーが政権を握ってまもなく、ハンメルシュタインはこの職から退いた。それから一九三四年六月三十日の血の粛正の時に、シュライヒャーとブレドウが殺された。これは、彼らがナチの勢力拡大を抑えようとしたからだという他の軍人達の推定的証言を裏づける証拠である。

当時シュライヒャーの部下の一人であったレーリヒト将軍は、その時の危機的状況と、それ以後における将軍達とヒトラーとの衝突の模様について、私に話をしてくれた。外部で一般に知られている印象とは矛盾するけれども、彼のその話は、この決定的な数週間に事件の渦中にいた数少い生き残りの証言として、考慮に価するものである。

話のいきさつを語る前に、レーリヒトは、シュライヒャーとハンメルシュタインという二人の人物の人柄について次の通り描写している。まずシュライヒャーについて――。「彼は格別どの政党にも所属しなかったけれども、軍人というよりもむしろ国内政治の達人であった。また、労働組合に対しても深い同情があったし、かつ組合からの人気もあった。そして保守派の方からは、その社会改良的傾向の故に進歩的だと思われていた。しかし、元来彼はユンケル以外の何ものでもない。非常に巧妙かつ利口な政治的かけひき屋ではあったけれども、こういう時代に必要とされる政治家としての性格は持っていなかった。」次に、ハンメルシュタインを評してレーリヒトはこのように言っている。――「彼は有能かつ極めて賢明で、政治的にはよくバランスのとれた考え方を持っていたが、軍人としてはやや怠惰であった。彼はナチに対して強く反対しており、そしてシュライヒャーの政治的な方針に従っていた。」と。

さて、この事件に関するレーリヒトの話は左の通りである。

事件の経過

パーペン＝シュライヒャー内閣は、ナチとの闘争の結果議会を解散し、一九三二年一月に辞職した。ついで行われた選挙の結果、ナチは明らかに票を減じたけれども、結局はっきりとした信任の基礎のない議会ができ上り、それはパーペン内閣に対しても、またその反対派に対しても、確固とした多数を与えることはなかった。――反対派は右と左に割れたのである。はじめ大統領は、パーペンに対して新たな組閣を命ずるつもりでいたけれども、やがて革命的諸派との間に強い緊張を引き起した。一九三二年十一月のベルリンの交通ストの期間中は、共産党とナチが共闘したことは明白であった。これは危機的徴候と見なければならなかった。

この容易ならぬ状況に基いて、十一月二十日、陸軍省官房局において、内務省と合同で会談ならびに図上演習が行われた。この左右両翼からの革命的な同時攻撃に対して、国内の武力は大丈夫かということを調べるためである。こういう状況は、もし新パーペン内閣が、鉄カブト団を含む保守派の右翼(ドイツ国民党)だけを基盤にするとしたら、必ず起ってくることだと思われたのである。

この会談での結論は、交通労働者のゼネストは国と軍隊とをマヒさせるということであった。当時の国防軍はまだ一部しか機動化されておらず、そうした停滞を円滑に処理する技術的な活動が可能な、緊急部隊の状態も充分でなかった。シュライヒャーの意見では、軍隊が自国の国民に向って発砲することはさけねばならない。彼は「銃剣の上にあぐらを」かきたくなかったのである。

ところがこの時、全く思いがけなくもシュライヒャー自身が総理になってしまった。ごく短期間のつもりではあったが、彼はパーペンと違って保守派の代表ではなく、いわば中間派として、中央党や社会民主党からは、むしろその弊害はより少いと思われていた。そしてナチもまたこれに対して、自分達が権力に近づくための一里塚、一時の穴埋め役として歓迎した。かくして十一月末の彼の任命は、一時の鎮静剤としての役割を果すことになった。

シュライヒャーは、議会におけるナチの分裂を策して、その進出を防ごうとした。時あたかも選挙では後退し、財政的にも困っていたナチに対する手としては、このタイミングは悪くはなかった。会談はシュトラッサー以下約八〇人の議員との間ではじめられ、議会の開会は延期された。

当時、ドイツは外交的にも一つの成功を見たために、前途は一層有望に見えた。ドイツの国内事情が荒れていることがある種の圧力になって、この十二月はじめの軍縮会議で、原則上はドイツも軍事的には平等であるという譲歩をかちとったのである。

けれどもシュライヒャーは、初めから保守派(ドイツ国民党）の方から猛烈な反対をうけていた。その政綱が、かなり広範な社会改良案を含んでいたからである。そこでシュライヒャーは高姿勢に出て、東部救済資金の使用法をめぐって汚職があるのをばらすといって脅かした。もう老齢のために明晰な判断力を欠いでいた大統領は、自分の保守的な友人達の意向に左右されてしまって、このシュライヒャーのことをボルシェヴィスト的傾向があると言って非難し、さらに自分の政治的目的のために軍を使おうとしているのだという疑惑を与える噂を流したのである。同時に、再びパーペンが出てきて、ヒトラーと協定することによってある陰謀に乗り出して、それによってナチの力で権力に復帰しようという策動をしたが、それは結局画餅に終った。

ヒンデンブルク＝シュライヒャーの危機は、ナチを分裂させようというシュライヒャーの前述の計画に甚大な影響を与え、初めは有望な形ではじまっていたところの話しあいを壊してしまった。

従ってシュライヒャーの立場は、たちまち絶望的なものになった。大統領からの援助もなく、議会の多数をうる見込もなかった。一月二十六日か七日に、国防軍総司令官であったハンメルシュタイン将軍は、もう一度、最後に大統領の気持を変えようと企てたけれども、もうその時にははっきり断られた。一月二十九日、シュライヒャーの辞職に続いて翌三十日、ヒトラーが首相に任命された。

結局、このフォン・シュライヒャー将軍の辞任によって、軍から首相に上った唯一の人物が放り出されたことになる。シュライヒャーは、最初の一番都合のよい時（一九三四年六月三十日）にナチの手先によって殺された。その時、一諸にフォン・ベロウ大佐（これは明らかに政治家として買いかぶられたためである）とシュトラッサーとが殺された。

ヒトラーの任命と共に、国防軍は従来から持っていたところの、政府の最後の、そして決定的な道具としての独占的な立場を失った。十万の国防軍は、小さな隊に分れて国中に散らばっているのに、党は国家の中枢機関を押えており、すべての輸送手段と公共の報道機関、公共物、市井の人の意見から労働者階級の大きな部分までを支配していた。軍はその重要性を失ったのである。

これらのできごとと事実とに鑑みて、私は国防軍がヒトラーの後押しをして権力の座につかしめたのだと非難するのは、歴史的な事実としては誤っていると敢て言いたい。事実はそれと反対のことを示しているのだ。

この点に関して、私はここで一つの問題を調べてみたい。それは、国防軍がこの時公然と叛乱を起す可能性があったかどうかということだ。

あの危機の間と、それからナチが権力を握った後で、シュライヒャー、ハンメルシュタインをとりまくグループの間では、国防軍によるクーデターの可能性を考えはしたが、結局望みがないということでやめてしまった。

それの理由は次の通りである。すなわちヒトラーは、憲法の規定によるところの第一党の党主だということで大統領から任命された――つまり、全く合法的なものである。一般の兵士達の間では、ほとんど全く知られていないシュライヒャーとハンメルシュタイン将軍の命令で国防軍がクーデターをやっても、それは結局、新らしくできたヒトラー＝パーペン＝フーゲンベルク内閣に反対するものになるだけでなく、ヒンデンブルク大統領という全国民から広く尊敬されている最高司令官に反対することにもなってしまう。そうかといって共産党と提携するなどということもできないし、また他の共和的な政党との提携は、準備ができていなかった。ヒンデンブルクに対する忠誠に縛られている軍隊は、とても叛乱などという企てに従うことはしなかったろう。殊にその後の力関係の変化は、十一月の時より一層悪くなっている。最後に、もしやり損った時の結果のことも見ておかなければならなかったのだ。

ヒンデンブルクの逝去まで
（一九三三年一月――一九三四年八月）

ドイツの様相を革命的な方法で変えてしまった政治的な出来ごとからは、軍は完全に離れていた。それは一つの孤島のようなものだった――ヒトラーにも支配されず、また、非常に老齢ではあったけれども、ヒンデンブルクにも支配されてはいなかった。そのヒンデンブルクの命令でハンメルシュタインの代りにフリッチュが任命された。

新人たち

一九三三年一月に、フォン・ブロンベルクが陸相に任命された。彼はそれまでジュネーブにおける軍縮会議のドイツ代表であり、そして――これまでヒトラーとは何の関係もなかった人である。彼は有能な軍人で、かつ世なれた人であり、教養も趣味も広かったが、ただ意思が強いという型ではなく、人の言いなりになり易かった。

それまで陸軍省官房局長であったフォン・ライヘナウが国防軍司令官になった。彼は性格が強くて創意に富み、知性よりもむしろ行動と直感の男であった。やる気があり、頭が働き、教養が高く、詩人でさえあり、それでいて右にも述べた如く強い性格の持ち主で、またスポーツマンでもあったのである。数年前からヒトラーと知り合いになっており、自分では党よりもむしろヒトラー個人に結びついていると感じていた。

フライヒャー・フォン・フリッチュ（参謀総長、後に国防軍総司令官）はすぐれた軍人であったが、彼の考えはその軍事面に限られていた。徹頭徹尾紳士であって、その上、信仰心が篤かった。

ブロンベルクとライヘナウとは、軍の地位を、新たな国家――それは彼らにとっては、一つの既成事実であったけれども――にふさわしい形にしようと努力すると共に、党の中から革命的な要素を排除することによって、ノーマルな公的生活をとり戻すことを助ける仕事にいそしんだ。

当時、大衆と党とを支配していた革命的なS・Aは、最初から軍に対立していた。S・Aは、その新らしい国家にふさわしい軍隊を、自分達の仲間から作りたがっていたのである。従って軍は、この新らしい国家の内部で、自分の位置を守るために戦う用意をした。ヒトラーも他の独裁者同様に、自分を権力の地位につかせてくれたS・Aの謀反人ども――彼の親兵ともいうべき――を、処分しなければならないはめに追いこまれていた。そこで彼はこれ幸いと軍の方に味方して、一九三四年六月三十日に、一兵をも用いずしてS・A（レーム）を潰してしまったわけである。

国防軍は、その日を一つの成功であったと考えた――もっともシュライヒャーその他のものが殺されるという、重大な行きすぎがあったけれども。ただそれは、多大の犠牲を払って得られた勝利であった。その日から武装したS・Sが誕生したから、軍にとっては遙かに危険な敵が生起してきたことになったのである。

ヒンデンブルクの死から一九三八年まで

ヒンデンブルクが死去すると、ヒトラーは自分を国家の元首と宣言した。――それは、同時に名目上の国防軍総司令官になったことでもあったのである。

はじめは、隣国の軍隊と同じ大きさのものを目標としただけであった再軍備は、やがてすべての注意を集めるようになり、軍の強化をねらいはじめた。それまでは同質的な職業人から成っていたドイツの軍部は、このようにして再軍備が進むにつれ、一歩一歩その同質的な固い基盤を弱めて行った。四〇〇〇人の将校達は、こうして次第に膨張してゆく陸軍の中核にならねばならなかっただけでなく、同時に、空軍の中核にもなった。さらにその数に加うるに、多彩な職業や集団から加入してきた、新らしく補充された将校の数があった。これらの新らしい連中は——特に若い連中は——自分達の政治上の考えを、軍隊の中へ持ちこんできた。かくして将校団の特色は変りはじめ、党は軍の中に基盤を得はじめた。たちまち、人はもう軍の一致した気持のようなものは期待できなくなってきた。

徴兵制の再開と共に、軍はもう内戦の場合の道具としての性格をも失った。そしてそれはまた、空軍の建設と共にさらに弱まった。——空軍は、はじめからナチの原則に従っていたからである。空軍は、実はやや意識的に、最初から高射砲部隊を含んでいた。——これは陸軍から、あらゆる種類の対空手段を奪ったことになる。かくして内戦時に果すべき軍の活動範囲は、増々望みうすとなっていったのである。

それにも拘らず、軍の指導者達は、再度ヒトラーに対する反逆を考えた。それはブロンベルクが失脚して、一九三八年の一月と二月にフォン・フリッチュ大将の身柄をめぐって大きな衝突が起った時である。ブロンベルクに代ってヒトラー自身が国防軍の指揮をとり、そしてライヘナウの後任者としてカイテルをつれてきた。しかしそのカイテルの仕事というのは、ただ従順な事務長にすぎなかったのである。

あのすぐれた人物であるフリッチュ将軍が受けた信じがたい不正が、上級指揮官の職にあった将軍達——他のものはだれも知らなかったから——を激しく憤激させた。(註)しかし反ヒトラーの民間人達は、将軍達の欠点は、その憤激はぐつぐつ煮えるところまではいくけれども、沸騰するところまでは行かないところにあるといってこぼした。

この沸騰しているポットは、すでにゲルデラーとかシャハトとかいうような、「行くところまで行く」つもりの秘密の反ナチグループによって、かき立てられていたのである。けれども決定的な行動に出るということになると、固い行動団体という意味での結束を将軍達は欠いていた。――そういう意味での結束は　ゼークト以来達成されたことはないのである。彼らはまた権力獲得のための手段――つまりその目的のために、いつでも行動に移ることのできる手兵としての軍隊――をも欠いていた。さらに彼らは、政治的リーダーシップをも欠いていた――つまりいつでも行動に出て、そして政治権力をとりうるような人物を。かくして反乱は、いつまでも未発のままに止っていた。他方ヒトラーの方は、最初から軍の指導者達の結束を乱し、かつそのバックボーンを折るために、国防軍の指導者達の間へ異分子を「混入させて」いたのである。そのため各指揮官は一人一人が孤立して、ただ自分だけの判断で動くほかはなかった。もはや一様の、かつ共同の政治的行動を軍に期待することはできなくなっていたのである。

第九章　戦車の登場

ヒトラーの抬頭は、かのナポレオンでさえも及ばぬくらい一層速くヨーロッパの地図を変えたけれども、――もっともより短い期間ではあったが――それをやらせた最大の武器となったものは、ドイツ陸軍の機甲部隊の抬頭である。これさえなければ、彼の夢は実現しなかったろう。あの空軍以上に、ましてやクィスリングの裏切り徒輩の連中よりも遥かに機械化部隊は、彼の大きな決め手となったのである。相手の抵抗を弱めるための他のすべての手段があったとしても、逆にこの装甲兵団という、敵国深く侵入してこれを転覆する力を持ったユニークな道具がなかったならば、彼の望んでいたあの敏速な勝利は得られなかったろう。彼はこの新兵器の開発を支援するという洞察力をもっていたわけであるが、ただ、より一層完全にこれを支援しなかったことのために、最後は、結局元も子もなくしてしまった。

幸い私はフォン・トーマ大将の口から、その〝パンツェル〟の勃興についての長い話を聞くことができた。トーマは、グーデリアンに次いでドイツ機甲部隊の創建者として最も著名な人である。彼はタフだが人好きのするタイプの人で、明らかに自分の育ってきた戦車の世界に生れながら熱中しており、それに対する熱意のために闘いはするが、ただ、もしもそれに反対する相手が尊敬に価するような人であったなら、闘っても、悪い感情は持たぬというタイプの人であった。中世だったら、おそらくどこかの辻に立って通りかゝるものに戦を挑み、それと矛を交えて誇りとするというような、勇敢な遍歴型の騎士となっていただろう。戦車の開発は、おそらくこういう型の人物にとっては天の贈りものであったであろう。いわば、中世の鎧にすっかり身をまとうた、騎士の生活の一部を再現しうる機会を彼らに与えたわけだから。

ドイツ国防軍がヒトラーのおかげでベルサイユ条約の軛から解放されたあとで、この戦車がどうやって抬頭、発展してきたかという話をトーマはした。「一九三四年に我々がはじめて実物の戦車を持ったというのは、真に驚くべきことだった。何しろ、それまで何年間も演習の時には模型を使ってやっていたのだ。それまで我々のやっていた唯一の演習というのは、ソ連政府との協定に基いて、ソ連国内の実験場所でやっていたものばかりであった。それはカザンの近くで、特に技術的な問題を研究するために作られていた。ところが一九三四年になって、はじめて、『機械化教導選抜隊』と名づけられた最初の戦車大隊がオールトルーフに作られて、私がそこの責任者になった。これが元祖でそれから段々子や孫ができた。

「その後まもなく、これは二つの大隊を持った連隊に広がり、そしてさらにもう二つの連隊がゾッセンにできた。それらははじめはゆっくりと、工場の生産能力に応じて序々に装備されていった。最初は二梃の機関銃がついているだけの、空冷式のクルップ戦車マークIであったが、翌年には水冷式の、一寸変ったマイバッハ戦車、マークIIになった。一九三七年から三八年になって、最初のマークIIIとマークIVができたが、これは相当高性能であった。そうしているうちに組織の方も成長した。一九三六年に二つの戦車旅団ができて――これはそのころ作られた二つの機械化師団へ、一つづつ配属された。ドイツ軍の戦車将校達は、機械化戦についてはイギリスの流儀を良く研究し、特に貴方のアイデアとか、またフラー将軍のものとかを敬聴していた。また我々は、イギリスの初期の戦車旅団の開拓者的な人々の活動に対して、深い興味、関心を抱いていた。」（このイギリスの戦車旅団というのは、一九三一年に試験的に時のブロード大佐《現大将》のもとに作られたもので、一九三四年に、ホバート準将《現人将》の下におかれたものである。）

私は彼に対して、ドイツの戦車戦術というのは、普通言われているように、ド・ゴール将軍の書いた著名な本によっても影響を受けたのかと聞いたところ、彼の答は否定であった。「いや、当時の我々は、あれには余り注目しなかった。いささか『空想的』で風変りだと思っていた。余り戦術的な指導にはならず、何かモウロウとして捉えどころがないようであった。おまけにあれは、戦車戦の可能性についてのイギリスの解説・解明がでてから、ずっと後れてでたものでもあった。」

トーマは続けて、「この機械化部隊の開発、発展ということについては、丁度貴国におけると同様に、ドイツ国防軍の中でも上級将軍達の間で強い抵抗があったということを聞いたら、あるいは驚かれるかと思う。古い世代の人達は、こうした力がす早く開発され、発達してゆくことをおそれていた。――彼らは機械化戦争の技術的なことについては何も知らず、また、そういう新兵器に対して快よく思っていなかったからである。興味を持っているという程度ならば良い方で、その効果についてはむしろ疑問を感じており、かつ警戒的であった。彼らのこういう態度さえなかったら、我々はずっと早く進むことができたであろう。」

トーマ自身は、一九三六年にスペインで内乱が起ると、そこへ派遣されていった。「それは、スペインこそヨーロッパの兵営として役に立つように見えたからだ。私は、実際フランコの叛乱が起こりそうになった当夜に出発し、マルセイユ、リスボンを通ってメリダでフランコに会い、そこでどうやって彼を助けるかの手はずを決めた。内乱中、私はスペインに居た全ドイツ部隊の指揮を取った。もっとも、その数は新聞では大変誇張されていたが、実際には一時に六〇〇以上になったことはない。（但し、これには空軍と事務要員とは入っていない）彼らはフランコの戦車部隊を訓練するために使われた。――それと同時に、自分で戦闘の経験をつむためでもあった。

「主にフランコの助けになったものは、機関銃、飛行機、戦車であった。最初、彼はごく旧式の機関銃しか持っていなかった。ところが、九月になってドイツの最初の戦車の一群が到着し、十月にはもっと大きな一群が到着した。それらはクルップのマークIであった。

「相手の方には、ロシヤの戦車がさらに早く着きはじめていた。――すでに七月の終りのころだ。それは、機銃しか装備してなかった我々のものより重かった。それで私は、それを一台捕獲する毎に五〇〇ペセタを賞金としてやった。それを今度は味方の武器にして使えるのだから、私は随分助かった。ムーア人は大もうけをしたのである。今のコーネフ元帥が、その頃、相手方にいて、それが私の当面の相手だったということを聞いたら、あなたは面白いと思うだろう。

「ドイツ軍の要員達をうまく各隊へ散らばらせることによって、私はすぐに、非常に多くのスペインの戦車乗員を訓練することができるようになった。スペイン人は覚えるのが早かった。――但し忘れるのも早かったけれども。一九三八年までに、私は自分の麾下に四つの戦車大隊をこしらえた。――それぞれ三つの中隊を持っており、各中隊毎に戦車十五台づつを持っていた。その中で四つの中隊は、ロシヤの戦車で装備されていた。私はまた三〇の対戦車中隊を持っており、これにはそれぞれ三七ミリ砲が六つづあった。

「フランコ将軍は、戦車を歩兵の間へ配属したがった——古い学派に属する将軍達の通例である。そこで私は戦車だけをまとめて使おうとしたものだから、こういう傾向の考え方と常に議論しなければならなかった。フランコ派の勝利の原因は、専ら私のこういうやり方によるのである。

「内乱が終ってから後、私は一九三九年の六月にスペインから帰ってきた。そして、そこでの自分の経験と、学び得た教訓とを書き止めた。それから私は、オーストリヤの戦車連隊の指揮を委ねられた。その前に戦車旅団の指揮を命ぜられたけれども、私はまず連隊を扱って、最近のドイツに関する実際の知識を磨きたいと思うと言ったのである。というのは、私は非常に長い間、ドイツで起りつつあったことから離れていたからだ。ブラウヒッチュ大将はそれに同意してくれたけれども、八月に入るとポーランド戦に備えて、結局第二機甲師団の中の戦車旅団長に補せられた。

「その師団は、カルパチア山脈の向う側の、最南翼のフォン・リスト大将に属していた。私はヤブルンカの通路を通って進撃するように命ぜられたけれども、その代りに機動化された旅団をここへ送ることを提案し、自分の戦車旅団を直率して側面に進んだ。——密林をくぐり橋を渡って。峡谷へ降りると、そこの村では人々はみな教会へ行くところであった。私の戦車が現われたのを見て、いかに彼らは驚いたことか。私は一台の戦車も失わずに、敵の防御をかわしてしまった。——五〇マイルの夜間進撃の後に。

「ポーランド戦が終ると、私は参謀本部の機動局長に任ぜられた。この職は、戦車と機動隊と、それから、当時まだ一個師団だけ残っていた騎兵隊と、さらに自転車部隊とを包括したものであった。ポーランド戦では、六個の機械化師団と、四つの軽装師団を私は率いた。その機械化師団は、それぞれ二個連隊の戦車旅団を一つづつ持っており、その連隊は、またそれぞれ二個大隊の編成であった。——初期の頃の連隊の戦闘能力はほぼ一二五台のタンクであった。一度の戦闘が七日続くとすると、部隊の平均戦力は、私の経験からすれば、この数から四分の一を引かねばならない。——修繕中のものも加えて。」

トーマはその戦闘力という時に、中隊に所属しているところの戦闘用の戦車だけを勘定していた。偵察用の軽戦車をも加えると、戦車の数は一六〇になる。

「軽装師団というのは、実は一つの実験で、その戦力はさまざまであったが、平均すると、それぞれ三個大隊を含む二つの機動性のある小銃連隊と、それから一つの戦車大隊から成っていた。その上、機甲偵察大隊とオートバイ大隊、さらに一つの砲兵連隊を持っていた。——機甲師団と同様に。

「我々は、ポーランド戦の後ではこの実験をやめた。そして、彼らを普通の機甲師団に転換した。一九四〇年の西部攻撃の時には、我々は十個の機甲師団とSS戦車連隊“Leibstandarte”とを持っていた。その大きさは、普通の戦車連隊よりもかなり上であった。一個師団の中に含まれている中型戦車の割合はそのころまでにふえていたが、それでもまだやはり軽戦車の方が多かった。」

それからトーマは、驚くべき打ち明け話をした。フランスへ侵入した時のドイツは、全部で僅か二四〇〇台の戦車を持っているだけであった。——当時フランスが報道したように、六〇〇〇台もあったのではない。その場合、彼は「ブリキのイワシ」と呼んでいた偵察用の軽戦車は勘定に入れていない。「フランスの戦車は我々よりも性能も良かったし数もあったが、——ただ遅すぎた。我々がフランスを打ち敗ったのは、奇襲を利用した不意打ちである。」と。

さまざまの戦車の型とその性能とを論じているうちに、トーマは、もし自分が〝厚い皮膚〟か〝早いランナー〟か、そのどちらかを選ばなければならないとしたら、自分はいつでも早い方を選ぶだろうと言った。言いかえれば、彼は厚い装甲よりもスピードの方を取る、多くの経験からしてスピードの方が平均的にいって、より望ましい性能だという結論に到達しているというのである。さらに続けて、自分の考えでは理想的な戦車連隊というものは、かなりのスピードのある大型戦車が三分の二と、それから非常に速い軽装の戦車が三分の一で作られているべきであると思うと言った。

一九四〇年の攻撃についてトーマは、「戦車隊の将校達はみな、アルデンヌの強行突破作戦に当った機甲軍の総指揮官には、グーデリアンを望んでいた。戦車に対するクライストの考えは、グーデリアンとは違っていた。——彼は早くから戦車に反対していた主な一人であったのだ。懐疑論者を上のはしへすえる、しかも改宗した懐疑論者をそこへすえるというのは――貴国と同様、我がドイツ軍でもしょっちゅうやることであった。だがグーデリアンは、部下としては扱いにくい男だと思われていた。この問題についてはヒトラーが決定を下し、クライストの任命を承認した。けれども本番の突破作戦の時にはグーデリアンが招致され、彼はそれを一九三七年の大演習でやったと同じやり方で敢行した。そうして国境から海峡まで、その進撃を続けたのである。彼は、一つの成功を利用・拡大してゆくことを常に考え、敵の背後を混乱させる作戦をとった。いずれにしても、あの突撃は決定的であった。フランス軍に立ち直る暇を与えなかったからである。

「普通ドイツ軍の間では、グーデリアンという男は、常に赤いものを見ては牛のように突進するくせのある猪突猛進型だと言われているが、私は必ずしもそうは思わない。（註、ドイツの上級将軍達が、だれか自分のやり方に合わない、非常に勇敢な、まるで詰将棋式に王手、王手と迫ってゆくようなタイプの司令官を批判する時には、決まって〝牛〟、ブル、という言葉を使うことに気がついた。この言葉は、実は私などから考えると、そうやって敵の反撃を摧きながら猪突猛進する型の将軍よりも、むしろそういう攻撃をがっちり守る方の型に与えた方がよりふさわしいと思うのだが。）私は、一九四二年にスターリングラードの戦線で、敵の抵抗が極めて熾烈だった時に、彼の部下として勤めたことがあったが、彼はそういう困難な状況の下においても、非常にすぐれた指揮官であった。」

私がトーマに向って、あの開戦初期のドイツの機甲部隊による一連の突破作戦が、あのように成功した主たる理由は何であると思うかと聞いたら、彼は五つの理由をあげた。

「㈠爆撃機と協同しながら、侵入地点に全兵力を集中したこと。

㈡道路の上での快進撃の成功を、夜に入って一層拡大利用したこと。――その結果、我々は奇襲によって、敵前線深く、あるいは背後で、しばしば成功を見た。

㈢敵側に対戦車兵器、あるいは手段が不充分だったこと、それと同時に味方の空軍の優位があったこと。

㈣機甲師団自身がほぼ一五〇～二〇〇キロは動けるだけの燃料を携行していたこと。――必要な時には、先遣部隊に対しては空からパラシュートでコンテナーを下して補給を受けた。

㈤各戦車の中に三日分の食糧を持ち、連隊の補給部隊でさらに三日、師団の補給部隊でさらに三日、食糧の準備があったこと。」

機甲部隊の長距離進撃に当って、連続どの位のスピードで走ったかという点についてのいくつかの例として、ポーランド戦では上部シレジヤからワルソーまで約七日間、戦闘も含めて一日三〇マイル平均で走った。フランス戦でも第二段目の段階で、マルヌ河からリヨンまで大体同じスピードであった。一九四一年の対ソ戦では、ロスロウルからキエフの向うまで二〇日以上の間、一日平均十五マイル走り、一方グルーコフからオリヨールまで三日の突進で、一日平均四〇マイル走った。最高記録は、一日六〇マイルに上ったこともあるとトーマは言った。

機甲部隊では指揮官というものは、「常に味方の戦車群の中にあって」しかもいつも、充分前へ出ていなければならぬということをトーマは強調した。指揮官は昔の騎士団の隊長と同じで、いつも鞍の上から号令をかけねばならない。「指揮官にとって戦術的な仕事というものは、前線に出るということである。そして彼はその要点にいなければならぬ。事務的な仕事は参謀将校に委しておけばよい。」

トーマは、それからロシヤ作戦開始前に行なわれたドイツ機甲軍の再編成のことについて語り、彼はそれを重大なミステイクであったと思うと言ったのである。「各機甲師団は、その師団数を増やして全体で二〇にするために、二つの戦車連隊の中からその中の一つを取り外したのである。私はこれには賛成できず、ヒトラーに抗議した。というのは、彼はいつもそういう技術的な問題には興味を持っていたからだ。」トーマの主張は、こんなことをするとさし引きの計算で不利になる。というのは結局、幕僚部とか補助部隊の数が増えるだけで、実際の機甲部隊のパンチ力は増えない。「けれども、私はヒトラーを説得することができなかった。彼は、師団の数が増えることが有利だという考えだけにとりつかれていた。数というものが、いつも彼の想像力をかきたてたのである。

「ポーランド戦の時には、ヒトラーは干渉しなかったが、実はそこでの戦と、それから対仏戦の後では、一層それが〝彼の〟戦略であったという巨大な名声を得たものだから、それによって自分の頭がふくらんでしまった。彼は戦略戦術に興味を持っていたが、実施面での細かいことにはうとかった。屡々良い思いつきを持っていたけれども、他方で、あたかも岩のように頑固であった。結局それがために、そういう良い構想をもだめにしてしまったのである。

「機甲師団二〇というと、大きな増加のように聞こえるが、実際の戦車の数は、前よりそれほど多くはなかった。ドイツ軍の戦闘力は戦車総数二四三四台だった。――ロシャ側が言ったように、一万二〇〇〇などではない。ただ、その時には、その中の三分の二が中型戦車になっており、最初の戦争で三分の二が軽戦車だったのとは違っていた。」

独ソ戦について、トーマは、ドイツの機甲軍は新戦法を考案し、これが非常に成功したということを話した。

「機甲師団が夜間にロシャの戦線を突破する。それから戦線の背後の森の中にひそむ。その間にロシャ軍はその割れ目をふさごうとするが、夜が明けるとドイツの歩兵部隊が、この補修不充分な箇所を攻撃する。――ここは当然かなり混乱しているのだ――そこへ隠れていた機甲師団が現われて、ソ連軍を背後から叩きつぶす。」

一九四二年の戦闘では、四つの新らしい機甲師団が作られた。これは、一部はそれまで存在はしていたが役にはたたなかった騎兵師団を壊して作ったものである。その上、さらに三つの歩兵師団も自動車化された。――一九四一年の戦闘の時に自動車化されていた十個師団に加うるに。「けれども、その二〇の機甲師団の中で、再び戦力を回復したのは十個師団だけだった。というのは、ヒトラーの命令で戦車の増産は一応見合わせ、その代りにUボート計画の方を優先することになったから。」

トーマは、ドイツの上級将軍達やヒトラーが、機甲軍の決定的な重要性を理解せず、それを丁度まにあうように必要とする数量・型式のものを揃えることができなかったということを強く批判した。「ポーランドとフランスを叩くには、我々の持っていたもので充分だったが、ロシャを征服するには不足であった。土地は途方もなく広いし、前進は困難であった。我々は、各機甲師団において二倍の戦車を持つべきであったのだ。そしてその自動車化された歩兵連隊なるものも、実は十分な機動性がなかったのである。

「我々の機甲師団の本来の形は理想的なものであった。つまり、戦車連隊二つと自動車歩兵連隊二つの構成である。けれども今から考えると、その自動車歩兵連隊の方は、たといガソリンを一層食うことにはなったとしても、むしろ装甲軌道車へ乗せるべきであったと思う。対ソ戦のはじめのころは歩兵を車へ乗せたままで、かなり戦場近くまで行くことができた。屢々、戦線から四分の一マイルぐらいのところまで車で行けた。けれどもロシヤの空軍が強化されてくるにつれて、それは不可能になった。トラック縦隊は空襲に弱く、従って歩兵をずっと後ろで降さなければならなくなってきた。そうなると結局、装甲車に乗った歩兵だけが、こういう機動戦の必要に応じて敏速に戦闘できることになるのである。

「さらに悪いことは、これらのトラック縦隊はしばしば泥土の中へはまりこんだ。フランスは機甲部隊にとっては理想的な国であったが、ロシヤは逆に最悪の国であった。その途方もなく広大な国土は、泥濘に非ずんば砂地であった。場合によっては、その砂が二、三フィートの深さに及んでいるところさえあって、雨になると、それが泥田に変った。」

トーマはつけ加えて、「アフリカの方はこれに較べたら天国だった。ロシヤで戦っていた戦車兵達を、アフリカの条件に慣れさせるのは容易であった。だからアフリカ戦から引き出した教訓を、全く違った条件のところで応用しようとしてもだめである。諸君にとって将来問題になるところは、ロシヤであって砂漠ではない。」と。

誠に特徴的な結語であった。

トーマがもう一つ強調したことは、対ソ戦のさらに一つの大きなミステイクは、機甲部隊と空輸部隊との連携の欠如であった。「これがために多くの成功のチャンスを潰した。その原因は、パラシュート部隊が空軍の一部であったと言うことで、従ってその使い方について、上の方で屢々意見が衝突した。特にゲーリングが邪魔をした。それからもう一つのハンディは、我々の方の自走砲が不備であったということだ。これは実に貴重な兵器であったのだが、味方のものは粗雑でまにあわせ的であり、車体が過重であった。」

トーマは一九四二年秋に、アラメインで捕虜になっているから、この戦争の後半のことについては、その体験に基づく証言をすることができない。けれども、その期間についてはマントイフェルが機甲戦についての傑出した演出者であったが、その結論はいくつかの点でトーマの証言を補足しながらも、大体においては彼の初期の見解を裏づけている。マントイフェルが私に述べた意見というのは、非常に長くて、特に技術屋でない一般の読者に対しては書ききれないが、その主な点は一応、引用しておく価値がある。——「戦車というものは、早くなければならぬ。戦車の設計に当って、戦訓から学んだところの一番重要な課題はそれである。その点、ドイツ軍のパンテルは、戦車のそういう理想型の線にそったものであった。それに対して我々は、タイガー戦車のことを、〝箱馬車〟と呼んでいた。真先に敵の戦線を突破するには良い機械だが、そののろさは、ロシヤ戦場のように距離が長いところでは、フランスにおけるよりも一層のハンディになった。」

ロシヤの「スターリン」戦車が、世界最良であると彼は考えていた。強力な武装と厚い装甲と丈の低さ、それにタイガーよりもスピードが早く、パンテルに比べてもさほど劣らないスピードを持っている。それはドイツのいかなる戦車よりも、一般的な運動性において優っていた。

マントイフェルは、それからドイツの機甲部隊の蒙ったハンディの中で、さけえられたもの二つをあげた。

「師団のそれぞれの単位は、各自の修理工場部隊を梯形状にして伴うべきである。我が軍は、この修理部隊を後方に置くという重大なエラーをやった。これは本来それと無電連絡を取っているところの指揮官が直接把握しうるよう、充分前にいなければならない。そうしておけば、よほど重大な危険がない限り、夜間に修理することができる。また、非常に多くの小さい事故で、戦車を無駄に捨ててしまうというようなことなしにすむのである。もしこうなっていたなら、故障車の修繕が終るのを待ちきれないため、段々数が減ってゆく、その減った数の戦力でやってゆかねばならなかったという、この前の我々のやり方の欠陥をつぐなうことになったであろう。余りにも屡々我々は、自分の力以上の仕事をしなければならなかった。というのは、その任務が実は本来の一個師団の名目上の戦力を基にして作られたものだったのだから。

「また機甲師団は、自分自身の空軍を持つ必要がある。偵察用中隊、戦術爆撃中隊、及び司令官と幕僚とのための低速連絡用の低速航空中隊等である。機甲師団の司令官は、常に空から指揮するべきである。対ソ戦の初期のころには、機甲師団も各自の小空軍を持っていた。けれども一九四一年の十一月に最高統帥部がそれを取り上げて、中央でコントロールするようにした。けれどもこれは大きな誤りであった。私はまた、空軍の中隊は、平時に師団と協同して訓練、演習するべきであるということを強調したい。

「武器、燃料、食料、人員等の空からの輸送ということもまた大切である。将来の機甲師団というものは、遙かに遠距離で作戦しなければならないようになるだろう。また、一日の進行速度は、約二〇〇キロにはなると思わねばなるまい。戦前に私は貴下の書かれたものを多く翻訳で読んでいたから、私は貴下が機甲戦のこういう航空的側面の発展について、いかに多くの注目を払っておられたかということを知っている。これはもう歩兵戦争とは言葉が違う。そして、歩兵にはそれが分らないのだ。これが今度の戦争における我々の大きな災厄の一つであった。」

戦車の設計及び戦術についてマントイフェルは、車高を低くして、なるべく敵から小さく見せる必要があると語った。ただこれには難点があって、低く作るということと同時に、戦車の下腹のグラウンド・クリアランスをそれに合せて考えなければならないのである。余り低いと、地面の隆起とか、岩、木の切株などの障害をこえる時に、腹が垂れ下ってこすってしまう。「けれどもこのグラウンド・クリアランスの多少の困難は、よく地面を注視しておればさけられる。それはまた、戦車を操縦する時の一番大事な資格なのだ。」

一例としてマントイフェルがあげたのは、一九四四年の五月早々、ルーマニヤ国境のこちら側の、ジャシーというところのそばを突破してきたロシヤ軍に対して反撃した時のことである。「両軍合わせて約五〇〇ぐらいの戦車戦になった。ロシヤ軍は撃退され、僅かに六〇台だけが脱出したが、大部分は破損した。それに対して、こちらは十一台を失っただけであった。私がはじめてスターリン戦車に出合ったのはここであったが、私にとってショックであったのは、味方のタイガー戦車が二二〇〇ヤードの距離で撃ちはじめたけれども、その弾丸が本当に貫通しだしたのはその半分の距離まで接近してから後であったということだ。だが私は、味方の操縦性と運動性とをうまく使って、土地の遮蔽や地形地物を最大限に利用しながら、その相手の技術的な優越性にうち勝つことができたのである。」マントイフェルは、彼の話を強調して説明しながら次のように結んだ。「戦車戦では動くことをやめたら必ず負ける。」その戦闘で自分のやった巧な戦術が、明らかに職業的な満足を彼に与えていたに違いない。そのテクニックを思い出しつつ彼はつけ加えた。「あの戦闘を貴下が見られたら、定めし面白かったろうと思う。」

彼はまた、戦車の乗員を選ぶのは、非常に注意を要する大事なことであるという話をした。彼らに技術的な適性があるかどうかということが、近代戦では非常に有利に働くからだ。「この乗員の条件をきちんと満たして、それからタンクの設計を考える。装甲、武器、スピードの三者のバランスをとり、特に空襲からの危険、パラシュート攻撃、ロケット攻撃等々を充分考慮して設計する。そうすれば戦車は完壁になる。」

理想的な機甲師団の形は、いかにあるべきだと思うかという私の質問に対して彼は答えた。「まず第一に、各六〇の戦車をもつ大隊三個から成る戦車連隊一つ。こうしておけば、故障その他を除いて約一五〇の実動戦力がいつでも確保できるのである。第二に、装甲された半軌道車で輸送する二個の歩兵連隊を持つこと。これはそれぞれ二個大隊構成にする。この一方の連隊は、装甲を頑丈にすること。この前の時の七ミリ装甲では、敵の砲火が激しい時には戦線近くまで接近させることができなかった。もう一方の連隊の方の輸送車輛は、装甲をいくらか軽くする。それによって運動性が早くなり、敵の抵抗が弱いときにはそれに乗じて急進しうる。もう一つ、師団にとって大事なことは、完全無限軌道車で輸送される強力な偵察部隊を持つことである。今度の戦争では、こちらは半キャタピラーの車を使っていたために、ロシヤのような土地のところでは、偵察用には充分でなかった。それからまた、先遣工兵大隊——普通の工兵のこと——も必要である。これは現在の規模より大きい必要はない。というのは、師団の中の夫々の単位は、それ自体の先遣部隊を持つべきであって、それが地雷の敷設、発掘、橋梁の架設などをやるのである。それから他のもう一つの大きな要素は砲兵だ。それぞれ三個中隊を持つ、四個の砲兵大隊が理想と思う。そのうちの三つは混成砲兵大隊で、軽曲射野砲中隊二つと重曲射野砲中隊一つの構成にする。四番目の大隊は、一五センチ砲を持った三個の重砲中隊とする。これら三個の混成砲兵中隊のうち、少くとも二つはトラクターで引かれるのでなくて自走砲式にする。」

またマントイフェルと別の機会に話した時に、将来の軍の構成はいかにすべきかという話になって、彼はその時こういった。「今の状況、条件から見ると、一国の軍隊の中に二種類のものが必要だと思う。一番良いことは、まずいわゆるエリートを作ることである。いくつかの師団をこの目的にそうようにピックアップする。そしてこれに対してはできるかぎりの最良の装備を施こし、訓練にも膨大な金をかけ、人員もまた最上のものを選抜する。大国ならばこのやり方で三〇個師団は作れるであろう。もちろんいかなる国と雖も、何百万もの軍隊に対して、みなこのスケールでの装備はできない。けれども主要重大な作戦目的のためには、こういうエリート軍の方がずっと良い。つまり、中ぐらいの装備で、一応まんべんなく訓練したような、遙かに大きな軍隊を持つよりは。こういうエリート軍は、それだけにまた一層航空支援、空輸部隊、ロケット兵器等の援助も受け易いであろう。ところが現在程度のスケールの砲兵隊が、今の機甲軍の中へ交っていると、その運動のじゃまになる。砲兵は敵に火力を投擲する必要のためにあるのだが、それは今の条件の下では、結局曲射砲しか使えない。けれども、ロケット兵器が発達すれば、将来有効な代替物になるだろう。」

マントイフェルは、さらに続けて、彼は私が始終書いていることには賛成である、つまり現在の基本的な軍事問題というのは、軍の附属部隊、補助部隊、車輛等の割合を、実戦部隊に比して減らすことだというのである。

「けれどもそれをし遂げるには、軍主脳部は機械化戦争という、新らしい言葉を知らねばならない。

「ニュー・モデルの軍隊というものは、新型の戦略構想を要求するものである。これらのアイデアが受け入れられるために重要なことは、すべての新タイプの軍隊が、一人の充分な地位をもった首長の下に統轄されてあることだ。同時にこのエリート軍を構成する部隊の『軍人精神』を強めるためには、その装備と訓練施設とを最良完璧なものにすると同時に、できるだけスマートで特徴のある制服を着せる必要があるのである。」

第三部　ドイツ人の眼を通して

第十章　ヒトラーはいかにしてフランスを打ち
——そしてイギリスを救ったか

何か大きな事件の真相というものは、当時それを眺めていた人々の目に写ったものとは、本来大変違うものである。それは、戦争中のケースにおいて一層そうだ。数百万の人間の運命は、ただ一人の人の決定によって動かされる。けれどもその人間が、歴史の全コースを変えるようなその決定に到達するのに、実は最も奇妙な動機によって影響を受けるかもしれない。その場合、彼がどうしてそう決定したかということは、その背後にいるごく少数の人達だけしか知らないし、しかもその少数の人というものは、通常それについては沈黙を守るだけのもっともな理由があるものだ。真実は後になって漏れてくることもあるし、また永久に漏れないでそのままますんでしまうこともある。

それが現れて出た時には、それは屢々「事実は小説より奇なり」という諺を裏づける。本来、小説家というものは、もっともらしく見せねばならない。それ故、ある特殊異状な遇然か、または心理的な迂余曲折の末に生起してくるような、そんな途方もないプロセスを使って、ものを説明することは躊躇しようとするからである。

一九四〇年の決定的な情況が形成せられた方法くらい、異状例外的なものはない。フランスは、その上級執行者達のほとんどだれもが信じていなかったような攻撃によって征服された。その攻撃が成功したのは、ドイツ側が最初の計画を変更し、それがフランス側の過信と結びついた、かたくななプランによって作りだされた、その場の状況にたまたま適合していたためである。さらに面白いのは、いかにしてイギリス軍が撤退し得たかということであり、そしてまた、イギリス自体が、いかにして侵入を免れたかということである。ここでの真実は、通常述べられている物語とは逆である。それは当時のイギリス人には到底信じられなかったであろうし、同時に、ドイツにおけるヒトラーの熱烈な追随者達の多くにとっても、等しく信用できなかったであろう。それに関する手がかりは、ニュールンベルクの法廷でもほとんど出なかった。赤裸々な事実は、ドイツ軍のトップクラスの最上層部の小さなサークルには知られていたが、その不可欠の手がかりは、たまたま一日ルントシュテットの司令部に居合わせた、必ずしも最上級というのではない、ごく少数のものが知っていただけである。それはその日にそこにいたものだけが、ヒトラーの考えがそうなってゆく状態を見たからである。

英軍のフランスからの脱出は、通常「ダンケルクの奇跡」とよばれている。というのは、ドイツの機甲部隊が英仏海峡に到達した時、その背後にはまだイギリス軍が、フランダースの奥深くとり残された形になっていた。この大群は自分自身の基地からは切り離され、またフランス軍の大部隊からも切り離されて、それは同時に海からもまた切り離されているように見えた。ここから逃れ出てきた人々は、屡々自分達がどうやって逃れることができたのか不思議に思った。

それに対する答は、ヒトラーの介入が彼らを救ったということである。——他の何ものもそれができなかった時に。彼からの命令が突如電話で伝えられ、機甲部隊はダンケルクの目と鼻の先で停止した。そして退却しつつある英軍が港について、ドイツ軍のクラッチから逃れ出るまで、ヒトラーはその機甲部隊を止めておいた。ルントシュテットと、それから現地の指揮官あるいは上級参謀としてこれに関係した将軍達は、この愕然たる命令とその効果とを、種々の角度から私に語ってくれたのである。

けれども英軍が、こうしてフランスにおけるワナから免れたとはいうものの、それは決してイギリス自体が安全になったのではなかった。武器はほとんど捨ててきたし、本国の貯蔵は空になっていた。それに続く数カ月間、イギリスの小さな、そして武器の乏しい軍隊がフランスを征服したところの、強大に武装された軍隊に直面していた。——その間には僅かに一とすじの海があるだけだった。けれども侵入は遂に来なかったのである。

当時我々は、このドイツの空軍を撃退したところの、いわゆる「英国の上空での戦争」なるものがイギリスを救ったのだと思っていた。しかしそれは説明の一部でしかない。いわばその最後の部分なのである。よりもっと深い根本的な原因というのは、ヒトラーがイギリスを征服することを好まなかったからである。彼は征服の準備にほとんど興味を示さず、それを督励することもせず、そして一番もっともらしい理由をつけて、結局それを取り消してしまった。

これらの運命の決定の内輪話を委しく話す前に、予じめ明かすべきもう一つの話がある。というのは、実はこの年の初期の事態の真の性格なるものは、後のクライマックスの時、——あるいは、ややその峠をこした時——とほとんど変らぬくらい驚くべきものだったのだから。ヒトラーがイギリスを助けると共に、フランスの方は、将軍達の意見にヒトラーが逆らうことによって征服されてしまったのである。

フランスがドイツの軍靴の下にひれ伏した時、実は軍の最高首脳部の連中は、このような勝利が可能であるとは信じていなかったということを、この勝ったドイツの軍人達が知ったとしたら驚いたろう。そしてこの勝利は、実は裏口から持ちこまれた計画で、参謀本部は疑い、かつためらっているのを押しつけられた結果得られたものだということを知ったなら。またあわや六ヵ月前には、このドイツの軍人達はパリではなくてベルリンに向って進撃することを命ぜられるところであったのだということを聞いたら、彼らの大方は愕然としたであろう。けれどもこれらの事実は、みな悉く勝利の裏面にかくされてしまった。

頭の中の分裂

西方フランスの征服ということは、今からふり返って眺めると、いかにも抗しがたい、自然のなりゆきのように見えるけれども、実は恐れと疑問の中で考え出されたものである。それに先立つ時期の、「にせの戦争」というのは、実はアメリカの批評家達によって、連合国側が何もしないことを嘲ってそう名づけられたものだった。けれども、それはその後の事態の示す通り、連合国の方で攻勢に出るのに必要な準備ができていなかったのだから、この呼び方は正当ではない。けれども、その「にせの」要素は、むしろドイツの方にあったのである。

ポーランドを征服してロシヤと獲物を分けた後、ヒトラーは西側諸国に向って和平の提案をした。それが拒絶されると、彼は自分のはじめた戦争に対して恐れを感じはじめた。そしてまた、自分の一時の仲間に対しても。

英・仏二国と長い消耗戦を続けていると、やがてそのうちにドイツの限られた資源は涸渇してしまい、背後からロシヤによって致命的な攻撃を受けるようになるとヒトラーは考えはじめた。「いかなる条約も協定もロシヤの永続的な中立を保障はせぬ。」彼は将軍達にそう言った。彼の恐れは、彼をして西に向って攻勢に出でしめ、それによってフランスに対して講和を押しつけるように誘った。もしフランスが敗れれば、イギリスは来って和平に応ずる理由があることを知るだろう。いずれの点からみても、〝時間〟は自分に不利に進んでいると考えた。

彼には、フランスが戦争にあきてしまうかどうかを見るために、持久戦を続けるというような危険を犯す余裕はなかった。今、現在ならばフランスを叩くだけの力と軍備を持っている。「あるいくつかの武器において、決定的な武器において、ドイツは今日、明らかに、否定しがたい武器の優位を持っている。」遅くならないうちに、できるだけ早く打たねばならぬ。彼の命令は「もし事情が許すならば、攻撃はこの秋はじめねばならぬ。」というのであった。

ヒトラーの計算と、それからこれらの訓令は、一九三九年の十月九日に出た長いメモランダムの中に述べられている。その時点における軍事的な要素に関する彼の分析は優秀であるが、ただ彼は一番大事な政治的要素を考慮の外においていた。――目をさました時の英国人のブルドッグ性というものを。

彼の将軍達もまた、ヒトラーの持っていた「長期性」へのおそれを共に持っていたが、ただ彼の「短期」決戦への自信は共にしていなかった。彼らはドイツ軍がフランスを打倒しうるほど強いとは思わなかったのである。

私が話をしたトップクラスの将軍達はみな、ルントシュテットおよび、そのプラン・メーカーであったブルメントリットをも含めて、西部で攻勢を取ることについては、非常な疑問を感じていたということを認めた。ブルメントリットが言ったように、「決定的な勝利が可能であると信じていたのは、ただヒトラー一人であった。」

一九三九年から四一年までの間、ブラウヒッチュ元帥の個人的アシスタントであったジーヴェルト将軍は、凡そ西部で攻勢に出るなどということは、ポーランド戦が終るまではかつて考えられたことはない、そしてブラウヒッチュは十月はじめにヒトラーからそういう命令を準備せよという命令をうけた時、非常に当惑したと述べている。「フォン・ブラウヒッチュ元帥は、絶対反対であった。この計画に関する一切の文書は、記録保存所に納めてあるから、いつでも見ることができる。それを見れば彼がヒトラーに対して、その西部侵入計画に反対の意見を述べたことがよく分かる。彼は一人でヒトラーに会いに行き、その計画がいかに賢明でないかということを説明した。彼がヒトラーを説得することができないことを知った時、彼は辞職しようと思いはじめた。」私が、どういう根拠に基いてその反対をしたのかと聞くと、ジーヴェルトは「ブラウヒッチュ元帥は、ドイ軍がフランスを征服できるほど強いとは思わなかった。そしてもしフランスに侵入すれば、それはイギリスの全重量をこの戦争に引きずり込んでくることになるだろう。総統はこれを無視したけれども、元帥は彼に警告した。『我々は前大戦の時からイギリス人を知っている。――しかも彼らがいかにタフであるかということを。』」

軍首脳部の間からそういう疑問が出たために、十一月二十三日にヒトラーは、自分の考えを人々の頭に植えつけるためにベルリンで会同を開いた。当時の参謀本部の教育部長であり、その後一九四〇年の戦闘からの教訓を編集した責任者であるレーリヒト将軍から、私はその時の話を聞いた。レーリヒト曰く「総統は西部での攻勢が必要だということについて軍首脳部を納得させるために、二時間にわたって長々と情勢分析をやった。けれども、ブラウヒッチュ元帥はそれに反対して総統からひどく叱られた。ハルダー将軍もまた攻勢をとることには疑問であった。両人の主張は、ドイツ軍はそれほど強くないというのである。――そういうことがヒトラーを思い止まらせる可能性のある唯一の論法であった。けれどもヒトラーは、あくまで自分の方針を通すつもりであると言い、会同の後、兵力強化のために多くの新らしい編成を講じた。これを総統が、自分の反対意見に対抗できるようになるところまでやったのである。」

ヒトラーは軍首脳部に対する演説の中で、最後にはロシヤからの危険がくるという危惧の念を表明し、それまでにはどうしても西部で自由になっていなければならないと言った。けれども、今のところ連合国は彼の和平提案を受け入れようとはせず、要塞の後ろに隠れている。――ドイツからは届かず、しかも自分の方からはいつでも飛び出せるような状態で。ドイツはいつまでこういう状態を我慢しなければならないのか。ここ暫くは有利だろうが、六ヵ月たてば手遅れだ。「時間は我々に不利なように進んでいる」西部でさえも不安の原因がある。

「我々は――ルール地方というアキレス腱を持っている。もし英仏がベルギー、オランダを通ってルールに侵入してきたら、我々は最大の危険に曝されるだろう。それはドイツの抵抗をマヒさせることができるであろう。」この脅威を除くためにはまず最初の一撃をこちらから加えねばならない。

けれども、ヒトラーでさえもまだこの時には、成功の自信をそれほど深く表明してはいなかった。彼は攻撃を一つの〝かけ〟であると言い、〝勝利か破滅かの選択〟であると言った。その上、彼はその説教を、暗く予言的な言葉で結んだ。「予はこの戦において勝つか倒れるかのどちらかである。予は、我が国民が敗れた後まで生き残ることはしないであろう。」

この時のあいさつのコピーは、ドイツ崩壊の後、大本営の文書倉庫から発見されてニュールンベルクの法廷に提出された。けれども、そこにはヒトラーが議論の途中で出合ったという反対論のことは一つも出ていないし、また戦争の最初の秋に、ことによったら自分の経歴を縮めてしまうことになったかもしれない、爾後のなりゆきのことも出ていない。

一体それはどういうことかというと、実はドイツの将軍達はこの会同の後で、自分達のその悪い予感に基いて、一かバチかの救済策を考え始めたのである。レーリヒトは言う。「O・K・Hの中では、ブラウヒッチュとハルダーとによって、――もし総統がその政策を和らげないなら、そして英・仏相手の死闘の中へドイツを巻き込む計画を主張し続けるようなことがあるならば――彼らは西部のドイツ軍に反転を命じて逆にベルリンに向わせ、ヒトラーとナチ体制を打倒するという問題が討議された。

「けれども、この打倒計画が成功するか否かのカギを握っていた一人の男が協力を拒否した。それは、ドイツの本土の防衛軍司令長官であったフロム将軍である。彼曰く、ドイツの今の体制を倒すために、軍に向って反転攻撃を命じたとしても、大部分のものは従うまい。――彼らは余りにも深くヒトラーを信頼していると。この点についてのフロムの意見は極めて正しい。彼が協力を断ったのは、決して彼がヒトラーを愛していたからではない。彼は他の連中と同じようにナチ体制を嫌っていた。そして結局ヒトラーの犠牲になった。――もっとも、それはすでに一九四五年三月のことではあったけれども。

レーリヒトは続けて「フロムの躊躇を別としても、私はこの計画は失敗するだろうと思っていた。空軍はもう完全にナチ一辺倒であったから、これが軍の計画する反乱を全部壊してしまうだろう。高射砲部隊を握っているのも空軍なのだ。こうやって防空部隊をゲーリンクと空軍の統轄の下においた最初からの政策は、軍を弱める上に非常に利口な措置であった。

軍の反応に対するフロムの想像は正しかったと思うのである。これはその時彼の協力拒否によってだめにさせられた将軍達でも認めていたし、それからずっと後になって、いよいよこの戦争の荒廃と大災害とがおとづれた時でさえも、ヒトラーに対する忠誠心からドイツ人を解放することが、いかにむつかしいかということを我々が知ることによって確かめられたことである。けれどもこの一九三九年の陰謀なるものは、もしこれをやったとしても、ヒトラー転覆という直接の目的は達しなかったかもしれないけれども、計画自体は十分価値のあることであったと思う。というのは、それは少くともヒトラーのフランス征服という計画をだめにしてしまう程度に、ドイツをゆさぶることはできただろうから。そうすればヒトラーの一時の幻想的な勝利の結果、ヨーロッパ人の上におそいかかることになった悲惨な災害から逃れることができたであろう。ドイツ人でさえも、あのように空から降ってくるところの、絶えず増大する荒廃を伴なう、長びいた戦争の後に蒙ったような災害は受けずにすんだであろう。

将軍達の計画は不発であったけれども、ヒトラーは彼の希望した通りに、その攻撃を一九三九年中にやることはできなかった。ルントシュテットは説明して「何よりも彼を妨げたものは天候であった。冬の間ずっと延期され続けた。」

ブルメントリットは、軍が待機命令を受けたことは、十一月から四月の間に十一回あったと明かした。――四十八時間以内にいつでも出動できるようにという形の待機である。「そのたびごとに、時間の前にその計画は取消された。余り何度も取り消しをくり返すものだから、我々の方ではヒトラーはただ高飛車に出て、こけおどかしをかけ、またそうやって連合国の方に自分の和平提案を考えさせる手段として、攻撃をおどかしに使っているだけかと思うようになった。」けれども五月に入って十二回目の命令がきた時、事態はその運命のコースを突っ走ってしまったのである。

計画に対する決定的変更

ハルダーの下で参謀本部によって作られた最初のプランは、大体において一九一四年の案の線にそうたものであった。ただその目標があれほど遠大でなかっただけで。軍の主攻重心は右翼に集中する。それはボックの〝B〟軍集団であって、これがベルギーの平野を突破する。一方、中央部でアルデンヌに面しているルントシュテットの〝A〟軍集団は二次的な役割しか果さない。それから一番左翼で、フランスの国境にそって待機しているレープの〝C〟軍集団は、マヂノ線を守っているフランス軍を威圧して釘づけにするだけの役割である。ボックの〝B〟は、右から左、つまり北から南へかけて、第十八、第六、第四軍の順に展開する。ルントシュテットは第十二軍と第十六軍、レープは第一軍と第七軍を率いる。ここで一層大事なことは、戦車隊の集団はボックのところへ集めてあり、ルントシュテットの中央軍へは全然つけない。これはただミューズ河まで進んで、ここでボックの左側面をカバーするだけの仕事であるということだ。

一月に入って、ルントシュテットの下に一機甲軍団が増加され、彼の受持ち範囲が幾分広がった。――ミューズ河を越えて、その対岸に広い橋頭堡を作り、ボックの側面と連携しながら、その掩護をより完全ならしめることである。けれどもそれは根本的変更というよりも、単なる修正であった。主攻重心はやはり右翼に置かれていた。

もしその計画がそのまま施行されていたならば、それは決定的なものとはならなかったであろうということは、今ではすでに明らかである。というのは、英軍とそれから最良装備のフランス軍とが、その行方に立ちはだかっていたからだ。ドイツ軍の攻撃は、これらの勢力と正面からぶつかったであろう。かりにその前線をベルギーで撃破したとしても、それはただ彼らを北フランスの防守されたる戦線に追い返し、さらにその後方の補給基地に一層近づけるだけであったろう。

この計画がどうして変更されるに至ったかという内輪話には、誠に異状なものがある。私がそれを知るようになったのも、序々にであった。ドイツの将軍達は、最初から軍事的な行動面のことだけを語りたがった。――そういう職人的な客観性とでもいうものが、彼らの特色である。彼らの大部分は私の本の古い読者であり、そのためもあって、一層私とは話をしたがり、また意見を交換したがった。彼らは、その影響を心から嫌っていたところの、ナチのリーダー達の大がいのものについて論ずることにも等しく率直であった。ただヒトラーに関してだけは、彼らも最初はもう少し遠慮していた。彼らの多くはヒトラーによってマヒさせられており、彼を非常に恐れていたので、ヒトラーの名前を口にすることを躊躇した。彼が死んだということを段々納得しだすにつれて、この抑制心は溶けはじめ、その行為を一層自由に批判しだした。――ルントシュテットははじめから批判的だった。けれども、これは極めて自然なことだが、彼らは自分達軍人仲間の内部での分裂、亀裂については隠したがる傾向があった。フランスを倒したところの脳波についての真相を私が知ったのは、相当彼らと議論を重ねてから後のことであったのである。

この新らしい作戦計画は、当時、ルントシュテット〃A〃軍集団の参謀長であったフォン・マンシュタイン将軍から出たものである。彼は味方が現在やろうとしている計画は、余りにはっきりしすぎており、かつ余りにも過去のくり返しであり、従って連合軍の最高司令部の方で容易に予想しうるような動きであると考えた。従って連合軍の方が予想通りにベルギーへ進出してくるとすれば、まさしくそこで正面衝突になる。それでは決定的な結果は得られないだろう。それからこの計画のもう一つの欠点は、このプランによれば英軍と決戦をやることになるが、マンシュタインの考えによれば、こちらはフランス軍よりも一層タフだと思わねばならない。おまけに、ドイツ軍の勝利がかかっているところの戦車部隊は、この計画によると、なるほど平坦ではあるけれども、川や運河が縦横に走っている土地を突っきらねばならないようになっている。すべてがスピードにかかっている時に、これは非常に大きな難点である。

そこでマンシュタインは、主攻をアルデンヌの方面に切り変えるという大胆な作戦を思いついたのである。敵はおそらく、アルデンヌのようなむつかしい土地で戦車の大群を使うとは、まさか思っていないだろう。けれどもドイツの戦車部隊には、これは実行しうることである。というのは、その進撃途上の一番きわどい段階の間の敵の反撃は軽微であろうし、かつ一たびアルデンヌを突きぬけてミューズ河を渡れば、あとは坦々たる北フランスの平原が、戦車の運動や海峡までの急進撃のための絶好の舞台を提供してくれるであろう。この計画は余りにも大胆すぎて、有能ではあるがしかし彼よりももっと古いタイプの上官達には、容易に採用しがたいところであった。マンシュタインは、先輩達を説得するのが容易でなく、あげくの果にヒトラーに会ってその考えを開陳するという機会を得た。ヒトラーの想像力はこれによって点火されたのである。かくしてマンシュタインの計画が採用された。

この、フランスの敗北を作り出したところのひらめきの生みの親たるマンシュタインは、その余りの大胆さの故に損をした。彼は自分のプランを実施する上での実地の作戦指導には、何の役割をも与えられなかったのである。自分のアイデアを実現しようとする、その押しつける方が余りにも執拗すぎたため先輩に嫌われて、そのため彼はそっと裏口からヒトラーに接近したのではないかと疑われた。おまけに参謀本部の若い連中が、マンシュタインを司令官にするべきだと言っているということを聞いた先輩達は、増々いやな気がした。攻撃のはじまる三カ月前に、彼は一軍団長に補せられて、その代りにはフォン・ゾーデンシュテルン将軍がなったのである。こうして昇進という形をとることによって彼をそのポストから追い払い、それが先輩達をも安堵させるし、かたがた双方の名誉にもなった。けれども、これだけ機動的な戦車戦の力というものを充分理解していたマンシュタインが——もっとも彼自身、タンクの専門家ではなかったが——こともあろうに歩兵の軍団長に任ぜられたというのは、実に皮肉なことであった。(これは攻撃の時でも、ただ歩いてゆくよりほかに仕方がないのだ)丁度、世界最初の新型機動軍隊が、今やその最高の事業を達成しようとしていたその時に。

つづめていえば

この戦闘に関係したいろいろな将軍達と話しているうちに私の気づいたことは、この戦争で、これほど決定的な勝かたをしようとは、ほとんどだれもが予想しなかったらしいということである。一般の気持は、レーリヒトの次のような言葉で代表されている。「我々は一応ソンム河の線まで早く出て、英・仏両軍の間にクサビを打って引き離し、そして北フランスと一緒にベルギーを占領するということを、ともかくも希望していた。」ブルメントリットは、もっとはっきりと——「連合軍の左翼はベルギーへ出るだろう、少くともブラッセルまでは出るだろう、そうすれば、それを切断することができるとは思っていた。しかしそれから先は考えなかった。あんな完全な勝ちかたをしたというのは驚きであった。」

大部分の将軍達は、ミューズ河を渡るのに暇どるのではないかとおそれた。けれども彼らは、もし突破が成功せず、完全に食い止められてしまったら、どういうことが起るかということは考えなかったらしい。ヒトラーのフランス侵入計画に対する、ブラウヒッチュとハルダーとの反対論の根底には、こういう危惧の念もあり得たはずであるが、もしあったとしても、それはおそらく例外であった。けれども、もしその侵入がフランスの全面的崩壊をもたらすことには失敗し、ただその土地の一片を取るだけに終ってしまった場合には、かえってそれによってフランスの精神をかきたて、かつ強情にさせてしまって、結局いかなる解決をも一層むつかしくしてしまったであろう。かくしてドイツ側にとっては、そんな中途半端な攻撃は、かえって何もしないよりは悪いだろうし、さらにまた、フランスの方でこのような停滞現象に耐えきれなくなるまで、こちらの防備を固めながら西部でじっとしているという政策よりも一層愚かだ。この点は、ドイツの将軍達の頭には思いうかばなかったらしい。ブルメントリットは、そういうことは会同でも、またお互の話し合いでも、かつて論ぜられたという記憶がないと言っている。彼らの大部分のものが私に答えてくれた話というのは、総じてこの種の質問は、戦争の政治的側面に関するものであったから、それは自分達の権限外であったというのであった。

このような、明らかに起りうる事態とか、あるいはそれに関係する重大な問題については考えなかったということは、いかに彼らの視野が職人的に狭かったかということを表わしていると思うのである。つまり、単なる軍事的な目標以外の大戦略という感覚において、あるいはその当然考えるべき戦争目的という点において、いかに欠けていたかということだ。こういう純粋の戦術的職人というものは、目的と手段、政治と戦略――その結合からして大戦略がでてくるのだが、そういう両面をつかんでいるところのヒトラーを相手にしてやりだしたときには、極めて無力なものになるのである。彼らはヒトラーと同じ土俵の上に立って議論することができなかったのだから、当然彼の大戦略を匡正する力もなかったし、あるいはその、日に日に高まってゆく野望を抑えることもできなかった。単なる戦略あるいは戦術というような低い次元の職人的能力などというものは、ただヒトラーと自分達とを、段々それから脱れる道のない穴の深みへ陥しいれることに役立つだけであった。

けれども歴史の皮肉からして、そのヒトラーを破滅の道へ――と言っても、それはその時には赫々たる勝利の道であったのだけれども――坦々と進ませるのに最大の寄与をなしたものは、実はその相手の方の行動であった。

フランスの作戦

アルデンヌの突破作戦があれほど壊滅的な結果を与えた原因は、フランス側の作戦にある。これがドイツ側から見ると、その修正されたプランに実にぴったり合っていたのだ。フランスにとって致命的であったことは、普通言われているようなその防御的姿勢ではなく、また、〝マヂノ線に固執していた〟心理的理由にあるのでもなく、むしろ彼らが逆に攻勢に出ようとしたところにあったのである。フランス軍は、いわばその左肩をベルギーへ突き出すことによって、自から進んで敵の手中に飛び込み、自分でワナにはまり込んでしまった。――丁度一九一四年の時、ほとんど致命的となりかけた第十七号計画の場合と同様に。それが今度は一層危険だったのは、今度の相手は足で歩く代りに自動車化されていたために、昔にくらべて一層、機動力、運動性にたけていたということだ。さらに被害が一層大きかったのは、そのベルギーへ突き出した左の肩というのは、これがフランスの第一、第七、第九軍と、それからイギリスの派遣部隊から成っており、連合軍の中では最新型に装備され、かつ最も機動性に富んだ部分であったため、それがひとたび敵中深くはまり込んでしまうと、もうフランス統帥部の方には使える部隊はほとんどなくなっていたのである。

この修正されたドイツ軍の計画にとって最も都合が良かったことは、連合軍が一歩一歩とベルギー国内に深く進んで行く毎に、それが増々アルデンヌを突破して行くルントシュテットの側面攻撃にとって、都合の良い形になってくれるということであった。それは、この計画が起草された時に一応予見されたことではあった。ルントシュテット自身が私に言った。「我々は連合軍がベルギー、南オランダを通ってルールの方へ出てきてくれることを期待していた。そうすればこちらの攻撃は、自然にその動きを利用した反撃という効果をもつのだ。」このような期待は連合軍の意図を上廻っていたが、しかしそれは関係がなかった。というのは、ドイツの右翼がベルギー、オランダの国境に向って攻撃をしかけると、これがまるでスタートの号砲のような形になって、連合軍は一斉にこの両地方に飛び出してきた。それは去年の秋に彼らが作ったD計画というものでそうすることにしてあったから、それをそのまま履行しただけのことである。

連合軍側の反応を予見することは困難ではなかったが、ドイツの統帥部をしてマンシュタイン計画の採用に踏みきらしめたものは、そういう点についての知的推測を越えた、何ものかによって導かれた結果であった。ブルメントリットは、私に対する説明の中で、意味深い打ち開け話をしてくれた。「反対論がひっ込み　最初の計画が変更されたのは、連合国側の計画の明確なニュースがブラッセルから漏れてきたことによるものである。」と。

闘牛士の上着

ヒトラーの西方侵入は、まず海側——つまり独軍の右翼における、華々しい成功を以ってはじまった。これは、あたかも闘牛士の上着のように人の注目をそちらへ集めて、そのためにアルデンヌを突破して、フランスの心臓部を突いてくる攻撃から人の注意をそらしてしまった。

オランダの首府と、その通信連絡の中心に当るロッテルダムは、五月十日の早朝、その百マイル東方の国境線が攻撃されると同時に、空挺部隊の攻撃を受けた。この前線と背後とのダブル・パンチによって作り出された混乱と驚愕とは、空軍による広範囲の脅威によって、一層広がっていったのである。この混乱を利用してドイツの機甲部隊は、南側面の割れ目を破って進入し、三日目にロッテルダムで、さきに空輸されていた空挺部隊と連携した。彼らは、オランダ救援のために丁度かけつけてきたフランス第七軍の鼻先を通りぬけて、その目的地へ着いたのである。そうして五日目にオランダ軍は降伏した。

ベルギー正面への侵入も、劇的な奇襲的方法によって行なわれた。空挺部隊がその錠前をこじあけたのである。——マーズトリヒトのそばのアルバート運河にかかっていた、いくつかの橋を押えて。二日目に機甲部隊は、リエージュの堅い橋頭堡を迂回して、平地の方へ突入、疾駆した。その晩ベルギー軍は、堅固な国境線から後退せざるを得なくなり、連合軍が予定通りにダイル川の線に向って進出しようとしている時に、彼らは西に向って後退して行った。当時、このオランダ、ベルギー両国に対して加えられつつあった直接攻撃は、非常に物凄いものだという印象を与えたけれども、実際はこれらの攻撃、特にオランダに対する攻撃が、いかに軽微なものであったかということを知ることは、誠に注目すべきことである。オランダを処理したフォン・キュッヒラー将軍のドイツ第十八軍というのは、それと対峙していた連合軍に比べるとかなり小さかったし、かつその進路は網の目のような運河や川が交錯していて、守る方からすると非常に守り易かった。その形勢を逆転させたのは主として空挺部隊だったけれども、しかしこの「新兵器」は驚くほど小さかった。

その空挺部隊の司令官であったシュツーデント将軍が、詳しい話をしてくれた。「一九四〇年の春には、我々は全部で四五〇〇人のパラシュート部隊を持っていた。オランダでの攻撃を成功させるためには、そこでこの大半の量を使う必要があったから、我々はこの仕事のために五個大隊、約四〇〇〇人をこれにあて、その他に約一万二千から成る第二十二師団を空輸して補った。

「味方の兵力が限られていたから、目標は二つに絞らざるを得なかった。――侵攻を成功させるのに最も必要だと思われた場所である。私自身の直率で、主攻目標は

ロッテルダム、ドルトレヒト、メールディク等の橋に向けられた。南部からの主要な道路は、みなこれらの橋を通ってライン河の河口地域を横切って走っている。我々の任務は、これらの橋をオランダ軍が爆破する前に押えること、そして味方の快速地上部隊が到達するまで開けておくことである。私の部隊は、四個のパラシュート大隊と、空輸連隊（三大隊編成）一つから成っていた。この作戦では、僅かに一八〇人の損害を出しただけで完全な成功をみた。我々は失敗は許されなかった。もし失敗すれば、この侵攻作戦全部が崩壊したであろうから。」シュツーデント自身、狙撃されて頭を負傷した一人であった。彼は爾後八ヵ月間戦闘行為から離れていた。

「第二回目の攻撃はハーグに対して行なわれた。その目的は首府を占領して、特に諸官庁やサービス機関を押えることであった。ここで使用された軍隊は、シュポネク伯爵によって指揮された。それは、一パラシュート大隊と、二個の空輸連隊から成っていたが、これは成功しなかった。数百名もの死傷者を出し、またそれと同数ぐらいが捕虜になった。」

オランダに対する奇襲攻撃という至上命令に応えるた

めに、こうして大部分をそれにあてた後、僅か五〇〇名の空挺部隊がベルギー侵入のために残っていたとシュツーデントは私に語った。彼らはアルバート運河にかかっている二つの橋と、エーベン・エマエル堡塁を占領するために使われたのである。これはベルギーの最も近代的な要塞で、この水路による国境線の側面を守っていたものである。ところがこの小さな分遣隊の行動は、その後の事態の推移を全部変えてしまった。というのは、ベルギーの国境への通路に当って、そこにマーズトリヒト附属地として知られているオランダ領の出っぱりがあって、そこでドイツ軍がオランダの国境を越えるや否や、アルバート運河を守っていたベルギーの前線守備隊は、地上軍がこの十五マイル幅のせまいオランダ領を通過する前に、あたりの橋を爆破せよという大きな警報を受けたと同じことになる。そうなると、結局夜の空から静かに降りてくる空挺部隊だけが、この肝心要の橋を無傷で押えるための、新らしい唯一の方法ということになったのである。

このベルギーで使用された空挺部隊は、かくの如くごく一握りのものでしかなかったけれども、それは当時のニュースに非常に幻想的な感じを与え、あたかも合計数千に達する大パラシュート部隊が、それぞれ少数づつ各所に分れて降下したかのように宣伝された。シュツーデントの説明によると、実際の数が少いことを隠すために、そしてできるだけ、ひどい混乱を起させるために、にせのパラシュートを広くあちらこちらへばらまいたのだそうである。おそらくこの策略が一番きいて、それがまたあらぬ想像を次から次へとかきたてて、結局全体の数をふくらませてしまったのだろうというのである。

この侵入コースについては、この戦線の攻撃に当ったライヘナウ第六軍の、当時の作戦主任参謀であった、フォン・ベクトルシャイム将軍が説明してくれた。彼は戦前に、ロンドン駐在ドイツ大使館付武官として、私の古い知り合いであった。

「第六軍の主力は、マーズトリヒトを通ってブラッセルに抜けた。その右翼はレールモントからチュルノーを通ってマリーヌを指向し、左翼はアーヘンからリェージュを通ってナミュールに出る。この第一局面での決定的な点がマーズトリヒトで——あるいはより正しくは、マーズトリヒトの西のアルバート運河にかかっている二つの橋であった。これは爆破される前に、グライダー部隊が運河の西側に降下して押えてしまった。またエーベン・エマエル要塞の方も、これほど早くはなかったけれども、同じ方法で奪取した。初日の大きなやり損いは、マーズトリヒトのところでミューズ河にかかっていた橋が、オランダ軍によって爆破されたことであった。このために、アルバート運河を押えているグライダー部隊を助けに行くのに遅れてしまった。

「けれども、ともかくこのミューズ河が架橋されるや否や、ヘプナーの第十六機甲軍団が突進し――もっともこうしてボトルネックになっている部分を通過するのに僅かに一本の橋を使って通ったために、かなり細長い形に伸びてしまったが、一たび渡り終えるとニベルの方へ進んで行った。スピードは上った。

「最初の計画では、リェージュを攻撃する意図は全然なかった。この堅固に防守された街は迂回することにして、但し街の北は味方の左翼で遮閉をし、南は第四軍の右翼で遮閉して、基幹部隊の通過を見させないようにするつもりであった。けれども、味方の左翼がリェージュの方向へ進撃しだすと、大した抵抗もなく街の後ろから突入することができた。

「味方の主力は西進して、ダイル川の線で英軍と接触した。我々は、いよいよ攻撃のために味方の諸師団を集結し、同時に南から旋廻する形をとりはじめたが、そうなる前に英軍がシェルト河に向って後退したので、こちらはそれを追跡するように師団を立て直すために、ダイル川のそばで一寸の間停止した。

「ブラッセルまで行く間　我々は、連合軍がアントワープから味方の右翼側に向って反撃してくるのではないかと常に心配していた。

「そうしているうちに、ヘプナーの第十六機甲軍団が味方の南翼側を進撃してきて、アニューとジャンブローのあたりでフランスの機械化軍団と交戦した。最初こちらは劣勢であったが、フランスの戦車は余り動かないで止ったままで戦うために不利となり、その上、敵は余り闘志がないため、こちらはそのうちヘプナーの残りの兵団が戦場に到着する余裕ができた。それが結局十四日、ジャンブローの戦で味方の勝利を決めたのである。けれども我々はその勝をさらに一層広げることができなかった。というのは、今やヘプナーの兵団は、アルデンヌでミューズ河の南へ届いていたところの突破作戦の方を支援するために引きぬかれたからである。この統帥部の決定は、第六軍を機甲部隊なしに残してしまった。」

この命令は、ライヘナウの激しい怒りと猛烈な反対を引き起した。けれども、彼は一般的な攻勢プランという、より高次の利益によって黙らせられた。第六軍はフランス統帥部の注目を充分に引きつけ、そのため、今やまさにアルデンヌではじまろうとしていた、一層大きな脅威から目をそらせるという任務を充分に果したのである。それはまた同時に、この決定的な数日間、連合軍左翼の機動部隊を釘づけにしておくという役目も果した。というのは、いよいよ十三日になって、ルントシュテットの機甲先鋒部隊がセダンを廻ってミューズ河を渡り、北フランスの平原地帯になだれ込んだ。そしてその時、フランス軍最高司令官のガムラン将軍が、このドイツ軍の洪水のような進撃をセダンで食い止めようとして、自分の左翼の機械化騎兵軍をこの方向へ切りかえようと考えていた時、その左翼はすでにジャンブローで完全にドイツ部隊と交戦中だと聞かされたからである。

一たびこの目的が達成されると、もうライヘナウの部隊を削っても良いというもっともな理由ができた。というのは、これ以上、余り不必要に連合軍の左翼ばかりを圧迫して、まだルントシュテットの網が完全にその後ろに張りめぐらされないうちに、余り急いで退却させてはいけなかったからだ。

ライヘナウに対する空からの掩護は、その機甲部隊がとり外されるよりさらに以前に縮少されていた。ベクトルシャイムは「攻撃の第一段階では、第六軍はミューズ河の渡河と、それからマーズトリヒトのそばでのアルバート運河を越えるために、非常に強力な支援を空から受けていたが、その後急降下部隊は南に移り、セダンのそばのミューズ河の渡河点のところに集中させられた。」と語った。私はベクトルシャイムに向って、我々英国部隊がダイル川に向ってかけつけている間、空襲は全然受けなかったが、あれはドイツの方でさそい込むつもりで意図的にそうしたのかと聞いたら、彼は「私が第六軍司令部で関係していた限りではそういうことはなかったが、あるいはもっと上の方でそう決めていたのかもしれない。」と答えた。

連合軍の全左翼を完全に包囲してしまったところのルントシュテットのあの進撃、アルデンヌを突破して、海峡へ向っての進撃の話に移る前に、その第六軍と衝突していた彼ら連合軍が、いよいよダイル川の線から遅れて下りだしたのに追従して、ドイツ第六軍が進んで行ったその後の進撃のもようについてのベクトルシャイムの話から、主な点をいくつか拾い出しておくのが有益であろう。

「我々の進撃の方向は今やリールの方に向けられた。右翼はガンに向いて動いており、左翼はモンスからコンデの方を向いていた。英軍との最初の大きな接触は、シェルト河のそばで起った。フォン・ライヘナウ将軍は、リールの街を北から包囲しようとしたが、O・K・H――国防軍総司令部は、当時フォン・ルントシュテット軍集団の右翼にあって、ルベー＝カンブレー地区で大激戦を演じていたフォン・クルーゲ将軍の第四軍を助けるために、もう一方の側面から攻めるように命じた。この進撃のために我々の第四軍団はツルネーで激戦を演じ、結局、イギリスの防御を突破することができなかったのである。

「そこへカンブレー地区からは吉報が来て、そこでフォン・ライヘナウ将軍はO・K・Hを説得し、リールの北を廻ってイープルの方へ出るという、自分のプランを承認させた。第十一軍団の猛攻が、クルトレーのそばでリス河のベルギー軍の戦線を突破することができたのである。この成功に続いて、我々は能う限りの全力をルーレーとイープルの方向に集中した。ベルギー軍に対する最後の覆滅戦は、かくして第六軍によって成し遂げられた。

「五月二十七日に、ベルギーの一将軍が降伏条件を聞くためにこちらの司令部へやってきたという話が、第十一軍団から伝わってきた。これはすぐ総統大本営へ報告し、そうしたら無条件降伏を要求せよという命令が来た。」ベルギーはこれを受け入れ、彼らは翌早朝に武器を捨てた。「私はその次の日に、レオポルド王をブルージュに訪ねた。王はラーケン城へ行って監禁されるのを喜ばず、自国の皇居へ帰れないだろうかと尋ねた。私は彼の要求を伝えたが、しかしそれは許されなかった。」

私はベクトルシャイムにただした。ベルギー軍はもっと長く頑ばることができたと思うか、と。彼は答えて「私はできたと思う。というのは彼らの損害は僅少であった。けれども、私がベルギー軍の戦線を突破した時、その大部分は、これで戦闘は終って大変ほっとしたというような顔をしていた。」

私のもう一つの質問は、この当時イギリスが、その派遣軍を撤収するについての準備をしているというような噂を何か聞いていたかということであった。「ダンケルクへ船の大群を集めているという話を聞いた。これは、あるいは撤退の準備ではないかと思わせた。はじめ我々は、英軍は南へ逃げるのではないかと思っていた。」この短かい戦闘についての彼の要約は「我々の唯一の困難は、敵の抵抗ではなくて川や運河を渡ることであった。第十六軍団を引き抜かれた時に、橋梁工兵部隊の大部分もそれと一緒に抜けて行った。これがその後の進撃に非常に影響したのである。」

彼はまた、この戦闘での大きな教訓四つを数えた。

「第一。一番大きな教訓は、実戦に当っての空地の連絡の必要ということであった。これはマーズトレヒトとか、セダンといったような主要なところでは良かったが、一般にはまずかった。マーズトレヒトでは、第六軍はリヒトホーフェンの急降下爆撃隊の非常にすぐれた支援と協力とを受けたけれども、これらはその後セダンを突破して進むクライストの進撃を助けるために、そちらの方へ廻された。空軍というものは、その攻撃の目標を、敵の連絡交通を攻撃することから、戦闘の場合の緊密な協力というものへ、いつ切りかえるかということを常に知っていなければならない、非常な柔軟性を必要とする。

「第二。機甲兵団を引き抜かれた後でも、戦車の掩護なしに歩兵だけの攻撃で可能であるということが分った。それは、歩兵が前からそういう訓練を受けていたとか、あるいは十分な火力の支援があったとか、浸透戦術のやりかたとかのおかげである。敵の陣営に脅怖感が広がると、自然に集中突破の口が開けるものだ。

「第三。機甲部隊の力が大体等しい場合には一種の持久戦になる。——軍隊を動かす空間が余りないような場合には。

「第四。軍隊がその進撃途上のどこかで阻止されたような場合に、すぐ方向を切りかえることができる柔軟さの必要。

闘牛士の剣

五月十日の朝まだき、戦争史上かつて見たことのないほどの戦車の大群が、ルクセンブルクとドイツとの国境に集結していた。それは、ルクセンブルクとベルギー領ルクセンブルクを通過して、さらに七〇マイル向うのセダンのそばで、フランス国境そのものを突破するような形で待機していた。この軍隊は三つの機甲集団からできており、前の二つは機甲師団で、後の一つは自動車化歩兵師団という三重構造になっていた。前衛はドイツ戦車戦術の達人であるグーデリアン将軍に率いられ、全体はフォン・クライスト将軍が統率していた。

「これら三つのブロックは、あたかも古代ギリシャの密集槍兵団《ファランクス》のように、きっちりと重りあって構えていた。」――とブルメントリットは形容する。それでも、この機甲編隊の大群は、前後百マイル以上の長さにわたって伸びており、実にライン河の東五〇マイルのところまで伸びていた。そのスケールの生き生きとした印象は、クライストが私に語った言葉の中に表われている。「もしこの機甲集団が一本の道路の上を進んだとしたら、その先頭がトリエルにいた時に、その後尾は東プロシャのケーニヒスベルクに達したであろう。」

このクライスト集団の右翼にはホートに率いられた別の機甲集団がいて、これはアルデンヌの北の部分を突破して、ギベとディナンの間をミューズ河に向って突進することになっていた。

けれどもこれらの機甲密集軍団は、実はアルデンヌに向って突進しようとしてドイツ国境にそうて身構えていた大軍の中の、ごく一部分にすぎなかったのである。ブルメントリットによれば、「A軍集団は、この狭くて深い戦線に、すでに八十六の凡ゆる種類の師団をきっちりと配置してあった。」彼は続けて「このアルデンヌを突破しての進撃というのは、実は本当の作戦ではなく、一つの接敵行為にすぎなかった。この計画を立てる時、我々は、ミューズ河に到達する前には敵に遭遇することはあるまいと思っていたが、その見透しは正しかった。我々はルクセンブルクでは何の抵抗にも会わず、ただベルギー領のアルデンヌのところで、アルデンヌ防備の軽騎兵とフランスの騎兵の軽い抵抗を受けただけであった。これは弱い抵抗で、簡単に掃攘することができた。

「従って、ここでの主たる問題は、戦術的なことではなくて、軍の複雑な運動と補給の調整という行政管理的な問題であった。とにかく使えそうな道路は全部使わなければならなかった。交通を規制したり、あるいは空・地両面からの妨害から味方の行動を守る手順をととのえたりするために、地図の上についてコースを決めて引いて行くということに、可能な限りの正確さが要求された。多くの歩兵師団は、道路を通って行く機甲師団の間に交って散らばりながら、野道や出舎を抜けて行進しなければならなかった。最も複雑な参謀部の仕事は、一つ一つの戦車の集団について、次々とスタート・ラインを設定して行くことであった。一方各師団の通過のはじまりと終りは、時計によって正確に決められた。土地は——山と林で——非常に通りにくく、道路は表面は良かったけれども屢々けわしく、また屈曲が多かった。すべての中で最悪の問題は、後になってやってきた。これらの密集した戦車と歩兵の集団が、非常に厄介な障害であったところの、深く切り立ったミューズ河の峡谷を通過する時に——。」

成功の機会はクライストの軍がいかに敏速にアルデンヌを越え、セダンの近くでミューズ河を渡るかということにかかっていた。彼らがその河の障害を越えてはじめて、その戦車群が運動・展開できるのである。フランス軍が、何が起りつつあるかに気がつかず、そして予備軍をそこへ集結しないうちに河を渡らねばならない。けれどもドイツの航空写真は、セダンのあたりでミューズ河への通路をさえぎる、大きな堅固な橋頭堡らしきものがあることを示していた。それの存在は、ヒトラー＝マンシュタイン計画の実行可能性に対して、疑をさしはさむすべてのものの疑惑を強めた。彼らは、戦車がそのような堅固な陣地を突破することはできないと思い、結局そこを占領するのに数日かかることになるだろうと思っていた。

けれども攻撃開始の数日前に、航空写真を判読する特殊の鑑識力を備えたオーストリヤの一将校が、その地図を再吟味する機会を与えられ、彼はだれも気がつかなかったことに気がついた。——そこにあったフランスの要塞はまだでき上っておらず、目下建造中であると。彼の報告は急拠クライストの許に送られて、それによって最後の躊躇を消散させた。クライストは、自分の歩兵師団が道を開いてくれるのを待たなくても、機甲師団と歩兵師団とを、同時にスピードアップさせることができることを知ったのである。ミューズ河への進出は、普通の軍事行動というよりも、レースになった。〝悪魔のような勢で〟進撃したリストの第十二軍の歩兵兵団は、機甲師団より一日遅れただけでミューズ河に着いた。その機甲師団の方は、歩兵が着いた時には、すでに河を渡っていた。

ルントシュテットは、自分で戦争の脈搏を指で直接触れたいと思って、その機甲師団がミューズ河を越えていよいよ平原へさしかかる前に、自からセダンの森まで進んでその戦車師団を見に、やってきた。そして、彼らと一緒に河に下り、工兵隊が架橋するのを見守っていた。

クライストはこの作戦の詳しい話を私にしながら、

「私の先導部隊はアルデンヌを通過した後、五月十二日にフランスの国境を突破した。総統副官であったシュムント将軍は、その朝私に会いにやってきて、このまま直ぐに進んでミューズ河まで行きたいか、それとも歩兵部隊が追いつくのを待つかと私に聞いた。私は時間を無駄にしないでやってみることに決めていた。それからシュムント将軍は私に向って、総統は翌十三日、リヒトホーフェンの急降下爆撃隊のすべてを含む、空軍の最大限の援助を私の自由に使えるようにしてやるつもりであると言った。細目のとり決めは、十二日の夕刻、当時ベルトリックスのそばにあった私の司令部へ、この目的のために飛んできたシュペルレ将軍と打ち合わせた。

「その日のうちに、私の先導部隊はミューズ河の北の湾曲した森林地帯を突破して、川を見下す南の崖っぷちに出た。その夜、予備隊が追いついてきて強力な進撃態勢の準備ができた。十三日朝、機甲師団の中の歩兵連隊が河岸まで進出した。約一千機の味方空軍が正午ごろ頭上に現われた。渡河は午後早く行われた。グーデリアン将軍の部隊はセダンの近くで二ヵ所に分れ、それからラインハルト将軍の部隊はモンテルメのそばで――。この三つとも成功したが、モンテルメの方は他の二ヵ所よりもむつかしかった。主として地形が困難であったことと、通路がけわしく曲りくねっていたためである。

「敵の抵抗は大したことはなかった。これはラッキーだった。というのは、私の砲兵隊は一門につきたった五十発しか持っていなかったのである。――というのは、弾薬輸送部隊の縦隊が、アルデンヌを抜ける道路が物すごく混乱、雑踏したために、遅れていたからだ。十三日の夕刻までに私の機甲師団は、ミューズ河の向う側に堅固な橋頭堡を築いた。歩兵の先導部隊は十四日に着きはじめた。」

フランス軍の防備の状況をクライストに尋ねたところ、彼曰く、「ミューズ河にそうてトーチカ型の若干の要塞があったが、その武装は充分ではなかった。もしここの人々は必ずそれに気づいたであろう。というのは、味方のフランス軍が充分な対戦車砲で武装していたならば、我々の戦車の多くは初期のマークI型で、非常にもろかったからである。この地区のフランス師団の装備は悪く、かつ部隊の質も低かった。兵隊達は空襲か砲撃にやられると、直ちに戦闘をやめるところを私は何度も実見した。」

フランス側では、やや老令の第二予備師団四つが四〇マイル以上の戦線に充当されていた。薄くばらまかれていた上に、極めて乏しい通常の数の対戦車砲さえ備えておらず、高射砲は持っていなかった。ドイツ軍が架橋して戦車を渡している間、急降下爆撃隊の猛爆にさらされたのだから、これほど装備・程度の悪いフランスの歩兵が急速に崩壊したのも当然であった。

最初の休止

けれどもドイツの指揮官達は、その幸運をほとんど信ずることができなかった。彼らは何らの反撃も展開されないことを、依然いぶかしく思っていた。ルントシュテットは、自分がアルデンヌを突破している間に、自分の左翼に強烈な反撃が来るのではないかと恐れていた。

「私は戦前からガムランを知っていた。それで彼の気持を読もうと思い、彼がその予備軍を率いてヴェルダンの方角から側面攻撃をかけてくるのではないかと思った。そしてその目的のために使える軍隊を、彼は三十乃至四十個師団は持っているであろうと勘定していた。けれどもそういう徴候は全然なかった。」

ヒトラーもこれと同じ懸念を持っていた。そこで彼は進撃にブレーキをかけた。――それはこの戦争でヒトラーのやった二つの干渉のうちの最初の一つであって、その二番目の方が一層大きな結果をもたらすことにはなったのだが――。ところでこの最初のケースについて、ジーヴェルトは「我々がミューズ河を渡った後、国防軍総司令官は我々がアベヴィルとブーローニュの方向へ急進撃することを望んでいた。けれども、総統はフランス軍の主力が西向きに攻撃をかけてくるのではないかと案じ、そこで味方の歩兵師団の大部隊がエーヌ川にそうて、その側面防御の配置に着くまで待つことを望んだ。」当時、O・K・Hと第十二軍司令部との間の連絡将校をやっていたレーリヒトの話は、もっとはっきりしていた。「クライストの機甲集団に追随していた第十二軍は、エーヌ川の方へ向って南へ旋回するように命令された。その時クライストはミューズ河を渡って西進し、英仏海峡の方へ向いていた。この西進を歩兵によって援護するために、ヴァイクスの第二軍が後方から招致せられた。私の意見では、この決定は間違いであったと思うのだ。このために、私の計算では二日を空費している。そんなことをするよりもヴァイクスの第二軍の方をエーヌ河の方へ南進させ、第十二軍はそのまま機甲集団を援護するよう、西へ直進すれば良かったと思う。」

けれども、クライスト自身はこの意見に対して百％は賛成しない。「私の軍が実際に停止したのはたった一日にすぎなかった。この命令が来たのは、私の軍の先鋒がギーズとラフェールの間でオワズ河の岸へ着いた時であった。これは総統直接の命令だと聞かされた。けれどもこの進撃が遅れた理由は、私の戦車の援護をするのが第十二軍ではなくて第二軍になったという、その変更の結果ではない。それは味方の左翼に対する反撃の危険を恐れた総統の心配からであった。彼はこのあたりの状況がもっとはっきり分るまで、我々を余り深く突入させることを欲しなかった。」

海への疾走

こういう不安感というのは、特に遙か後方にいるところのヒトラーの気持としては理解できないことではない。フランス軍がミューズ河の線で余りに早く崩壊したことと、そして何らの強力な反撃がなかったことなどのために、これが本当にしては余り良すぎると考えるのは自然であった。けれども、戦場での種々のでき事が、すぐにこれらの心配を消し去った。機械化軍による電撃戦のショックが、もう、とうにフランス軍をマヒさせて、心理的にも物質的にもドイツ軍に抵抗できるような状態ではなかったのである。そういうマヒ状態では、このヒトラーの最初の不当な干渉が与えた程度の、短い猶予ぐらいのものからは何の利益も得なかった。

ミューズ河を渡って西進してからあとも、クライストの進撃はほとんど抵抗に会わなかった。彼の戦車群は、連合軍の左翼をベルギーの奥深く置き去りにしたまま、事実上無人の通路を通過するような勢で驀進して行った。当時政府筋のスポークスマンが、あれほど鮮やかに叙述したような〝バルジ戦争〟などというようなものは全然なかった。それは静かな疾走であった。側面に対する若干の反撃はあったけれども、それは間歇的かつ不ぞろいであった。最初のそれはセダンのすぐ南のストンヌで行われ、フランスの第三機甲師団が一時味方を動揺させたが、すぐに彼ら自身が側面を攻められ、たちまち追い返されてしまった。二度目はラオンのそばで、ドゴール将軍麾下の、新たに構成された第四機甲師団によって行われた。これについてクライスは言う。「これは決して、後に言われたような、重大な危険の中へ我々を陥しいれたものではなかった。グーデリアンが私を煩らわせることとなしに、自分でこの敵は片づけた。私は後になってこれを聞いただけである。」フランスの持っていたもう二つの機甲師団のうちで、第一師団は燃料が続かなくなって立ち往生となり、無援のうちに包囲された。また第二師団の方は、統帥部の方から橋を守るようにという命令を受けて、小さなグループにして分散させられてしまった。

ドイツの機甲部隊は、そのオアズ川のところで一寸止ったきりでそのまま西へ高速で驀進したから、敵は完全に混乱した。一例としてクライストは言う。「大体、海峡まで半分ぐらいのところへ来た時に、参謀の一人がフランスのラジオ放送からの一部傍受を持ってきた。それによると、ミューズ河のそばにいたフランス第六軍は包囲され、ジロー将軍が事態収拾を命ぜられたというのであった。丁度私がそれを読んでいた時ドアが開いて、ハンサムなフランス士官が入ってきた。彼は自分を紹介して『私はジロー将軍です』といった。彼は装甲車で自分の軍を巡察するために出発したが、いつのまにやら、まだずっと向うにいると思っていた私の軍の真中にきてしまったというのであった。また、私がはじめてイギリス軍に出合ったのは、私の戦車隊がある一個大隊ぐらいの兵に出合って、かつそれを追い越したのだが、その時彼らは野外演習のための空砲の弾薬筒を持っていた。これは、我々の到着がいかに予想以上に早かったかということを示す一例である。」ドイツ軍は、イギリスの大陸派遣部隊の大群がまだベルギー深く止っている間に、その後方に洪水のようになだれ込んできたものである。

クライストは続けて「要するに我々は、国境突破以後は、ろくな抵抗には会わなかったということだ。ラインハルトの機甲軍団はル・カトーのあたりで一寸した戦闘をやったが、それが唯一の〝事件〟であった。ずっと南を進撃していたグーデリアンの機甲軍団は、二十日にアベヴィールに達し、かくして連合軍を分断した。快速装甲師団を率いていたヴィーテルシャイムは、それに膚接して進み、ペロンヌからアベヴィールまでのソンム河地区の防御を直ちに破り、一方グーデリアンは、翌日北に向って方向を変えた。彼はすでに英国軍の補給と連絡をその基地から切断していたのだが、今や海への撤退そのものをも切ろうとしていた。

けれどもドイツの統帥部は、その日に悪いショックを受けていた。ただそれはクライストには影響しなかったが——その当時、彼はそれを知らなかった。というのは、二十日にアベヴィールが占領されると同時にそこへ前進していたからである。彼がフランスの内陸深く侵入すればするほど、その側面の防御はリレー式に次から次へと受けつがれて行く。――それは結局、進撃のスピードを維持する作業の一部であった。歩兵集団がクライストの機甲部隊の側面、後尾をバックアップして行く、その歩兵は進撃の各段階に応じて、一日乃至は二日の間クライストの命令を受け、そうやって戦車隊の側面を掩護して行ったのである。けれどもいよいよその段階が押しつまってくると、機甲部隊のスピードが上り、歩兵との間に危険な間隙ができて、これが段々開いてきた。その間隙のところへイギリス軍の小さな反撃が、突然小さなクサビを打ち込んだのである。

ルントシュテットは私に言う。「危機は私の部隊が丁度海峡へ着いた時に生じた。それは五月二十一日、英軍がアラスからカンブレーの方へ向って、南向きに行なった反撃によって起されたものであった。一寸の間、我々の機甲師団は、味方の歩兵師団が支援に来る前に切断されるのではないかという心配が生じた。フランス軍の反撃もいくつかあったが、これほど重大な危険をもたらしたものは一つもない。」（これがドイツ軍にどれほど衝撃を与え、またいかにその急進をほとんど台なしにしてしまったかということを知るのは、真に注目すべきことである。この反撃は、マーテル将軍の第四、第七戦車大隊を伴う第五十ノーサンブリアン師団の一部の、極めて小さな兵力によって行われたものであったのだ。大隊の代りに、もし二個の機甲師団があったなら、ドイツ軍の計画は全部マヒしてしまったであろうということは明らかだ。）

それが、ドイツ軍がベルギーにいた連合軍の後尾に投げかけた網――その網はすぐさま締っていった――を切ろうとした最後の努力であった。いずれにしても、この電撃戦によって、ヒトラーは彼の将軍達のすべての判断よりも正しかったことを証明した。けれども将軍達の方は、凡そこういうことの実現性はほとんどありそうにないという点においては正しかった。つまり、フランス軍の総司令官であるガムラン将軍がそんな基本的な失敗をやるはずがない、自軍の全左翼を、ベルギーでの脅威に対処するためにそこへ進出させるという時に、その前進の軸に当る部分を、ほとんど無防備のままに放置するというようなことをするはずがないと思っていたのだ。ガムランの方で、そういうとてつもない手抜かりさえしなかったならば、このヒトラーの攻撃も、ごく限られた成功しか生まなかったに違いない。もしこれがフランスの戦線を少しばかり突破しただけでそこで止ってしまったとしたならば、それから後の戦争の全体の経過と戦後の世界の動きとは、大変違ったものになっていたであろう。

ブルメントリット曰く、(そしてこれは他の将軍達も同調していることであるが)「ヒトラーの判断が、将軍達のそれに反して正しかったということがヒトラーを酔わせて、もうそれから後は将軍達にとっては、彼と議論したり、あるいは彼のやることを再び止めさせたりすることは極めて困難になった。」結局、かくして五月十三日という日は、彼ら将軍達にとっては、――そしてドイツにとっても――当のフランスにとってよりも一層不幸な日になったことが分ったのである。

運命の転換は、僅か一週間後にはじまった。皮肉なことに、今度はこれは将軍達の方の用心から来たものではなくて、ヒトラーの側の用心という珍らしい例から起ったことであったのだ。

ヒトラーの停止命令

グーデリアンの機甲軍団は、北へ旋回してカレーをめざした。一方ラインハルトは、アラスの西を、サントメとダンケルクの方を向いて進んだ。二十二日に、ブーローニュはグーデリアンの進撃によって孤立し、翌日はカレーが孤立した。その同じ日に、ラインハルトはダンケルクから二〇マイル足らずのところにあるエール＝サントメ運河に達した。ダンケルクは英軍に残された唯一の脱出口である。ドイツの機甲部隊の方が、その英軍の大部分よりも遙かにそこへ近かった。

ルントシュテットは私に向って、「その時突然、国防軍総司令部のフォン・グリーフェンベルク大佐から電話が来た。クライストの軍は運河のところで停止せよというのである。これは総統直接の命令だ。――ハルダー将軍の意見は違うが。それに対して私は抗議の質問をしたが、ただ受取ったのは極めて簡単な電報で、『機甲師団はダンケルクからほぼ中距離砲の間隔(約八、九マイル)をおいて停止せよ』『偵察と防御のための運動だけが許される』というのであった。」

クライスは、自分はこの命令をうけた時には、全く何のことだか分らなかったと言った。「私はこれを無視して海峡に向って突進しようと考えた。私の機甲部隊はすでにハズブルークに入って、英軍の退路を遮断していた。後に私は英軍の司令官であったゴート卿が、その時ハズブルークにいたことを聞いた。けれども、その時運河のこちら側へ下れという、いっそう厳しい命令が来た。私の戦車隊はそこで三日間止められた。

当時、参謀本部の戦車部門の主任参謀であったトーマは、私に語って、彼は戦車の先遣部隊を引きつれてベルギューの街までかけつけた。そこからはダンケルクを眺めることができたのである。彼は無電でO・K・Hに連絡をとり、戦車を突入させることの許可を求めた。けれども、それは何の役にも立たなかった。その時のヒトラーの態度に言及して、彼は苦々しげに「馬鹿と話をしても仕方がない。ヒトラーは勝利のチャンスを目茶目茶にした。」

その間に、英軍はダンケルクになだれ込んできて、撤退乗船のための防御を固めはじめた。ドイツの戦車隊長達は、こうして自分の鼻先きから英軍がどんどん逃げてゆくのを、じっと座って眺めていたわけである。

「三日たってこの禁止は解かれた。」とクライストは言った。「進撃は再開されたが、今度はイギリス軍の反撃は強まっていた。それでもいよいよ前進しようとしていたところへ、またまたヒトラーから命令が来た。――私の部隊は後退して南下し、ソンム河にそうて強化されているフランス軍の残存勢力を攻撃せよというのであった。ダンケルクを占領する仕事は、ベルギーを通って西進してきた歩兵の手に委ねられた。――そのダンケルクからは、もう英軍は逃げてしまっていたのだが――。

ヒトラーの言い分

数日たって、クライストはカンブレーの飛行場でヒトラーに会い、英軍が脱出する前にダンケルクへ行かなかったことによって、絶好の機会が失われたということを敢て言ったのである。ヒトラーはそれに答えて「そうかもしれぬ。しかし予は戦車隊をフランダースの沼沢地帯へやりたくなかった。――それに英国軍は、もうこの戦争で二度と戻ってくることはないであろう。」

他の人々に対しては、ヒトラーは多少違った言い訳をしている。――非常に多くの戦車が故障あるいは破損したので、彼はその勢力をたて直して、突入前に状況を偵察したいと思っていた。またそれから後、フランス軍の残敵に対して攻撃に移る場合に、十分な戦車を持っていたいと思っていたと説明した。

クライストをも含めたほとんどすべての将軍達が、これらの説明をたいした疑問もなしに受取っていたことを私は知った。もっとも、完全な勝利を彼らから奪ったこの決定に対して怒ってはいた。彼らはヒトラーの言う、沼沢地という心配は大変誇張されていると感じていたし、またそんなものはいくらでもさける手だてはあったと思っていた。そして戦車の損害というけれども、それの補給は毎日大量に届いていたことも知っていた。けれどもヒトラーのこの時の決定は、単なる情勢判断の誤りか、あるいは心配しすぎの結果であるとのみ思われていた。

けれども、ルントシュテットの参謀部にいた若干数の人達は、これらの弁明は理由が薄弱であると考えていた。そして、ヒトラーの停止命令にはもっと深い理由があっただろうと信じていた。彼らはそれを、ヒトラーが五月二十四日にシャルルヴィルの彼らの司令部を訪れた時にヒトラーの話した、その驚くべき話しぶりから連想した。それは機動部隊が停止命令を受けた、その次の日のことであった。

ヒトラーは自分の幕僚の一人を伴っただけで、ルントシュテットとそれからその参謀の中で特に枢要な地位にいた二名の要人――ゾルデンシュテルンとブルメントリット――と、内密に懇談した。そのブルメントリットが私にした話の内容は、次のようなものである。――「ヒトラーは上機嫌であった。彼はこの戦争の経過が全くの奇跡であったことを認めた。そして戦争は六週間で終るだろう。それから、彼はフランスとの間に合理的な平和を結びたいと思うと言った。そうすれば、イギリスと和解できる道が開かれてくるだろう。

「それから彼は、英帝国を讃美するような言い方をして我々を驚かせた。その存続の必要、英国が世界に寄与した文化等を讃美するような言い方をして。彼は肩をすくめながら、その英帝国の建設のためには屡々苛酷な手段がとられもしたが『建物の設計をすれば削りくずも飛散する』と言った。彼は英帝国をカトリック教会と比較した。――両者ともに世界の安定のためには不可欠な要素であると。彼がイギリスから欲するものは、大陸におけるドイツの立場を認めてくれることだけである、ドイツの旧植民地を返して貰うことは望ましいけれども、しかし絶対必要というわけではない、そしてヒトラーとしては、イギリスがもしどこかで困ったことが生じたら、自分はその軍隊で助けることさえするつもりである、植民地というのは、まず第一は威信の問題である、どうせ戦争になったら守り切れないのだし、熱帯で居住できるドイツ人は極めて少い、と言った。

「イギリスが自分の名誉と両立しうると思う条件で和平を結ぶつもりであると言って、彼は自分の話を結んだ。「仏・英両国といつも友好関係を保ちたいと思っていたフォン・ルントシュテット元帥は、それに対して満足の意を表明し、ヒトラーが帰った後で、ほっと安心したような調子で――『彼が別のことを望んでいなくてよかった。これで最後は和平が結べるだろう』と言った。」

ヒトラーがブレーキをかけ続けていた時に、ブルメントリットはこの時の会話のことを思い出していた。彼はこの〝停止〟が、軍事的理由以上のものからでてきたものであろうと想像し、それが和平を容易ならしめるという政治的な計画の一部であると感じていた。もし英軍がダンケルクで捕っていたら、英国人は自分達の名誉が傷つけられたと思うだろう、そしてその汚辱は拭い去ることができなかろう。けれどもそれを逃したことによって、ヒトラーは英国人の名誉心をなだめることを希望した。

ヒトラーの深い動機をこうだと確定することは、その後の英本土上陸作戦に対する計画において、奇妙に手ぬるい態度をとったことによって確証される。「彼はこの計画には、ほとんど興味を示さなかった。」とブルメントリットは言った。「そして、その準備を早めるような努力もしなかった。これは彼の平素の行動から見て、非常に変っていた。」ポーランド、フランス、そして後のロシヤ侵入の前には、ヒトラーはしきりに彼らをせかした。けれども、この場合には彼は後ろに坐っていた。

シャルルヴィルでの彼の話、ならびにその後の無為と逡巡の態度についてのこういう話は、ヒトラーの政策に久しく反対していた将軍達の証言であるだけに、そしてこの戦争が進むにつれて、増々彼に敵意を抱くようになった将軍達の口から出たものであるだけに、一層注目すべきものだと思うのである。彼らは、ほとんどすべての問題についてヒトラーを批判した。だから今からすれば、これらの将軍達としては、ヒトラーがイギリス軍を捕捉したがっていたかのように描きたい、そして彼らの方がヒトラーを抑えつけたかのように描きたい、そう思うのが普通であろう。ところが彼らの証言は逆だった。軍人としての彼らは、ここで勝利のケリをつけたかった。けれども、それを妨げられたということを極めて正直に認めたのである。このダンケルクを前にしての決定的な時点で、イギリスに対する気持を述べたヒトラーの話というものは、彼がずっと前にマイン・カンプの中に書いたその考えと非常に多くの点で符合しているというのは、真に意味深いことである。——そして、その他の点においても、彼は自分のバイブルにいかに忠実に従ったかという意味においても、注目すべきことである。

このイギリスに対する彼の態度は、久しく彼が心に抱いていたイギリスとはあくまで提携してやって行きたいという政治的な配慮だけからきたものであろうか。それとも、この重大な時点に当って彼の気持の中に湧き起ってきた一層深い感情によって刺戟されたものであっただろうか。彼の決心には、複雑なさまざまの要素があった。それは、彼のイギリスに対する気持の中に、カイゼルのそれに似た、愛憎入り交った感じがあったことを示している。

本当の理由が何であったにもせよ、我々はともかく、少くとも結果について満足しなければならない。彼の躊躇のおかげで、イギリスは史上最大の危機を免れることができたのだから。

第十一章　フランスでの終り　そして最初の挫折

フランスにおける第二段目の、そして最後の戦争の局面は、ドイツ軍の新たな攻撃がソンム河の南に向って開始された六月五日にはじまった。それは、英軍大部隊のダンケルクからの撤退がはじまってから一週間もたたぬうち、最後の船がそこを離れた翌日にはじまったのである。

フランス軍はその切り離された左翼において、すでに三〇個師団を失っていた。これはほとんど全軍の三分の一にも当り、しかもその中には乏しい機械化師団の中の、一番優秀な部分が含まれていた。彼らはまた、イギリスの十二個師団の援軍をも失った。というのは、今やフランスに残っているイギリス軍は、僅かに二個師団で、これはあのドイツ軍の鉄槌が下された時、包囲された英軍の主力の中へは、入っていなかったものである。今ガムランに代ったウェイガンの手許には、極めて数の減った、あるいは質の悪い六十六個師団が残された。これで以って、最初の戦線よりも遥かに長くなってしまった戦線を守らなければならないのである。一方ドイツ軍の方は、最初の第一撃の時にはほとんど参加しなかった、いわばただ行進してきただけの、大量の師団を結集する時間があったのである。この新たな攻撃の最も顕著な特徴は、その序曲のところに存在した。——つまり海峡へ向って西進してきたすべてのドイツの機甲師団が、次の一撃のために、これほども短い期間内に、南進あるいは東進という形にさっと方向転換することができたということである。新たな方向に向ってかくも敏速に再集結ができたということは、こういう機械化された機動性が、古い戦略概念を変えてしまったという証拠であった。

この新たな攻撃において、ルントシュテットの軍集団は、再び決定的な役割を演じた。実はこの計画では、そこまではっきりきめていたわけではなかった。確かにルントシュテットが広い戦線を受け持ち、その兵力も多かったが、最初は、その十の機甲師団のうちの六つは、北のボックの軍集団の中へ入れられていた。けれども計画は柔軟であり、その形もまた戦局の推移によって変って行った。この、形が変るということが、これもまた機械化された機動性というものの与えた力の、もう一つの証拠である。

ルントシュテットとの最初の話で、彼が私に要約してくれたその概要ほどに、要領を得たものはないであろう。

――「数日の強行軍はつらかったが、その結果には疑問の余地はなかった。攻撃は右翼のフォン・ボック軍からはじまった。私は彼がソンム河を越えて前進するまで、その攻撃には加わらなかった。私の軍はエーヌ川を渡る時に頑強な抵抗を受けたが、それから後は容易であった。決定的な進撃は、マヂノ線にいたフランス軍の右翼の背後で、ラングル高地を越えてブザンソンとスイス国境の方へ向って行なわれた。」

ドイツ軍の右翼による攻撃の開始は、その成功が最も望まれていたところでは、期待したほどの結果をあげえなかった。かえって妨害がもっと大きいだろうと思われていたところの二次的な地域で、期待を上廻ったけれども。アミアンと海との間の北の端では、攻撃はクルーゲの第四軍によって行われた。一方、もともとこの線の右の端にいた第十八軍が、後に残ってダンケルクの掃討作戦に当ったのである。クルーゲは機甲軍団一つを与えられたが、その中のロンメルの第七機甲師団が余りに早く進みすぎたために、ルーアンのそばですぐセーヌ河についてしまった。このフランス軍は壊乱状態となり、ドイツ軍の渡河を妨害するようなことをほとんどしなかったので、ほぼフランス軍に追従するような形で河を渡ってしまったのである。

けれども、決定的な打撃が計画されていたのはここではなかった。というのは、これほど広い河幅の、つまり守り易いところで、こんなに楽に渡河できるとは考えていなかったからだ。ボック軍集団による攻撃の重点は、ライヘナウの第六軍に任されていて、そこはアミアンの東の地区で、もっと決定的な結果が期待されたところだったのである。

ここでのできごとは、ライヘナウの作戦主任参謀であったベクトルシャイムが話してくれた。「フォン・クライスト将軍の機甲集団は、この攻撃のために第六軍の隷下に入ってきたが、その内容は最初の攻撃の時とは違っていた。というのは、グーデリアンが〝A〟軍集団に編

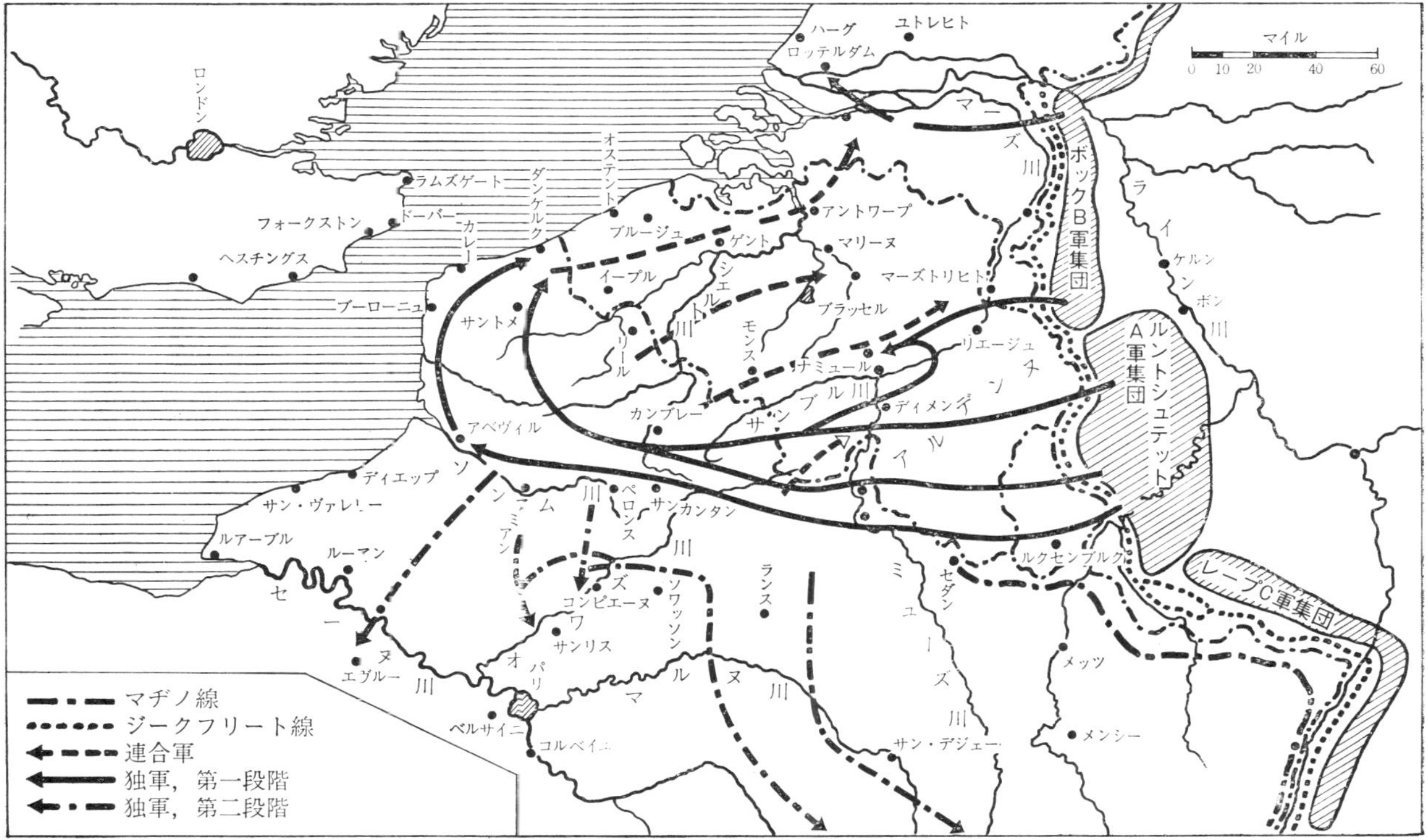

ロンドン
ラムズゲート
フォークストン
ドーバー
ヘスチングス
ブーローニュ
カレー
ダンケルク
オステンド
ブルージュ
ゲント
アントワープ
マリーヌ
ハーグ
ロッテルダム
ユトレヒト
マーズ川
ボックB軍集団
ライン川
ケルン
ボン
マイル
0 10 20 40 60
イープル
サントメ
リール
シェルト川
モンス
ブラッセル
マーズトリヒト
リエージュ
ナミュール
サンブル川
ディメンヅ
アルデンヌ
ルントシュテットA軍集団
カンブレー
アベヴィル
ソンム川
ディエップ
サン・ヴァレリー
ルアーブル
ルーマン
セーヌ川
エヴルー
ペロンヌ
サンカンタン
アミアン
コンピエーヌ
ソワッソン
サンリス
パリ
オワズ川
ランス
マルヌ川
ベルサイユ
コルベイユ
サン・デジェー
ミューズ川
セダン
ルクセンブルク
メッツ
メンシー
レーブC軍集団
マヂノ線
ジークフリート線
連合軍
独軍，第一段階
独軍，第二段階

入されてシャンパーニュに移り、それの代りにヘプナーの第十六機甲軍団が入ったからである。我々は、ここでハサミ状の攻撃をかけて行った。ヴィーテルシャイムの第十四機甲軍団は、我々がアミアンのところでソンム河の向うに作った橋頭堡から攻撃し、他方ヘプナーはペロンヌの橋頭堡から攻撃した。そしてこの両軍は、サン・ジュスタン＝ショーセーの向うでオワズ川の岸で出合う計画であった。それから先、パリーの西へ出るか東へ出るかは、改めて決めるということになっていた。

この計画をたてる時、右のやり方については多少の議論があった。私としては、この二つの機甲集団を一つの力として集中させたかったが、結局、ライヘナウ将軍の裁定で右の通りに決めたのである。もし一本にまとめていたら、進撃はもっと早かったろうと思う。

「攻撃が開始されてみると、最初の三日か四日の間、そのいわゆる〝ウェイガン線〟のところで猛烈な反撃に出くわした。そのため、予期に反して決定的な突破作戦は我々の地区ではやれなくなり、ソワッソンの東のエーヌ河の線でやることになった。そこで国防軍総司令部は、フォン・クライストの機甲集団を我々から引き抜いて、これをその突破を拡大利用するために東へ移すことを決めた。当然我々は失望した。それは結局、ベルギーで起ったことのくり返しであったからである。」

クライストの話は続く。「ヴィーテルシャイムの軍隊は、実際にポンサントマグザンスのところで、オワズ川の向う岸に橋頭堡を作ったが、一方ヘプナーの方は、ノワイヨンの西で激戦をやったために遅れてしまった。そのころまでに、突破作戦はシャンパーニュのところで成功していた。そこでの攻撃は九日になるまではじまらなかったけれども、エーヌ川は敏速に強行渡河を完了して、グーデリアンの機甲集団は、第十二軍がレームの東で開けた割れ目から突っ込んで行った。第九軍と第二軍ともまたレームの西を突破した。その時私は今の戦闘から離脱して、軍を後ろへ廻して、この突破を利用するように行動せよという命令を受けた。我々はコンピエーヌの北のところで戦線を大きく迂回して、ソワッソンのところでエーヌ河を渡り、次でシャトーチエリーでマルヌ河を渡り、それからトロワの方へ進んで行った。もうその時までにフランス軍は壊滅状態になっていたから、そこで我々はヂジョンをすぎて、何の抵抗もなく、ローヌ河の渓谷をリョンまで下った。もう一つ別の大きな切りかえが、この進撃が終るまでに行われた。ヴィートルシャイムの軍団が呼び戻されて南西へ廻り、ボルドーの方へ進んで、それからビアリッツを越えて、スペインとの国境地帯まで行ったのである。」

エーヌ川突破の過程で起ったことについての、ブルメントリットの話。「この攻撃中に、大きな戦略的決定が一つだけあった。グーデリアンの機甲集団がフランスの前線を突破して、マルヌ河上流のサン・ディジェとショーモンの間の地域に出た時に、三つあるコースのうちどれを取るかという問題が起った。東へ転じてラングル高地を越えてスイスの国境に出て、そこでアルザスに居残っているフランス軍を切断するか。あるいはその台地を越えてディジョンからリョンの方に向って南東に進み、やがて地中海に出てアルプスを越えてイタリヤ軍を助けるか。それともボルドーへ向って南西方面にうって出て、パリ地区からロワール河と、さらにそれを越えて退却しつつあるフランス軍を切断するか。三つの短い信号無電によって、取るべき方針がこの目的のためにあらかじめ用意せられていた。

結局、グーデリアンは第一のコースをとるように命ぜられ、一方クライストの機甲集団はエーヌ河のそばの切れ目を通過した後、その右翼を走って、第二と第三のコースの双方をやる。というのは、この頃までにフランス軍はもうばらばらの断片になっていたから、ドイツ軍の方は安心してその兵力を分けることができたのである。

六月十四日にフォン・レーブの〝C〟軍集団が戦闘に加わって、あの有名なマヂノ線という障壁を攻めだした時には、すでにグーデリアンの方は、そのマヂノ線の後ろを廻って進撃していた。ドイツ軍は、そのマヂノ線が背後を断たれて孤立してしまうようになるまで、これに直接攻撃を加えなかったのは意味深長なことである。そしてその時でさえも、その攻撃は、いわばさぐりを入れるというような性質のものであった。その大きな一つは、第一軍所属のハインリッキの第十二軍団によって、ザールブルッケンの南、プットリンゲン附近の狭い地域で行われた襲撃であり、もう一つの方はそこから百マイルばかり南の方の第七軍の戦線で、ライン河をコルマールの附近で渡ったところで行われた。

ハインリッキは私に向って、マヂノ線を十二時間で突破したと話した。けれどもさらに議論をしているうちに、この突破は、防備がすでに弱体化して、フランス軍が退却しはじめた後になって漸く行われたものであることを認めた。「十四日に私の軍は、激戦の後に二ヵ所を突破した。十五日にも攻撃を続けるように命じられていたが、夜中になってフランス軍の通信を傍受したところ、マヂノ線の守備隊は退却せよという命令を受けていることが分った。そこで我々の翌日の作戦は、襲撃というよりも結局追撃になってしまったのである。」

その間に、すでにドイツ軍の攻撃が開始されていたもう一方の側面で起ったことは、ベクトルシャイムによって語られている。――つまりクライストの機甲軍団の一つが引き抜かれ、そうしてエーヌ川の方へ廻される前に、ポンサントマグザンスのところでオワズ川の向うに橋頭堡を作ったところまでの話の続きになるが――。「我々歩兵部隊が戦車を引き抜かれ、それからオワズ川を越えて進撃した時、フランス軍がパリ防衛のためにサンリス附近に構築した防衛線のところで、一つの厄介な障害に出あった。ライヘナウ将軍は、この障害を排除してゆく最善の方法について悩んでいたが、一応、東の側面を迂回することに決めたのである。けれども、結局フランス軍の撤退が我々を救った。敵がパリを捨てた時、我々の右翼の軍団は丁度北から、首府をめざして南下してきた第十八軍の管下に入り、一方、我々の方はそのままずっと南下を続けた。コルベイユとモントローとでセーヌ河を渡ってから、我々はロワール河に向って進撃した。シュリとジヤンのところで橋が爆破されていたが、オルレアンのところでは、奇襲によって橋をそのまま奪取した。マルヌ河からシェル川までの進撃は、すべて本質的には追撃戦であり、そしてそれはシェル川で終った。戦闘というものは大してなかった。」

この攻撃の全過程を要約して、ブルメントリット曰く、「フランス軍が頑強に防御していたエーヌ川を渡る時だけ激戦があった。ここでは歩兵部隊が進路を啓開するまで、機甲師団は進めなかった。さらにまた、完全に突破するまで川の向うで頑強な抵抗を受けた。けれどもそれから後は、戦闘は次第次第に緩漫となり、機甲師団は止ることなく、あるいはその曝露している側面を妨害されることもなしに進撃を続けて、南フランスになだれ込んだ。その後を歩兵部隊が一日平均四〇キロから五〇キロのスピードで快進撃を続け、戦車が駆逐した後にとり残されて頑ばっている、フランス軍の残存部隊の破片を掃討しながら進んで行った。主要道路の多くで、フランス軍の縦列が何の抵抗もしないで逃げて行くのをやりすごしながら、我々もまた同じ方向に南下して行ったのである。

「この段階で、空軍は味方の機甲部隊と緊密な連絡をとって〝街道戦術〟というか、新らしい型の戦術を以って臨んだ。たとえば、ある防守された場所へくると、まず爆撃隊が攻撃のために呼びよせられ、それから師団の先遣部隊がそこを取る。その間に師団の大部隊は、道路を離れずに縦隊のままで、（ほとんど百マイルにわたって）道路が啓開されるのを待っている。これが可能であったのは、ただ我々が制空権を握っていたことと、敵の対戦車防御が弱かったこと、地雷がまだほとんど使われていなかったこと等のためであった。

「一九四〇年の戦争では、フランス軍は勇敢に戦ったが、しかし彼らはもはや一九一四年当時のベルダン、あるいはソンムの戦闘の時のそれではなかった。英軍の方は前大戦同様遙かに頑強に戦った。ベルギー軍の一部は勇敢に戦い、オランダ軍もそうであったが、これは数日しか続かなかった。我々はフランス軍に比べて、空において優っていたし、同時にもっと近代的な戦車を持っていた。特にドイツの戦車部隊は、運動性能、戦闘能力においてすぐれており、また指揮官の注文通りに、運動中にどちらへでも方向を変えることができた。これはその当時のフランス軍にはできないことであった。彼らは依然、第一次大戦通りのやり方で戦っていた。その指揮においても、またその無電による統率のしかたにおいても、時代遅れであった。たとえば彼らが運動中に方向を変えようと思うと、まず第一に止って、次に新らしい命令を出さねばならない。そこではじめて再び動き出すのである。その戦車戦術は完全に時代遅れであったが――しかし彼らは勇敢であった。」

この権威あるドイツの評価は、フランス軍に対する、世の軽率な評価を匡すものと言わねばならない。この前後、仏軍の間に急速に広がりつつあった士気の低下によって、最後の崩壊が早められていた時だったのだから。

この第二段階目の攻撃の結果がどう出るかということは、これはもう既定の事実であったろう。敗戦は最初から必至であった。多少それを遅らせることができるかどうかというぐらいのことだった。

それから兵力の大きさと、それによって守るべき空間という基本的な問題について――この場合、その空間というのはソンム河からスイスの国境までということになるが――ウェイガンは、いわば解答不能な問題を抱えていたことになる。量の問題だけでもどうにもならぬところを、さらに戦術的な質の問題が加わって、ほとんど不可能になってしまった。不思議なことに、英国政府も、あるいはフランス政府の一部でさえも、ダンケルクの敗退以後もなお希望を持ち続けていたらしいことである。それに対してウェーガンだのペタンだのという軍人の方は、ソンム＝エーヌ川の線が崩壊しはじめると同時に、もう望みを捨ててしまったのだから一層以って驚くべきことだ。けれども、この西部戦全体について一番奇妙に思われることは、こうやって連合軍の左翼をベルギーへ閉じ込めて切断しておいて、しかも、なおかつ全フランス軍が崩壊すると思わなかったとは――これはもうほとんど数理的にも自明のことではないかと思われるのに――ドイツの将軍達も、それは考えなかったらしいことである。その崩壊が来た時に、彼らはそうなることが理解できてなかったということがすぐ明らかとなった。つまり、それに追随して行く用意ができていなかったのである。

〃あしか作戦〃の棚上げ

フランスが壊滅した後、ドイツ軍の方では、戦争はもう終ったということと、勝利の果実はゆっくり楽しむことができるという気持とで、くつろいでいた。ブルメントリットの次の話は、その頃兵隊の間に広がっていた気持を生き生きと伝えている。「フランスとの休戦の直後に総司令部から命令が来て、パリで戦勝パレードをやるから、その委員会を作れ、それから、それに参加する部隊を編成して派遣しろと言ってきた。我々はこのパレードの仕事で二週間つぶした。みんなすぐ平和になると思っていたから、意気は上っていた。動員の解除がすでにはじまっていたし、我々は本国へ送還される師団のリストも受け取っていた。」

けれども数週間後になると、勝利のムードは沈下しはじめ、イギリスがちっとも和平を求めてきそうにないところから、不安の気持が広がって行った。希望的な噂がこのうつろな心を充した。「スウェーデンを通じて和平交渉の話がある、それからアルバ公を通じて……」とか。けれどもはっきりしたことは何もなかった。

ヒトラーが対英侵入を考えているという最初の徴候は七月二日にやってきた。この問題を研究するように三軍の首脳部に下命して、それぞれから情報を求めた。けれども彼は「計画はまだ子供である」ということを強調してその話を終り、同時にそれにつけ加えて、「これまでのところは、起りうる可能性に対する準備の問題だけである」と言った。次の段階になるまでに二週間たった。フランスが崩壊してからほぼ一ヵ月たった七月の十六日になってヒトラーは口頭で命令を出した。「イギリスはもはや軍事的には絶望状態であるにも拘らず、一向に和平を求めてきそうな様子がない。そこで自分は英本土上陸作戦を準備して、もし必要とあれば敢行することに決めた。全作戦に対する準備は八月中旬までに完了しなければならない。」けれどもこの命令は極めて疑わしい、あやふやな感じであった。

ヒトラーが英国侵入に対して気乗りがしなかったということは、彼が七月十一日に海軍総司令官のレーダー提督と話しをした時に、はっきり出ていた。この時の会話の内容の記録は、戦後押収された文書録の中にある。まず議事は英本土上陸作戦のことではなくて、ノルウェーのその後の状勢の検討からはじまって、これが長い話になった。――ヒトラーはこちらの方にもっと興味を感じていた。彼はトロントハイムのそばのフィヨルドへ〝きれいなドイツの街〟を作りたいと話し、その計画を作って出せと言った。対英上陸作戦の話はそれから後ではじまった。レーダーは「上陸作戦はイギリスに和平を乞わせる最後の手段としてやるべきだ」と言った。彼はその実行には多くの困難があり、さらに輸送の準備には長い期間が要ること、同時に制空権も収めておかねばならぬというような点について長い説明をした。レーダーの話が終ると、ヒトラーが自分の意見を述べたが、それは記録によると、次のように要約されている。「総統もまた、上陸作戦は最後の手段であると考えている。そして制空権を取ることが不可欠であると考える。」と。

作戦命令は十六日に出たけれども、実はその三日後、ヒトラーが議会で行なった対仏戦の勝利についての演説の中で、イギリスに向って和平提案をしたことから観て、それも実は一種の仮案であったということが明らかである。彼は非常に穏かな調子を打ち出して、戦争が悲惨な結果に陥ることを歎き、さらにこれが両国に対して大きな犠牲をもたらすことを力説した。あの皮肉なイタリヤ外相チアノでさえも、この演説には打たれて、自分の日記に次のように書いた。「彼の平和に対する希望は真剣である。実際その日の夜遅くなって、それに対するイギリスからの最初の冷たい反応が来た時、ドイツ人の間に失望の色が広がったことは隠せなかった。彼らはヒトラーのこの提案が拒絶されないことを願っていたのである。」

翌朝チアノはヒトラーを訪ねた。そして、日記に次のように書いている。「昨日の自分の印象は正しかった。彼はイギリスとは了解をとりつけたいのだ。イギリスとの戦争は困難で犠牲の多いものになることを知っている。また、現在、どこの国でも人は流血を嫌っているということも知っている。」けれどもローマへ帰ったチアノは、ムッソリーニがヒトラーの演説を聞いて驚いているのを発見した。イギリスはこの提案を受け入れて、和平を考えるのではあるまいかと言うのだ。「そんなことになったら、ムッソリーニとしてはおしまいだ。というのは、今のムッソリーニはひとしお戦争を欲しているから。」

二十一日、ヒトラーは軍上層部と話をした。彼の話の切り出しは、イギリスがどうして、こう、どこまでも戦争を続けたがっているのか、その訳が分らないと言うのである。たぶんアメリカかロシヤが介入してくれるのをあてにしているのだろう。しかしそんなことはありそうにない。なるほど、ロシヤの介入は「ドイツにとっては不快であり、特に空からの脅威という点」から見て、そうだけれども。それから彼は英本土上陸戦の問題に移り、「これは仲々骨の折れる仕事だろう。たとえ距離は短かくても、川を渡るようなわけにはいかない。制海権を握られているところの、その海を渡るのだから。また、奇襲ということも望めない。充分に防備を固めた上に、はっきり覚悟を決めている敵が我々の方を向いているのだから。」彼はまた、上陸してから後の補充・補給の困難なことも強調した。はじめる前に「空を完全に押える」ことが絶対必要である。そしてこの作戦はその空からの援助が続かねばならず、それはまた天候にかかってくる。――九月の中旬というのはいつも悪いのだ。大きな作戦は十五日までに終えねばならぬ。結局、全般の見通しについて彼は次のように言明した。「九月のはじめまでに準備が完了しなかったならば、他の計画を考えねばならぬ。」と。しかしその全体の調子は疑問的であった。そして最後の調子から見ると、彼の気持が他の方へ移りかけているような感じを受けた。

それと同じ時期の、イギリス側のある人物による情勢分析を見てみると面白い。イギリス海軍の方では、英仏海峡で、そう急に活潑な妨害活動ができそうにはないと思っていた。つまりドイツの提督達がイギリスの海軍をおそれているのと同じように、イギリスの海将達はドイツの空軍のことを気にしていたのである。けれども、ヒトラーがあの指令を出した同じ日に、私はある権威筋から、イギリスの戦闘機戦力というのは、あのダンケルク撤退戦の援護のために大分出血したけれども、今はもう回復している。――五十七個の戦闘中隊は、予備も含めて一千機以上になっているということを聞いた。

ダンケルク以後の六週間というもの、イギリスの地上部隊はすっかり衰弱してしまって、もうドイツの数個師団が上陸しただけで、たちまちはねとばされてしまうくらいに細っていた。また、フランスから戻ってきた地上部隊を補強・整備する仕事は遅々として進まなかったが、右に述べたように、その戦闘機部隊が強化されたことによって、イギリス侵略の危険に対処する第一の保障は、どうやらとりつけられたと思われており、従ってその成功の可能性は一応は減ったと考えられていた。ただ、もしこの時、だれかが人目につかない傍観者として、ヒトラーの会議に列席し、そうして「丘の向う側」を一瞥することができたとしたら定めし面白かったろう。あるいはまたドイツ情報部の秘密情報でも一瞥できたら、これまた面白かったろう。彼らはイギリスの地上兵力さえも、途方もなく過大評価していたのである。ヒトラーとその将軍達がこの問題を研究すればするほど、増々懐疑的になっていったのも驚くに足りない。

ただ、ゲーリンクに率いられた空の将軍達だけが、その自らの役割に対して確信を抱いていた。――英国空軍を制圧することと、英国海軍の妨害を排除することの二つである。この英本土上陸作戦という計画がともかくも消えずに続いていったのは、彼ら空の方の確信の故のみであったかもしれない。

ドイツの陸将と海将達は、ゲーリンクの約束なんぞには全然信を措いていなかったが、ただこの両者の間でも考え方は違っていた。上陸部隊の四〇個師団というのは、まず最初に決まったけれども、海軍の方でとてもそれほどは運べないと言い出して、その数を十三に減らさなければならなくなった。残りは情況に応じて、それから後で三波に分けて送るというのである。ドイツ機甲部隊の脅威というのは、当時イギリスで考えていたほどは強くはなかったのかもしれない。というのは、上陸部隊の中には戦車は余り入っておらず、大部分は後に残して待機させてあったからだ。陸軍当局の方は、対英上陸はできる限り広い幅でやるべきだ。――少くともラムズゲイトからリム湾ぐらいまでの間へ――それはイギリスの予備軍の目標を迷わせ、拡散させるために必要であると主張したのに対して、海軍の方はとてもそんなに広い幅では援護できない、イーストボーンから西は守れない。もっと狭い上陸地点と一つのコースに絞ってくれと主張した。議論は白熱して二、三週間続いた。ハルダーは「海軍の案は陸軍にとっては自殺行為に等しい」と宣言し、「それはあたかも陸軍をソーセージ製造機の中へ送りこむようなものだ。」それに対して海軍の軍令本部は、それは海軍だって同じこと、そんなに広い区域でこの海峡を渡ろうなどというのは、海軍にとっても同じく自殺行為であるとやり返した。

結局議論はヒトラーの調停で妥協の形で終ったが、これは、いづれをも満足させないものであった。もうその頃には八月もすでに半ばになっており、準備の完了は九月中頃まで伸されていた。ゲーリンクがその空からの手はじめの攻撃を十三日にはじめていたから、果してドイツの空軍が英国空軍を制圧することができるかどうか、もしそれに失敗すれば、この計画はおしまいになる。陸軍と海軍とはそれを見ながら待機していた。

この上陸作戦のことについてルントシュテットと話した時に、私はこの計画をドイツが最終的にとりやめた時期と理由とを彼に尋ねた。彼の答えは「そもそもこの侵入作戦の最初の準備が行われたのが、フランス降伏の直後だったのだから、いつこのプランができたのか正確な日どりは分らない。結局、船舶の調達と、それに戦車を搭載するように改装すること、および兵を乗船させたり、おろして上陸させたりする訓練をしなければならないから、それに要する時間で忙殺されていたのである。上陸は、もしできるなら八月中、遅くとも九月にはやるつもりであった。これをとりやめた理由はさまざまであって、この作戦のためには、海軍がどうしても海峡だけでなく北海全域を制圧していなければならないが、とてもそれほどの力はないこと、また、空軍だけでは、これも海峡横断を保護するほどの力はない。かりに先遣部隊は上陸しても、後が続かずに補充、補給を断たれるおそれがあったのである。」私はルントシュテットに向って、その上陸軍に対する補給は、一時、空からでもやれたのではないか――丁度さらに大きな規模で、一九四一年の冬、ロシヤでやったように――と尋ねたが、彼は、ドイツの空からの補給態勢というものは、まだ一九四〇年にはこれを考慮するほど完成してはいなかったと答えた。

ルントシュテットは、さらにこの計画の軍事的側面についての輪郭を説明した。「この仕事は私の軍集団に割当てられることになったために、侵入軍の総指揮官は私ということになっていた。フォン・ブッシュ将軍の第十六軍が右、そしてシュトラウス将軍の第九軍が左であった。出港はオランダからルアーブルまでの港を使う。第十六軍はアントワープからブーローニュまでの港を使い、第九軍はソンム河からセーヌ河までの港を使う。そしてテームズ河から北へは上陸しない。」ルントシュテットはドーバーからポーツマスに至るその上陸予定地を、地図について私に示した。「そこからさらに前進して、ロンドンの南の扇状区域に、もっと大きな橋頭堡を作るつもりであった。それはロンドン郊外のテームズ河の南岸から南西へのびて、サザンプトン水域に達する予定になっていた。」さらに尋ねると彼は答えて、最初の計画では、ボックの軍集団から抽出されたライヘナウの第六軍の一部が、ウァイト島の西海岸のウェイマス港の両側に上ってデヴォン＝コーンウォール半島を切断し、そこからブリストルの方へ北進するという予定であった。けれどもそれは、後日それが可能になれば、という条件で取りやめたと説明した。

さらに話を続けるうちに、彼はこの上陸作戦が成功するという自信は余りなく、むしろなぜナポレオンが失敗したかということをしきりに考えていたと述べた。この意味において、ドイツの将軍達はいつも過去の悪夢に悩まされていたらしい——翌年の秋、ロシヤで再びそれに襲われたわけなのだが。

ブラウヒッチュの方は、ルントシュテットよりも、もっと楽観的なようであった。これは当時そばにいたジーヴェルト将軍の話から私の受けた印象である。ブラウヒッチュがこの作戦の可能性についてどう考えていたかということを私がジーヴェルトに聞いた時、彼は答えて、「もし気象条件が良く、また準備に充分な時間があり、さらに英軍がダンケルクで大きな損害を受けたことを考えるならば、ブラウヒッチュ元帥はこれを可能であると考えていた。」けれども私の想像では、これは希望的な気持から来たものが多かったろうと思う。というのは、チャーチルがああやって絶対に和平を受けつけようとしないのだから、これより他に戦争を終える方法がない。「我々としてはできるだけ早く戦争を終りたかった。それがためには、どうしても海を渡らざるを得なくなってしまったのだ。」そこで私は、「それならば、どうしてその計画をとりやめたのか」と聞いたら、「準備は実はいろいろやっておったが、結局、天候の見通しが悪かった。

この作戦は九月にやるつもりであったが、結局、ヒトラーが実行不可能と見て、その準備もやめてしまったのである。海軍ははじめから気乗りでなく、とてもこれを援護するほどの力はなかった。他方、空軍もまた、イギリスの海軍を抑えておくほど強力ではなかったのである。」

海軍の態度についての軍人達のこういう意見は、フォス、ブリンクマン、ブロイニング、エンゲル等何人かの海将達の意見によっても裏づけられている。「たとえどれほどの短期間であっても、イギリスの海軍を抑えておけるような用意はこちらにはなかった。その上、ライン川、エルベ川、オランダの運河のあちこちから、舟艇を集めてくるなどということは、とてもできることではない」というのが海軍共通の見解であった。また話しているうちに、これらの海将達の中には、この舟艇は、実際に使うために集めたものとは思っておらず、本当に英本土上陸をやるつもりかしらと疑っていたものがあった。いわば一種の芝居であった。結局、上級関係者の大部分のものはその本心を偽って、その気持よりももっと本当らしく見せようと振舞っていたのだ。その後になって我々がイギリスの事情を聞いたところからすると、もしドイツの情報機関がもっと良かったならば、戦争は一九四〇年の七月に終っていたはずだ。けれども海軍の上層部の中の多くのものは、一九三九年九月三日（つまりドイツ軍のポーランド侵入の時――訳註）に、もうこれでおしまいだと思ったのである。」つまりイギリスが戦争に突入したまさにその日のことである。

この侵入計画において、ドイツの空輸部隊が果すはずになっていた役割りについては、シュツーデント将軍が詳しい話をしてくれた。その上、自分はそれをどういうふうに使いたかったということについての面白い話と共に。当時シュツーデント自身は、ロッテルダムでの頭部負傷の治療のために入院しており、空輸部隊の指揮はプッチェール将軍がとっていた。「グライダー三百を持った二個師団の軍が展開していた。一台ごとに操縦士一人と他に九名を塔載する。そこで全部で三千名になる。（註、ここで二個師団と言っているのは、パラシュート師団と第二十二空挺師団でこれが第十一空挺軍団を構成していた）空輸部隊の目的は、フォークストンのそばで、幅二〇マイル、深さ十二マイルの橋頭堡を作ることであった。降下地点は、あらかじめ、空中観測で、綿密に確かめておいた。対空挺障害物を急に整備したらしく――格好の降下原野は急に上向きの杭でいっぱいになり、

――また地雷も敷設されたらしい様子であった。そこで八月末にプッチェールは、空挺部隊の使用はもはや不可能であると報告した。

「もし私がずっとその場にいたならば、英軍がまだダンケルクから撤退しつつある時に、その引揚げ用の諸港を急襲するために空挺部隊を使うことを主張したろう。あの引揚げ部隊の大部分は、重装備は全部捨ててダンケルクから逃げているということが知られていたから。

「この侵入計画は結局実現しなかったけれども、私の考えていた空挺部隊の使い方は、この計画とは非常に大きく違っていた。私だったら、予定の橋頭堡よりもずっと奥地の飛行場を取るために自分の部隊を使ったであろう。そうしてひとたびそれらを取ったら、次には戦車、重火器等を伴わない歩兵師団を空輸して――これの一部は逆に背面から海岸に向ってイギリス軍の後ろを攻める。そうして一部はロンドンへ向ける。私の計算では、歩兵の一個師団は一日半で空輸できる。そしてこの位の割合での増強ならば、連続維持することができるという計算であった。」このシュツーデントの計画は私には楽観的すぎると思われた。このやり方で運べる兵力は余りにも少く、それを増強するのに要する時間は大きいのだから。

シュツーデントはさらに強調して曰く、「けれども時期的に見て一番良かったのはあのダンケルクの直後――つまりあなたがたの方の防備が固まらない前であったろう。我々は後になって、当時のイギリス人が、パラシュート部隊恐怖症にかかっているということを聞いたのである。我々はこれを面白がったが、しかし逆に、これは正しく指導するならば、最上の防衛思想であったと思う。

この空挺作戦を結局とりやめることに決めた時の態度は、真に何かを予兆するようであった。準備は続いていたが、それが完了に近づけば近づくほど、上陸作戦を実施しようという気持は薄らいで行った。肝心の航空作戦の成果も大してかんばしいものでなく、そうなると前から疑問を感じていた陸海軍の連中が一層強くなってきて、とてもゲーリングの計画が、その本人が思っていたほど早くラチがあきそうにはないと思うようになった。このいわゆる〝英国戦争〟なるものが、その防者であるところのイギリス側にどれほど大きな重圧感を与えていたかということは、正しく評価されなかったのである。同時にドイツの諜報機関は、イギリスの地上の防備が着々整備強化されているということをかなり誇張しながら強調していた。――これはどうやら、幾分意識的であったと思われるフシがある――。ヒトラー自身がそのむつかしさを強調する傾向があっただけでなくて、万一失敗した時の悪影響を強調しだした。〃待つ、然して見る〃。静観というスローガンが、予定の期日が近づくにつれて声高く響きはじめた。ヒトラーはその明確な日どりを確定するという一番大事な決定を先へ先へと延ばして行って、結局、九月の十七日になって〃あしか作戦は無期延期〃と決定した。

その間の彼の会議の議事録をずっと一貫して眺めて見ると、この作戦に対する彼の疑問だけでなく、もっと深い嫌厭の情とでもいうべきものがあって、それらを見ると、ブルメントリットが私に話してくれたことを裏づけている。「確かにあしか作戦は下命され準備もされたが、事態は進捗しなかった。ヒトラーは――ふだんと違って――この問題で頭を悩ましているような様子は全然なく、またその担当の連中も一向に気乗りのなさそうな調子でやっていた。それは、全くただの図上演習のような状態であった。ルントシュテット元帥も本気で考えなかったし、これに時間をさこうとはしなかった。彼の参謀長であったフォン・ゾーデンシュテルン将軍は、屢々賜暇をとって出て行った。八月も中旬以後になると、だれもその作戦の実施のことなど考えなくなった。そして九月の中ごろからあとになると、すでにその輸送資材は――それは全く不足だったのだが――ひそかに散らしはじめていたのである。九月末までには、この計画はもう本気になって考えられてはいないことが明らかとなり、結局完全に捨てられた。我々の間では、これはもう高飛車なこけ脅かしだということで、むしろイギリスとの間に了解がついたというニュースがくるのを今か今かと待っていた。」

結局これらの話からすると、将軍達がこの上陸作戦に全然乗り気でなかったことは明らかで、同時に海軍の提督達は一層これに不賛成であった。彼らはイギリスの海軍がどう出てくるかということについて、最も暗い見方をしていた。結局、この計画に熱心だったのは、ゲーリンクをはじめとする空軍だけであったのだ。彼らはイギリスの空軍力をためしてみることが許されたのだが、これを空から追っ払うことができないことが分るや否や、陸と海とがその反対論を一層強く押し出すようになり、そこでヒトラーは不思議なくらいあっさりと、その反対を延期の理由に使ったのである。それは永遠の延期になった。彼の気持は、その時すでに東を向いていたからだ。

第十二章　地中海での災厄

北阿作戦および地中海作戦全般に関して、今まで分らなかった多くのことが、ドイツの将軍達と話しをしてはじめて分ってきたが、その主要な点のいくつかをここに揚げてみると——

イギリスが最も弱っていた時にエジプトとスエズ運河が救われたのは、ドイツに対するイタリヤの嫉妬からであり、かたがた中東地区のこれらの要点を抑える機会が来ているということについての、ヒトラーの無関心からであった。

キプロスが救われたのは、ドイツがクレタ島を取る時に、イギリスがそれに支払わせた代償が余りにも大きかったからである。

ジブラルタルは、フランコがドイツの国内通過をいやがったために助かった。

マルタ島は、ヒトラーがイタリヤ海軍を信用しなかったことによって救われた。

これらすべては一九四一年の間中、イギリスの運勢がドン底にまで落ち切っていた時に起ったのである。一九四二年になると再び流れが変りはじめて、ロシヤはヒトラーの猛攻を食い止めており、アメリカは日本の攻撃を受けて参戦し、またイギリス自体の力も増してきた。けれども道のりはまだ遠い。ヒトラーの助けがなかったならば（！）それは一層長くなっていたろう。

北アフリカでの戦争を決定づける勝利を、エル・アラメインでイギリスに得させるような機会を提供したのはヒトラーであった。というのは、そこの将軍達がモントゴメリーの攻撃をかわしてうまく撤退しようとするのをどうしても許さず、ために壊滅的な敗北を蒙らしめたのは彼だったからだ。

私はこれらの内輪話をいろいろな将軍達から聞いたが、特に、あの有名な戦車隊の指揮官で、エル・アラメインで捕虜になったフォン・トーマ将軍からこれを聞き、それからドイツ空挺部隊の総司会官であったシュツーデント将軍からも聞くことができた。

トーマは、ドイツが何故地中海へ出て行ったかという話をした。「私は一九四〇年の十月に北アフリカへやられたが、それはイギリス軍をエジプトから追い出そうとしているイタリヤ軍を助けるために、そこへドイツ軍を送る必要があるかどうかを報告するためであった。グラチアニ将軍に会って、情勢を検討した後、私は自分の報告を送った。私が強調したことは、補給の問題が鍵になる――場所が砂漠という困難があるだけでなく、イギリスの海軍が地中海を抑えているのだ。だから私はイタリヤであろうとドイツであろうと、大きな兵力を維持することは不可能だろうと言ったのである。

「私の結論は、もし軍隊を送るならそれは機甲部隊にするべきだというのであった。四個師団もあれば充分だろう。――そして私の見るところ、これが最大限である。砂漠を越えて、ナイル河の峡谷までの進出を充分補給し続けるのには。同時にそこのイタリヤ軍は、ドイツ軍にとりかえねばならぬ。大軍の補給ができないとなれば、侵入軍の一人一人がよりぬきの精鋭部隊であることが絶対に必要だから。

「けれども、バドリオとグラチアニとはこの取りかえに反対した。実際その時は、彼らはそもそもドイツ軍をそこへ送ること自体に反対だったのだ。彼らはエジプト征服の栄誉を自分だけで独占したかった。そしてムッソリーニがその反対の支持をした。もっともムッソリーニは彼らと違って、ドイツ軍の多少の助力は求めたが、優勢なドイツ軍がそこへ来ることは望まなかった。」

トーマがアフリカへ行ったのは、ウェーベル将軍指揮の下で、オコンナーの見事な反撃によって、エジプトへ侵入しようとするグラチアニの企図が粉砕される二ヵ月前であったということを考えたなら、トーマのこの打明け話の重要性が分ると思う。小さくて、しかも装備も良くないイギリス軍が、数は多いが装備の方はさらに悪いイタリヤ軍を粉砕することができたのである。けれども、もしドイツの機甲部隊がここへ登場してきたら、イギリスの方の見通しは大変暗くなるであろうと思われた。

確かにトーマのいう通り、精鋭な四個師団の機甲部隊の力を以ってすれば、その冬の間にいつでもエジプトまでなだれ込むことができたであろう。というのは、当時のオコンナーの兵力は僅かに機甲一個師団と、それから一歩兵師団の二つであって、共に装備は不充分であった

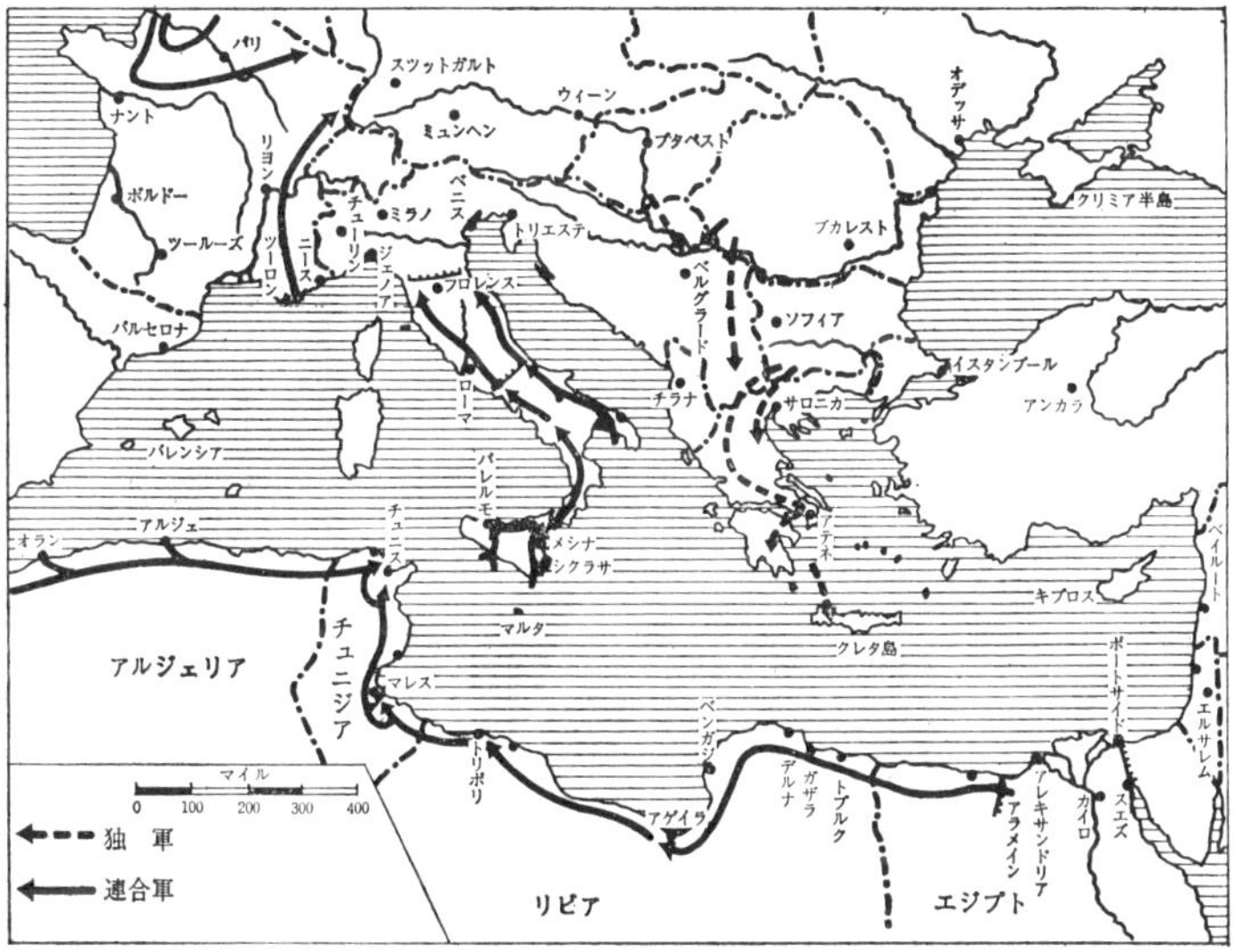

からである。
ところでここでもう一つの注目すべき打ち明け話がある。ムッソリーニが一人で敗北の道へ突っ走ったのは——その一部の理由は、実はヒトラーがイギリス軍をエジプトから追い出すということに、大して熱意をもやさなかったからなのだ。これこそまさにこの当時イギリスが案じていたのとまるっきり逆の態度であった。もっとも、これまたヒトラーの英本土侵入という、これと同じように驚くべき態度に匹敵しうるものではあるが。いづれにしてもトーマはこのヒトラーの無関心に驚いた。けれども彼は、ヒトラーのその気持のよって来る理由を推測するような人ではなかったのである。

「私が報告書を提出すると、ヒトラーはそれに対して機甲師団一個以上は送れないと言った。そこで私は、それならばもう軍隊は一切送らぬ方が良いと言ったものだから、彼は怒った。ヒトラーに言わせれば、アフリカへ兵隊を送る理由は政治的なものだ。ドイツが固めてやらないと、ムッソリーニは裏切るおそれがある。それでできるだけ少ない兵力を送ろうとするのであった。」（ここで注意すべきことは、ヒトラーはすでに英国侵入の計画を放棄して、ロシヤ侵入を考えていたことである）

トーマは続けて、「ヒトラーはドイツが少し助けてやれば、イタリヤ軍だけでも持ちこたえられると思っていた。彼はイタリヤ軍に対して期待を置きすぎていたのだ。私はスペインで味方として戦ったことがあったからよく知っていたが、ヒトラーの方は、そのイタリヤの司令官達と会食でもした時にその連中の話を聞いて、それから高い評価を与えたらしい。私に向ってイタリヤ兵をどう思うかと聞いたから、『私は彼らを戦場で見たのであって士官食堂で見たのではない』と言い返した。(もしトーマがヒトラーにそういう言い方をしたとしたら、その後で彼の不興を買ったのも不思議ではない)「私はヒトラーに向って、『イギリス兵一人の方が十二人のイタリヤ兵より、もっとすぐれている。イタリヤ人は労働者としてなら良いが、兵隊としては不向きである。彼らは音が嫌いだ』と言った。」

ドイツの参謀本部もまた多少に拘らずドイツ軍を送ることには反対であった。トーマによれば、ブラウヒッチュもハルダーも地中海に巻き込まれることは全然望んでいなかった。「ハルダーは私に向って、戦線をそんなに遠くまで広げることの危険性をヒトラーに強調し、辛辣な言いかたでこう言ったと語った。『一番危いことは、すべての戦にみな勝って、そして最後の一つに負けることだ。』」けれどもヒトラーは地中海に手を出すことをやめようとはしなかった。ただ余り深入りすることは躊躇していたが。そして、グラチアニが敗けた後で、態勢を挽回するためにロンメル麾下の精鋭部隊をそこに送った。これはイギリス軍がリビアを取りにくるのを阻止するのに――さらに二年以上もそれを阻止し続けるだけの――充分な力をもっていたが、ただ、そこで決定的な勝利を収めるほどは強くなかった。一九四一年の春から一九四二年の秋にかけて、戦局は一進一退であった。

その間、地中海におけるイギリスの地位は、他の場所で重大な脅威に曝されていた。幸にしてそれが成熟しなかったために、いかに致命的なものになりかねなかったかということを覆いかくしてしまっただけだ。私は当時のドイツ空挺軍の総司令官であったシュツーデント将軍から、それについての詳しい話を聞いたのである。

その最大の危険というのは、ジブラルタルに対するドイツの攻撃である。もしそれが成功すれば地中海西部は閉されてしまう。彼は一九四一年一月に、パラシュート部隊によってジブラルタルを取る計画をたてさせられたという話を私にした。けれどもシュツーデントの計算によれば、これはパラシュート部隊だけでは余りに仕事が大きすぎる。いづれにしても「スペインの中立を我々が尊重する限り、ジブラルタルは取れない」というのが彼の結論であった。

シュツーデントはそれに続けて、「私が報告を出した後でこの計画は変更され、ジブラルタルは陸続きで取るという、もっと大きな計画に改められた。八個師団をフランスからスペインに急行させる。けれどもこれもスペインが我々を通してくれるかどうかにかかっている。ヒトラーは、スペインを通るためにこの国と戦いたくはなかったのである。彼はフランコを説得しようとしたが、フランコは承知しなかった。交渉は暫く続いたが、結局、失敗に終った。かくしてジブラルタル計画は消えてしまった。」

シュツーデントは、また驚くべき話をした。ヒトラーはクレタ島を取ることに全然乗り気でなかったというのだ——つまり東地中海でイギリスにあれほど大きな打撃を与えるということに。「彼はギリシャの南まで行って、そこでバルカン作戦を終えようと思っていた。私はそれを聞いてゲーリンクのところへ飛んで行き、空挺部隊だけでクレタ島を取る計画を提案した。何ごとによらず熱中し易いたちであったゲーリンクは、たちまちこのアイデアの可能性を見抜いて私をヒトラーのところへ差し向けた。私は四月二十一日にヒトラーに会い、そこでこの計画を説明すると、ヒトラーは『計画としては全く良いが、実行可能とは思わない』と言った。しかし私は彼を最後まで説得するように努力した。

「私はこの作戦に当って、パラシュート部隊一個師団とグライダー連隊一つと、それから今まで全然空輸された経験のない第五山獄師団を使った。オランダ戦で経験のあった第二十二空挺師団は、すでに三月、総統がサボタージュを心配していたルーマニヤの油田を保護するためにプロエスティに降下していた。彼はそこを非常に心配していたので、この師団をクレタ作戦へ廻すことを肯んじなかった。」

空軍の援助としては、急降下爆撃隊とリヒトホーフェンの第八飛行軍団の戦闘機部隊の二つであった。これは、さきにベルギー、フランスの攻略戦で決定的な役割を演じた隊である。シュツーデント曰く「この隊は空挺部隊と同様に、私の指揮下に置かれるべきだということを主張したが断わられた。結局これは、バルカン作戦に参加した全空軍の総司令官であったロール将軍の統率の下にやることになった。けれども実際の計画を立てたのは全部私であった。――計画の点については私に一任されていたから。第八航空軍団は優秀だったが、それも私の直接隷下に置くことができたら一層有効だったろう。

「海上輸送をした部隊は一つもなかった。最初はそれを考えたが、そのためには、若干のギリシャの小さな船しか使えない。そこでこの小さな船に船団を組ませて、それへ第五山嶽師団の中の二個大隊と、高射砲、対戦車砲、大砲、それから若干の戦車のようなこの遠征に必要な重装備を乗せて、これをイタリヤの魚雷艇が守り、メロスに向け出発することになった。そしてそこで暫く待ってイギリス海軍の動向を見る。ところがメロスに着いてみると、英国艦隊はまだアレクサンドリヤにいるという。――実際はクレタ島の方へ来ていたのである。輸送船団はクレタ島に向ったけれども、結局途中で英国艦隊に出合ってそこで四散させられた。空軍はこの敗戦に腹を立て、〝イギリス海軍の髪の毛をうんと引き抜いて〟腹いせをした。けれども我々のクレタにおける地上戦闘は、我々があてにしていたこれらの重火器を欠いてしまったために、非常なハンディになった。

「島を取ることには成功したが、味方の被害も大きかった。島へおろした二万二〇〇〇の兵のうち、負傷を除いて戦死、行方不明が四〇〇〇あった。その二万二〇〇〇の内わけは、パラシュート部隊が一万四〇〇〇で、あとは山獄部隊である。損害の大部分は降下の際に生じたものだ。――クレタ島には適地がなく、風はいつも内陸から海の方へ吹いている。そこで兵隊を海へ下したら大変だと思うものだから、操縦士はなるべく中へ下そうとする――中には実際英国軍の戦線に下りてしまったものがあった。また、しばしば武器と兵員とが、大きく離れて下りたりして、それがこの大きな損害を起した別の原因でもあった。またそこに構えていた英軍の戦車は、最初から手ひどく我々をたたいてきた――ただその戦車も二ダース以上いなかったのは助かったが。そこにいた歩兵は主にニュージーランド兵であったが、これは奇襲を受けたせいもあって、余り頑強に戦おうとはしなかった。

「パラシュート部隊の損害が余りに大きかったので、総統は非常に驚いて、パラシュート軍の奇襲効果というものはもう過去のものになったと思い込んでしまった。この後彼は屢々私に言ったものである。『パラシュート部隊の日は終った』と。

「彼は、英・米両国がしきりに空輸部隊の開発を進めているという報導を聞いても信用しようとしなかった。サン・ナゼールとディエップへの襲撃でこれが全然使われなかったということが、彼のその考えを固めたのである。彼は私に向って『それみろ。敵はあんなものを作ってはいないではないか。予の意見が正しかった』彼は連合軍が一九四三年にシシリー島を取った時に、やっとその気持を変えたのである。連合軍がそこで使ったやり方を見て、彼は我々の空輪部隊を拡張するように命令した。けれどもこれは遅すぎた。それまでにすでに諸君の方が制空権を取っており、そういう優勢な敵の制空権下では、空挺部隊は使えなかったからである。」

　さて、一九四一年のできごとに戻ってシュツーデントは曰く、「ヒトラーにクレタ作戦を承知させた時に、私はそれに続けて同じく空からキプロスを取って、そこからさらにスエズ運河を取るように跳躍するべきであると提議した。ヒトラーはこのアイデアを嫌っているようにも見えなかったが、そうかと言ってやはりはっきり踏み切るつもりもないようであった。彼の気持は来るべきロシヤ侵入ということに、非常に深く捉われていた。クレタ島での大きな損害でショックを受けた後で、彼は、さらにそんなに大きな空輪作戦をやろうとはしなかったのである。私はくり返しくり返し彼に迫ったけれども効果はなかった。

　けれども一年後に、彼はとうとう説得されてマルタ島を取ることにした。それは一九四二年の四月であった。この攻撃はイタリヤ軍との協同作戦で行なわれ、私の空輪部隊は、まず橋頭堡を押えるためにイタリヤ軍と一諸に島に下りることになっていた。そこは、それから六内至八個師団のイタリヤ軍の大空輪部隊で補強されるはずであった。私の軍は残っていたパラシュート師団一つと、それからまだ師団としては組織されていなかった三つの連隊と、それからイタリヤのパラシュート師団一個であった。

「私はこの計画を八月以前にやりたかった。——この作戦は天候に左右されることが大きい——それで準備のために数ヵ月ローマに滞在した。六月に私はこの作戦の最後の打ち合わせのために、ヒトラーの大本営へ呼ばれた。具合の悪いことに、その前日にヒトラーは北アフリカから帰ったばかりのグリューウェル将軍に会っており、そこでイタリヤ軍の状態やその士気に関して、甚だ芳しからぬ説明を聞いていたのである。

「ヒトラーは、たちまちのうちに驚異を示し、もしイギリス海軍がきたら、イタリヤの艦はみな自分の港へ逃げこんで　後にはドイツの空輸部隊だけが置き去りにされてしまうだろう。そういう理由でマルタ島攻略計画はやめることに決めたのである。」

この時、実はロンメルが北アフリカで大勝を博し、英軍をガザラ地区から追い出してトブルクを取ったところであったから、この決定は非常に重大であった。ロンメルはこの敵の壊乱を利用して、敗敵を追いながら西部砂漠地帯を追撃しつつあったのだ。七月はじめにロンメルは、エル・アラメインの線で阻止されるまで、あわやナイル河の峡谷地帯に届くところまで行ったのである。

これが、本大戦中イギリスが中東において蒙った最大の危機であった。これはまた、ヒトラーがロシヤ戦で新らしくコーカサスの方へ進出し、そこで南部のロシヤ軍が時を同じくして崩壊したために、事態は一層重大となった。アラメインにおいて、ロンメルは中東の正面ドアを叩き破ろうとしており、コーカサスではクライストが裏門を脅やかしていた。

けれどもこの危機はトーマの言明によれば、計画的というよりもむしろ偶然的なものであった。「君達の方で進行中だと考えていたこの中東に対する二大鋏撃作戦は、決して慎重な計画に基いてなされたものではないのである。それはヒトラーの側近筋では漠然と議論されたが、しかし我々参謀本部は決して同意しなかったし、また実行可能であるとも思わなかった。」

エジプトに対する危険の如きも、ただ偶然に発展しただけのものである。――つまりガザラ＝トブルクの戦闘で、思いがけなくイギリス第八軍が崩壊したために起っただけのことなのだ。ロンメルの軍は決してエジプトの征服を計画するほど強くはなかった。ただ彼は勝利の大得意の余りに、どこまでもその突進を思い止ることができなかっただけである。それが彼の破滅の原因であった。

ロンメルが自分の幕僚達に向って、いかにもスエズへ達する自信があるかのように語ったことが時々あるが、本当にそう思っていたのかと私はトーマに聞いた。トーマは答えて「彼はそうは思っていなかったと私は確信する。彼はただ自分の軍隊――特にイタリヤ兵を激励するためだけにそう言ったものだ。彼はエル・アラメインでイギリス軍に阻止されると、それからすぐにその熱気は冷めてしまった。彼は英軍を動遙させるためには奇襲が必要であることを知っていたが、アラメインでがっちり守られると、どうやって新たな奇襲が成功するのか分らなくなった。その上、彼は英軍が間断なしに増強されていることを知っていた。

ロンメルは自分の乏しい兵力とその困難な補給線からして、余りに遠く来すぎたことを知っていたが、その成功が非常なセンセーションを起したために、後へ引けなくなってしまった。ヒトラーがそれを許さなかった。その結果、英軍の方で圧倒的に優勢な兵力を結集して彼を打ち破るようになるまで、そこに止らなければならなかったのである。」

彼はこの事実の多くを、直接ロンメルおよびその主な部下達から聞いたと言った。トーマ自身がロシヤからアフリカへ行ったのは、漸く九月になってからであった。

「黄胆を患ったロンメルに代って私が行くように命ぜられた時、私はこの仕事を希望しないと電話で話した。『私が二年前に書いたものを見てほしい』と。けれども折り返し返事が来て、総統がこれを要求している、これは総統自身の命令であるというのであった。それでどうにも仕方がなかった。私は九月の二十日にアフリカへ着き、数日ロンメルと情勢を検討した。彼はそれからウィーンのそばのヴィーナー・ノイシュタットへ治療を受けに行ったのである。二週間後にシュツンメ将軍が、アフリカ戦線全体の指揮を取るために着任してきた。それで私はエル・アラメイン地区指揮だけとれば良いことになり、それで結局、軍全体の組織の改善のようなことは私にはできなくなった。ところが、そのすぐ後でシュツンメは発作を起して死んでしまった。これらすべての事情からして、来るべきイギリスの攻撃に備える準備をこんがらかせたのだ。

「私は困難な条件の下で味方の配備を改善するべく、できる限りのことをした。英軍の攻撃がはじまる前に撤退するという作戦は許されなかったからである。もっとも我々はヒトラーの命令にも拘らず、おそらく撤退せざるを得なかったろうが、それがそうならなかったのは、トブルクで君達の倉庫から取った物資で味方を養うことができたからである。これは我々を補給し続けてくれた。」

私はこれを聞いて、あたかも我々自身のトブルクの喪失が——その時は確かに壊滅的なように見えたけれども——実際には北阿における我々の勝利をもたらす原因になったように見えると言ったのである。というのは、モントゴメリーが攻撃を加える前に、もしドイツ軍がエル・アラメインから撤退していたら、あれほど完全に粉砕されることもなかったろうから。この点はトーマには思いつかなかったことらしい。

それからトーマは私に、一九四二年十月二十三日からはじまった戦闘の印象についての話をした。英第八軍は、最初からすべての決定的な武器において、遙かに優勢だったから、戦闘がはじまる前から勝利はほとんど確実であった。「我々の方がほぼ一ダースぐらいに減っていた時に、君らの方は一二〇〇からの飛行機を持っているだろうと思っていた。攻撃がはじまってから一週間たってロンメルがウィーンから帰ってきた。もう手はずを変えるには遅すぎた。彼はやはりまだ具合が悪く、それがために神経症になっており、気分が常に動揺していた。彼が戻ってきてからは、私は前線の一部分だけを受け持っていたが、彼は突然私に向って、自分の下で、部隊全部の指揮を直接とってくれないかと求めた。すでに英軍の圧力は増々重くなってきており、我々は緊張の極限にまで達していた。

「英軍の進撃を食い止めることができないことが明らかとなった時に、我々は五〇マイル西方のダバのところの線まで、二段階に分けて撤退することにした。もしそれができたら我々は助かったかもしれない。撤退の第一段階は十一月の三日の夜行われることになっていた。ところが、それが丁度はじまったばかりの頃にヒトラーから無電が来て、いかなる撤退も禁ずる、いかなる犠牲を払っても、もとの位置を固守すべしと命令してきた。これは事実上再び前進しなければならないことを意味していた。——敗北と決まっている望みなき戦を戦うために。

それからトーマはどうして自分が捕虜になったかという話をした。彼は戦闘中戦車に乗って、何回も被弾しながら手薄なところをかけ廻っていたが、とうとう自分の戦車が発火して外へ放り出された時に捕えられた。「私はもう丁度良い、おしまいごろだと思った。」彼は自分の帽子を私に見せたが、穴だらけだった——運が良かった証拠である。残念そうな調子で、彼は、この戦争中二十四回しか戦車戦に参加していない——ポーランド、フランス、ロシヤ、アフリカで——と私に言った。「スペインの内乱の時は一九二回戦車戦をやった。」

捕虜になってから、トーマはモントゴメリーのところへつれて行かれた。そして夕食を共にしながら、その戦闘についての議論をした。「私には何も聞かずに、彼は自分の兵力、補給、配備についての状況などを私に話したがった。私は彼の知識の正確なこと、特に我々の方の欠乏状態、船舶の喪失等について正確に知っていることに驚いた。彼は我々の状態については私と同じように知っているらしく見えた。」

それから彼は勝者（モントゴメリー）の戦いぶりについて、「彼はいつも自分の圧倒的な優勢ということを考えながら、非常に用心深くやっていたと思う。しかし――」とそこでトーマは一寸止めて、それから強い調子で「彼は今度の戦争で、自分のやったすべての戦闘に勝った、ただ一人の元帥である。」とつけ加えた。

「現代の機動戦では、戦術は第一義的な問題ではない。決定的な要因は――その衝撃力を維持するために、味方の兵力、歩器弾薬等を組織化することである。」と彼は結んだ。

第十三章　モスクワでの挫折

ロシヤにおけるヒトラーの賭けは、彼の大胆さが足りなかったことの故を以て失敗した。彼は一番きわどい局面で数週間も動揺し、とり返しのつかない時間を失った。そしてそれから後は、彼は自分の損害を最少限度に食い止めることができなかったことの故を以って、自分とドイツとを亡ぼしてしまった。私が彼の将軍達から聞き集めた証言を要約すればそうである。

それは、要するにナポレオンの話の二の舞だった。けれども大きな違いがいくつかあった。ヒトラーがモスクワを取りはぐった時には、彼は昔のナポレオン以上に、遙かに広いロシヤを制圧し、そしてその軍隊は遙かに遠くその鉾先を伸して、今にも決定的な勝利を得そうになっていた。ただ惜むらくは、それが一層大きな破滅の直前であったということだ。

実は、ヒトラーはドニエプル河まで行かないうちに赤軍の主力を殲滅しうると考えていた。そしてそれが一髪の差で失敗した時に、彼ヒトラーとしてはそれから後どうしたものか、自分の肚を決めかねたのである。そうして最後に、ともかくもモスクワに向って進撃しようと決めた時には、もう冬がくる前に勝利を得るにはすでに遅れていたというわけである。

ただ、それだけがドイツの将軍達との話の中で明らかにされた、失敗の唯一の原因というわけではない。時に彼ら自身が、そのいわゆる、余りにも深く木の中に埋もれて、肝心の森を見ることができなかったということのために、自分では結論を出しかねているようなこともあった。しかしともかくも彼らの方でさまざまの事実を出してくれたのだから、結論はこちらで引き出すことができたのである。

ところでここに最も驚くべきことが一つある。それはロシヤを救った最大のものは、その近代的な発展ではなくて、むしろその遅れであったということだ。もしソヴィエトの道路事情が西欧諸国のそれと同じように良かったならば、ソ連はおそらく一瞬のうちに席捲されてしまったであろう。ところがそうではなかったのだから、機械化されたドイツの軍隊は、ロシヤのその道の悪さに妨げられてしまったのである。

けれどもこの結論には、もう一つ別の、裏側からの見方もないことはない。つまりドイツ軍はその機動力を「無限軌道」に頼らないで「車輪」に頼ったために負けたのだ。こういう悪路では、戦車なら通れる時でも車は泥の中に埋ってしまう。

だから、もしあの時のドイツの機甲部隊が軌道車の輸送部隊をつれていたとしたら、たとえ道路は悪くても、秋のおとづれるずっと以前にロシヤの中心部を制圧することができたであろう。この必要は、すでに第一次大戦の時に自分の目と想像力と充分に働かしていた者には、誰にでも分かったはずである。イギリスは戦車の生れ故郷であり、第一次大戦の後に機動的な機械化戦争の観念をここで説いていた我々は、将来の新らしい理想的な軍隊というものは、国土を自由に駆けめぐることのできる車輌を持つべきだということを強調していた。そしてこの点についてだけは、当時のドイツ軍はイギリスその他のいかなる国の軍隊よりも進んでいたが、それはただ主たる戦闘手段の戦車についてそうだっただけのことで、その他の輸送手段に対してそれと同様の機動性を発達させるという一番大事な点については遅れていたのだ。要するにこの時のドイツ軍というのは、一九四〇—四一年当時の、他のいかなる国の軍隊よりも近代的であった反面、すでに二〇年も昔にでき上っていたような考えには追いつけないでいたために、遂にそのロシヤ征服という大目標をやり損なってしまったのである。

ドイツの将軍達はその職業についての勉強を、この上もなく完璧な形で学んで行った。若い時から政治や、ましてその他の世俗的なことについては、脇目もふらずにその技術に習熟した。こういうタイプの人間は極めて有能ではあるが、想像力に乏しいものである。そしていわば戦車派とでもいうべき、より大胆な考え方が充分に驥足を伸しはじめた時には、戦争はすでに末期に入り、そして手遅れになっていた。他国にとっては幸なことに——。

ところで、独ソ戦についての彼らの証言の重要な点は左の通りである。

バルカン作戦の影響

ロシア作戦自体の問題以前に、あの例のギリシャ作戦なるものが、果たしてその対ソ戦の開始を致命的に遅らせることになったかどうかという問題が一つある。イギリス政府のスポークスマンは、ウィルソン将軍の軍隊をギリシャへ派遣したことは、たとえそれが極めて短期間で撤退することになったとしても、ドイツ軍のロシア侵入を六週間だけ遅らせたことをもって正当化できると主張した。けれどもこの主張は、当時の地中海周辺の情況に通暁していた軍人達――特に当時カイロの統合作戦本部に勤務していて、後にモントゴメリー将軍の参謀長になった、有名なド・グェンガン将軍のような軍人達に反論され、この作戦は一つの賭けであったとして非難された。

彼等がその当時から今に至るまで――そして今では一層強く主張していることは、こうやってドイツ軍の侵入から救う本当のチャンスのない、ギリシャのようなところへ不十分な軍隊を送ったために、当時キレナイカで敗北していたイタリア軍の、その敗北を利用することができず、かつまたドイツ軍が到着する以前にトブルクを占領するという、絶好の機会を逃してしまったということである。彼らによれば、ギリシャの指導者達はイギリスの介入申込について非常な懸念を抱いていたが、それをイーデン氏がうまく説得したことと、かたがたイギリスが提供しうる援助の大きさに幻惑されて、いわば半分だまされたような形で連合国側に引き入れられたということを強調するのである。

この軍事的な見方は、その後の事実の経過によって確証されているということを、歴史家は認めなければならない。ギリシャは僅か三週間で席捲され、英軍はバルカン半島から投げ出されてしまった。他方、キレナイカにおける衰退したイギリス軍も、ロンメルの率いるドイツのアフリカ軍団によって駆逐されたが、これは本当ならば、トリポリへ上陸することができたはずのものであった。これらの敗北は、イギリスの威信を失墜すると同時に、将来の見通しを暗くし、他方ギリシャの人民には苦痛を与えた。たとえこの妨害作戦が、ドイツのロシヤ侵入を遅らせることに役立ったとしても、それは決してイギリス政府のこの決定を正当化するものではないだろう。というのは、そのような目的は、当時は少しもこちらの気持の中にはなかったからである。

けれども、この作戦が実際上そういう間接的かつ予想しえざる効果を持っていたかどうかということを探るというのは、歴史的に興味のある事である。これを裏づけるところの最も確実な証拠は、ヒトラーは元来五月十五日までに対ソ戦の準備の完了を命じていたのに、三月末にはその予定の期日を約一ヵ月遅らして、遂には六月二十二日と決定したところにあるのである。フォン・ルントシュテット元帥は私に語って、このバルカン作戦のために使用せられた機甲師団の延着のため、いかに彼の軍集団の準備が遅延したかということと、これが当時の気象条件とあい待って、遅れの最大の原因となったと言ったのである。

このルントシュテットの下で、機甲部隊を統率していたフォン・クライスト元帥の証言は、この点についてははっきりしていた。「なるほど、バルカン作戦において実際に使用された兵力は、味方の全兵力からすれば多くはないが、ただそこで投入された戦車の割合は多かった。いよいよ対ソ戦がはじまった時に、南部ポーランドの戦線で私の麾下に入ってきた戦車の大部分は、このバルカン作戦からの帰還部隊で、その機械はオーバーホールを必要とし、乗員は休息を必要としていた。軍の中の相当部分は、実にペロポネソス半島まで南下していたものを、はるばる呼び戻さなければならなかったのである。」と。

この両元帥の見解は、実際彼らの戦線での攻撃が、どの程度これら機甲師団の引っ返しにかかっていたかという状況を考えてみればよく分る。だからこのバルカン作戦の影響というものに、さほど重きを置いていない将軍達にも私は会った。その人達によれば、そもそも対ソ戦の攻撃主役というのは、フォン・ボック元帥の率いるポーランド北部の中部方面軍集団であったから、従って勝利の機会は主としてその軍集団の前進速度にかかっていたということを強調した。元来ルントシュテット軍集団というのは、この対ソ戦では補助的な役割しか演じないことになっており、そしてもともとロシヤの軍隊がその習性上、容易に方向転換できないものである以上、ここで多少手薄になっても、それは決定的な問題ではなかったろうと言うのである。いや、かえってそれは、ヒトラーが攻撃の第二の段階で南方にその主目標を切り換えたいと言う気持を抑える役割すら果したかもしれない。この誘惑は後に見る如く、冬の到来以前にモスクワに到着するという可能性を致命的に遅らせてしまったのだが

――。この対ソ作戦は、いよいよとなれば、ルントシュテット軍集団がバルカンからの師団の帰還によって増強されるのを待たずとも、決行することができたであろう。けれども遅延に関するこういう議論は、結局、一体あれより早くはじめられるほど地面が乾いていたかどうかという点についての疑問もあって、さらに強められた感がある。ハルダー将軍は、その天候の条件が適当でなかったため、結局、実際はじめた時点になるまで侵攻は不可能であったと語った。

将軍達のこういう事後の述懐だけをいくら検討してみても、それでは、バルカンでの引っかかりがなかったとしたらどうであったかという問題に対する確実な答は出てこない。一たびそのために予定日を伸したということになると、もうそこからの師団が帰ってくる前に攻撃を開始することは不可能になった。

けれども、この遅延を引き起した真の原因は、ギリシャ作戦ではないのである。ヒトラーはすでにロシヤ侵入の予備行動として、一九四一年の計画の中へギリシャ進攻作戦を挿入した時点において、ある程度の時間のロスは勘定に入れていた。予定日を動かさざるを得なくなった決定的な理由は、ユーゴー・スラヴィアで三月二十七日に勃発したクーデターである。これは、丁度その直前にユーゴーを枢軸側へ組み入れようとした政府に対して、シモヴィッチ将軍とその一統との政府転覆運動であった。ヒトラーはこの具合の悪いニュースを聞いて非常に怒り、同日、ユーゴーに対して圧倒的兵力で以って攻勢に出たのである。これに要した陸と空との全兵力は、ギリシャ一箇の単独作戦であった場合よりも遙かに多く、その結果、ロシヤ攻撃を延期するという一層重大かつ致命的な決定をせざるを得なくなったのである。

ヒトラーがギリシャを侵攻したのは、英軍の上陸という事実ではなくてそれに対する恐怖であり、従ってその作戦の結果彼の気持はおちついた。英軍の方は確かに上陸はしたけれども、それにも拘らず、時のユーゴー政府とドイツとの間の同盟を防止することさえできなかった。もっとも、シモヴィッチをして反政府クーデターに立ち上らせ、ヒトラーに挑戦させることにはなったかも知れないけれども、結果は増々以って不成功であった。

対ソ戦への衝動

次に私の尋ねたことは、ヒトラーはなぜロシヤに侵入したかということで、その点ドイツの将軍達が何か示唆してくれるであろうかということであった。それはほのかな光であった。この計画がヒトラーの胸中に宿ったのは、すでに一九四〇年の七月であり、そしてその年の暮までにはもう明確な形をとっていたにも拘らず、この運命の一挙に関する理由については、大部分の将軍達が極めておぼろげにしか知っていなかったということは、真に注目すべきことである。彼らの大部分がこの決定を聞かされた時には、すでに彼らの方でも薄々感づいてはいたものの、ただその話の内容は極めて僅かで、かつ時期遅れのものであった。ヒトラーは非常に用心深くて、彼はその部下の一人一人を「船の防水区劃」の中に入れ、その計画のすべての中で、自分の果すべき局部的な役割りだけしか教えなかった。彼らはいわば独房の中で、それぞれの分担作業をしている囚人のようなものだったのである。

私がすべての人から聞いたところでは、この計画に最も強く反対したのがルントシュテットであり、そして最も早くその放棄を強調したのも彼であったということだから、私はこの問題に対するルントシュテットの見解を聞いてみたいと思ったのである。彼曰く「ヒトラーは、ロシヤが余り強くならないうちに打たねばならぬ、おまけにそれの打倒は我々将軍達が考えているより、遙かに易しいことであると主張した。彼の言うところによると、一九四一年の夏になると、ロシヤの方から先制攻撃をしかけてくるという情報があるというのであったが、私はそれを非常に疑わしいと考えた。実際、後に国境を突破してみてそんな徴候はほとんどないことが判明した。もちろん我々としては、そういうロシヤの先制攻撃なるものをおそれてはいたが、しかしそれは一九四〇年に我々が西部の戦で手一ぱいであった時でさえも、ロシヤはじっとして動かなかったという事実によって、多くのものは安心していた。私の考えでは、我々がそういう危険から身を守る最良の方法は、その国境の防御を固めて、ロシヤをして来たければいつでも来いという姿勢でいるのが一番良い。こちらがそういう態度で静観しておれば、相手の意図もよく分り、こちらからロシヤへ進入するのに較べればずっと危険も少いのである。」

私はさらに彼に向って、ロシヤからの攻撃が切迫しているというヒトラーの確信を疑うようになったのはどういう理由からかと尋ねたところ、その第一の証拠は、我々が国境線を突破した時、彼らはまるで不意打ちを食ったような状態だったことである、私の分担区域では、やや後方は別として、前線に近いあたりでは、何の攻撃準備もしてなかった。彼らはハンガリヤとの国境で、カルパチヤ山脈の扇状地帯に二十五箇師団を備えていたから、我々が前進するにつれて、こちらの右翼の方へ旋回包囲することが可能なはずであったので、私もそれを予期していたが、彼らはそうはしないで後退した。この事実からして、私は彼らが攻撃に出るような状態にはなく、従ってロシヤの統帥部が早い時期に攻勢をしかけるつもりはなかったであろうと私は結論したのである。」

次に私はブルメントリット将軍に聞いてみた。彼は当時この攻撃の中心であったクルーゲの第四軍の参謀長であり、その年の暮に参謀本部（O・K・H）の参謀総長代理となり、そこで多くの記録に接し、ロシヤ侵入作戦の経過を、いわば後から辿った人である。

ブルメントリットは私に語って、総司令官のブラウヒッチュと参謀総長のハルダーとは、ルントシュテット同様にロシヤ進入計画には反対した。「三人とも第一次大戦の経験からして、国土の性質からくる困難を理解していた。特に軍の運動、補強、補給の上の困難である。ルントシュテット元帥は、簡単にヒトラーに質した。『閣下はロシヤ攻撃という計画の、その意味する重さを計ってみられたことがあるのか』と。」

いずれにしても、ヒトラーは自分の決定を変えなかった。けれども、彼はロシヤ作戦はドニエプル河の西において決着をつけねばならぬということを、結局言明させられた。もしその線を越えねばならないようなことになったなら、もうその時にはそれに必要な補強、補給を維持することは困難になるという事を予じめ認めた。ところが、いよいよそのドニエプル河の西での諸戦でロシヤ軍を撃滅する事ができなかったということが分ってみると、結局彼もまたナポレオン同様、この河を越えて攻撃を続けることを命令せざるを得なくなってしまった。これがこの全作戦を通じての最も運命的な決定になった。そしてその場合、いずれの方向に向って進むべきかという点についてのヒトラー自身の不決断のために、それは到々致命的なものになってしまった。

フォン・クライスト元帥との話によってさらに一層いろいろなことが明らかとなった。クライスト曰く、彼がヒトラーのロシヤ侵入の意図を聞かされたのは、攻撃開始のごく直前にすぎなかった。そして「それは他の上級指揮官においてもみなそうだった。我々はロシヤ軍が攻

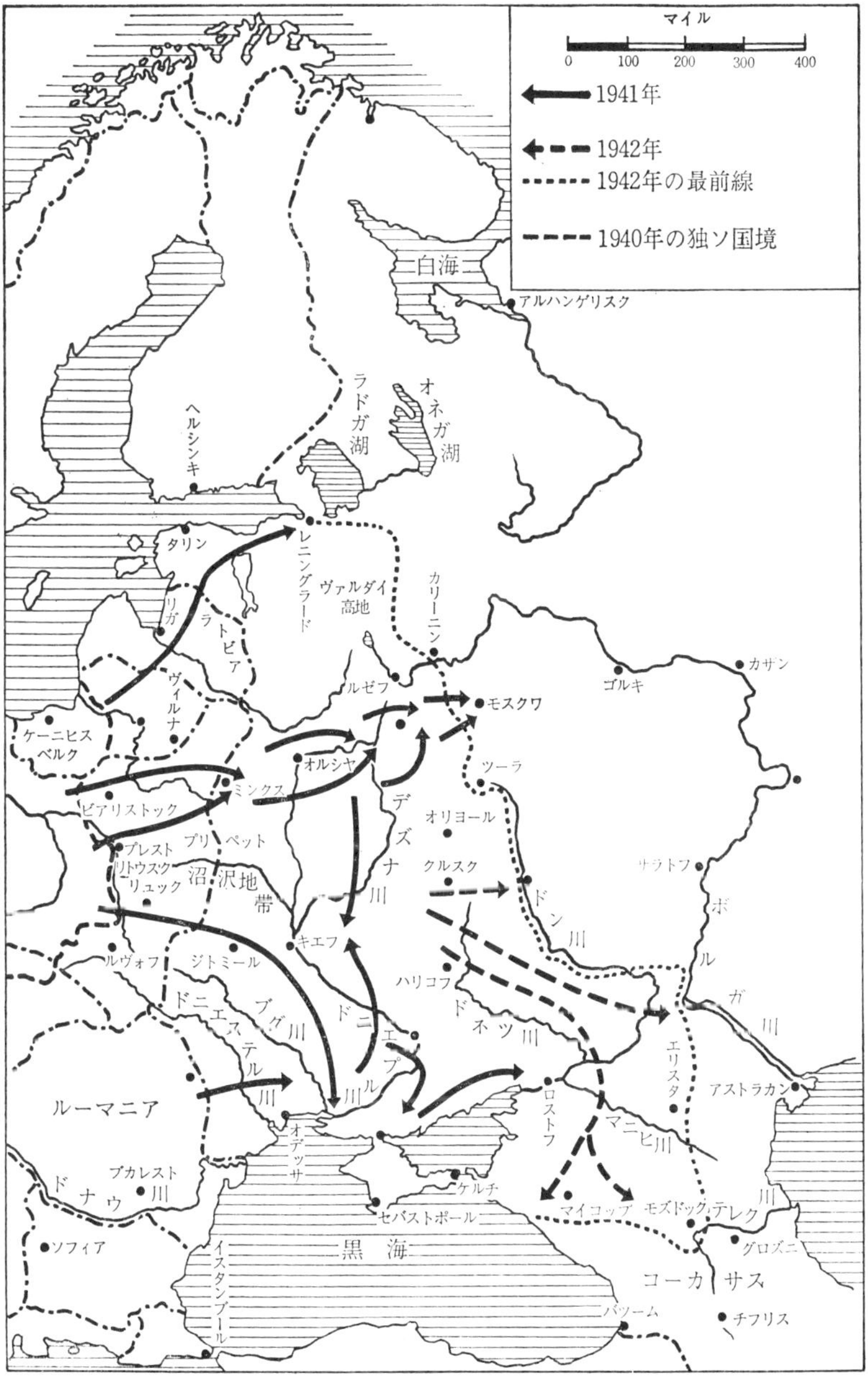

マイル
0
100
200
300
400
1941年
1942年
1942年の最前線
1940年の独ソ国境
白海
アルハンゲリスク
ラドガ湖
オネガ湖
ヘルシンキ
タリン
レニングラード
ヴァルダイ高地
カリーニン
リガ
ラトビア
ヴィルナ
ルゼフ
モスクワ
ゴルキ
カザン
ケーニヒスベルク
オルシヤ
ミンクス
ツーラ
ビアリストック
デズナ川
オリヨール
ブレストリトウスク
プリペット沼沢地帯
リュック
クルスク
サラトフ
ドン川
ボルガ川
キエフ
ルヴォフ
ジトミール
ハリコフ
ドニエステル川
ブグ川
ドニエプル川
ドネツ川
エリスタ
ルーマニア
ロストフ
アストラカン
オデッサ
マニヒ川
ブカレスト
ドナウ川
ケルチ
セバストポール
マイコップ
モズドック
テレク川
グロズニ
ソフィア
黒海
イスタンブール
コーカサス
バツーム
チフリス

撃しようとしていると告げられた。ドイツのためにこの脅威を除かねばならぬ。この脅威が漂うている間は、総統は他の計画に邁進できない。東部の防備のために、ドイツ軍の余りにも多くの部分が釘づけになるからだ。このロシヤからの攻撃という危険を取り除くための唯一の方法は、こちらが先に攻撃することである、と論じられた。

「ヒトラーの結論に対しては、ブラウヒッチュとハルダーだけでなく、ヨードルまでも反対したと思う。カイテルもまたあやぶんでいたが、ただ彼は自分の疑惑をヒトラーに述べるについては、他のもの以上に躊躇していた。」

クライストはさらに続けて、「我々は決して、普通考えられているように、赤軍を過少評価したわけではない。最後のモスクワ駐在武官であったケストリンク将軍、彼は極めて有能な人であったが、常に我々に対して赤軍の情況を送り続けてきた。しかしヒトラーはそれを信用しなかった。

「勝利の希望は、一たび侵入が成功すれば、ロシヤ国内に政治的な叛乱が起るであろうという見込みの上に築き上げられた部分が多かった。我々将軍達の大部分のものは、もしロシヤ軍が後退することを選んだ場合には、もうそういう内乱でも起らない限り、最後の勝利の見込みは非常に少ないということを知っていた。スターリンが戦場で重大な敗北を喫したならば、彼は自国の国民によって放りだされるだろうという信念の上に、余りにも多くの希望が築かれていた。その確信は総統の政治的な助言者達によって強められたものであって、我々軍人はそういう政治的な問題を反駁するほどの知識はなかったのである。

「戦争が永びいた場合についての準備はなかった。秋までには決定的な結果がでてくるという前提の上に、すべての計画が築き上げられていた。」冬が来た時、ドイツ人はその浅見に対して高価な犠牲を払うことになる。

さらに一層驚くべき事実は、ヒトラーがその侵攻に乗り出した時、最初から相手の方が自分より多いということを知っており、しかも戦争が永びくならば、その差は次第に開いてくるであろうということを知りつつ、なお侵攻したということである。この一事を以ってしても、この侵攻が近代史上例のない攻撃的賭けであったということを物語っている。二月になってヒトラーの計画が将軍達に明かされた時、彼らはカイテルの述べる彼我の戦力の対比を聞いて当惑した。彼のあげた数字だけでも、赤軍は西部ロシヤに一五五箇師団相当を配置しているのに対して、攻めるこちらの動員できる兵力は僅かに一二一しかないのである。（実際にはカイテルの見積もりはこの目標をやや下廻っていた）質はこちらが遙かに優っているという確信はあったにしても、とてもそれだけでは彼らの不安は収まらなかった。

こちらが先制攻撃に出るという利点があったために、プリペット沼沢地帯の北方の扇状戦区で、やや優勢な兵力を配備することができた。そこでは、フォン・ボック元帥の中部方面軍集団が、ミンスク——モスクワ街道を驀進した。けれどもバルチック海に近いレープの北部方面軍集団は辛うじて互角の兵力だったし、ルントシュテットの南部方面軍集団は、著しい劣勢——特にその最も重要な要素である機甲兵力において——の下に作戦を進めてゆかねばならなかった。クライストは私に、ルントシュテット軍の先鋒を形成していた彼の機甲軍は、僅か六〇〇の戦車しかなかったと言った。「貴下には信じられないかもしれぬ。けれども、それがギリシャ作戦から帰還してきた師団から我らが集めることができた総数である。南方で我らと対峙していたブジョンヌイの軍集団は、約二四〇〇の戦車を持っていた。奇襲的効果を別にすれば、我々はその優った技術と訓練だけを頼りにしていた。実際、ロシヤ軍がその経験から学ぶようになるまでは、右の二つが味方の決定的な財産であった。」

ヒトラーは量より質を重んじていた。それはこの戦の最後の段階では破綻を来したけれども、その確信は暫く正しかったようである。戦場での経験がその正しさを証明しているように見えた。彼の賭けはほとんど成功するところまで行ったのである。

侵入の失敗

次に私が尋ねたことは、この計画はどういうふうに狂って行ったかということだ。クライストの答は次の通りであった。「我らの失敗の主な原因は、その年に限って冬が早く来たことである。それに加えてロシヤ軍が我らの求めていた決戦に巻きこまれることなく、たえず後退して行った、その巧みなやりかただ。」

ルントシュテットもそれに同じて、それが「最も決定的な原因」であったと述べた。「けれどもその冬が訪れる遙か以前に、悪路と泥濘のためにくり返された遅れによってチャンスはすでに減っていた。ウクライナの黒土は十分の雨で泥濘になる。そしてそれが乾くまで、あらゆる運動はストップする。それは時間との競争にとっては甚大なハンディであった。おまけにロシヤには、前進した部隊に補給するための鉄道がなかった。もう一つの原因はロシヤ軍が後退するにつれて絶えず後方から補充されてくる膨大な補充兵であった。それは我々から見ていると、まるで一つの部隊を掃揚すると、道はたちまち新手の部隊の到着によって閉されるかのように見えた。」

ブルメントリットは、ロシヤ軍がたやすく後退したという点を除いてこれらの証言を裏書きした。主攻線とも言うべきモスクワルートでは、ロシヤ軍の幅は常に包囲しようと思えばできるくらいの長さであった。けれどもこちらがそれをやろうとすると、とたんに動けなくなって失敗する。「道の悪さが最大の障害になった。けれども次には鉄道も不充分であった。完全に修繕ができたとしても足りなかった。我々の情報当局はこの二点について失敗しており、その結果を過少評価していた。おまけにロシヤの国境を越えてから後の鉄道の復旧は、ゲージの違いから増々遅れた。独ソ戦における補給の問題は、地理的条件もからんで極めて重大な問題になった。」けれども、もしグーデリアンの破天荒の作戦が採用されていたら、あるいはもしヒトラーがそのきわどい瞬間、不決断のままに貴重な時間を空費するようなことがなかったなら、モスクワは取れていたであろうとブルメントリットは考えた。この点に関するブルメントリットの証言は後に出てくる。

クライストが強調したもう一つの要素は、独軍は一九四〇年の西部侵攻作戦と違って、充分な空の優位を持っていなかったということである。ドイツはロシヤの空軍に対して相当大きな打撃を与えて、その数的優劣を逆転したけれども、こちらが段々深く侵入して行くにつれて援護空域が広がり、その優位は帳消しになった。地上の進攻速度が早まれば早まるだけ、その距離もまた長くなる。これに関してクライストは、「我々の機甲部隊はその前進の途中の段階で、何度も空からの援護が受けられなくて難渋した。戦闘機の基地がついてゆけなかったのである。おまけに緒戦の数ヵ月間に、我々の持っていた空の優位は、実は全般的なものではなくて局部的であった。それすらも塔乗員の技量によったのであって、飛行機の数によったのではない。」その優位もロシヤ軍が経験を重ね、かつその力を増すにつれて消えてしまった。

こういう基本的な要素の他に、なおルントシュテットの意見によれば、ドイツ軍が最初に国境を突破してから後の行動に遅延を来した理由として、当初のドイツ軍の配置の欠陥があったと言う。統帥部の計画では、彼の左翼とフォン・ボック元帥の右翼との間には、プリペット沼沢地帯の西に面して広い空隙が残っていた。ここは地形からして空けておいても安全だったし、こちらはこの沼沢地の南北のへりにそって、できる限り速かに東進せねばならなかったからである。この計画が討議されている時、ルントシュテットはこの前提に疑問を感じた。

「一九一四—一八年の東部戦線における自分の経験からすれば、ロシャの騎兵はプリペット沼沢地帯でも行動できる。だとするならば我々の前進正面にすきまを作るのは危険である。ロシャ軍はこの地域から側面攻撃をしかけることが可能だからだ。」

攻撃の最初の段階では、この危険は現われなかった。ライヘナウの第六軍が沼沢地帯の南側でブグ河を強行突破した後に、クライストの機甲部隊がそこを通って急進し、リュックとロヴノを占領した。ところが、そこから進んで古いロシャの国境を越えてキエフをめざしはじめると、ドイツの進攻軍は、プリペット沼沢地帯から突然現われてきたロシャの騎兵部隊の強烈な側面攻撃を受けはじめたのである。事態は極めて重大となった。この脅威は激戦の末に除去されたけれども、結局これが前進を遅らせ、早期にドニエプル河へ着くという機会を壊してしまった。

この進撃の中断が、ルントシュテットの気持の上に相当大きく影響したであろうことは明らかであるが、ただこれが侵攻の一般的な見込みに対して、どれだけ影響を与えたかは分らない。というのは、これと同じ妨害はプリペット沼沢地帯の北側を通って東進していたフォン・ボック元帥の前進に対しては、大した影響を与えなかったからである。しかも全攻撃の重心は、ドイツ軍のこの部分にあったのだ。

ヒトラーがその最強勢力を投入し、それを以って決戦を挑もうとしたのは、モスクワに直進するルートの、まさにここにおいてであったのである。この戦線での事態の経過は、南方戦線でルントシュテットやクライストが遭遇するに至った諸種の困難を一層明瞭に示すことになるのであるが、それは同時に、一層人間的な要素——判断の誤まりにも起因していた。

この攻撃計画の明瞭な状況を、地図の上での動きをたどって私に説明してくれたのは、ハインリッキ将軍であった。彼は小柄で、几帳面な、牧師タイプの人物で——あたかも祈禱でも捧げるような調子で語るくせがある。軍人らしい感じはほとんどなかったが、ただの一軍団長から出世して、最後はベルリン防衛戦でのオーデル河の戦闘を指揮した軍集団の司令官にまでなったのだから、その能力は認めなくてはならない。そして、彼のこの概要にさらに詳細な補足を与えたのは、当時ブレスト＝リトウスクからモスクワに向って進撃していた、フォン・クルーゲの軍の参謀長であったブルメントリット将軍で、彼は一層細かい点にまで渡って、かつ背後の事情をも明らかにして話してくれた。

その計画は、要するに、ロシヤ軍の大部隊を広大な迂回運動によって包囲することである。歩兵の軍団はこれを小さく内側で廻し、二つの大きな戦車集団を外側から廻す。そのハサミの両端は、スロニムのそばで、もはやロシヤ軍を包囲しそうなところまで行ったけれども、大部分は逃げてしまった。そこでハサミをもう一度開いて、今度はミンスクのあたりでさらに大きな包囲にかけた。これが決戦になるだろうと思った。ところが、これもロシヤ軍の膨大な捕虜を捕えることができただけで、完全な成功とまではいかなかった。ハサミのしまり方が遅れたのである——「突然の豪雨のために」。これらの運動を全速力でやり、ミンスクは九日目に占領した。けれども、その時ドイツ軍はすでに二〇〇マイルもロシヤ国内に入っており、しかもその本当の目標を逸していた。

ミンスクから向うは、土地は一段と悪くなり、天気も良くはなかった。ブルメントリットはその状況を生き生きと描写している。「戦車が活動するには最悪の国だ。広漠たる処女林、果てもない沼地、おそるべき悪路。橋は戦車の荷重に耐えない。抵抗は増々執拗になってくる。ロシヤ軍はその前線を地雷で防ぎはじめた。はじめから道路が少いのだから、路を閉すことは容易なのである。」

西部からモスクワへ通ずる大きな自動車道路は未完成であった。——ともかくもこれが西ヨーロッパ人が道路と呼べる唯一のものだ。我々は出くわすものに片っぱしから面くらった。なぜなら地図が事実と一致していたことは一つもないのだ。これらの地図では、主たる道路らしきものは赤い線で書かれており、一見かなりたくさんあるように見えたが、実際そこへ行ってみると、ただの砂地のわだちにすぎなかった。ドイツの情報機関の情報は、ソ連領ポーランドについてはかなり正確であったが、本来のロシヤ領内へ入ると、非常に間違っていた。

「こういう国には戦車が向かないのは言うまでもないが、それに随伴してゆく輸送になるともっとひどい。燃料、補給、および戦車の必要とする補助部隊等の輸送である。これらの輸送のほとんどすべては車輌に頼るのであるが、それは道路を離れては動けないし、またその砂が泥に変ってしまったらさらに動けない。一、二時間の雨で機甲部隊は立ち往生する。やがて日が出て地面が乾きはじめるまで、延々百マイルにも達する戦車と輸送車輌の大部隊とが、長蛇の如く立ち往生をする光景というものは、全く凄いものだった。」

とにかくそうした渋滞をくり返しながらも、ドイツ軍はドニエプル河まで押して行った。開戦から一と月後の七月末、三度目の大規模な包囲が、スモレンスクの周囲で一層大きな環を描いて行われた。「五〇万のロシヤ軍が包囲されたかに見えた。約六マイルの輪がつくり出したワナは、ほとんど閉められていた。しかしロシヤ軍は三たびその大部分が離脱することに成功した。このきわどい失敗がヒトラーをして、そこで停止すべきかどうかという問題に直面させたのである。我々はすでに四〇〇マイル以上、ロシヤ国内に入っていた。けれどもモスクワは、さらに二〇〇マイル以上向うにあった。」

ブルメントリットが明らかにしたことは、最初からこの作戦の根本方針に関して、重大な意見の衝突があったということである。「ヒトラーは常に包囲を希望した。――いわば戦術の常道である。そしてボックもそれに同調した。この点については上級指揮官のほとんどすべてがそうであった。けれども、グーデリアンと若手の戦車畑とでもいうべき新らしい世代のものは違っていた。奥深く突入すること、できるだけ早く。そして包囲は機甲部隊に追随してくる歩兵に任せる。グーデリアンは、とにかくロシヤ軍を追いつめて、立ち直る余裕を与えないことが一番肝心であると強調した。彼はモスクワへ直進することを希望した。そしてそれは、時間を浪費しさえしなければできるのである。スターリン政権の心臓部をつくことによってロシヤの抵抗は弱まってくる。それがグーデリアンの意見であった。けれども、ヒトラーは自分の方針を固執した。そして機甲部隊の進撃にブレーキをかけた。

「グーデリアンの計画は極めて大胆なものであったし、それと同時に、補充、補給に大きな困難が感じられた。けれども、こちらの方がまだしも危険の度合は少かったかもしれない。機甲部隊をそのつど停止させては旋廻させ、やりすごした敵を包囲するための環を作る。それが非常に時間を食った。

「スモレンスクについてから後、デズナ河のほとりで数週間停止した。これは補充と補給のためでもあったが、実は統帥部の中で、今後の作戦の進めかたについて新たな意見の対立が生じたことがさらに大きな原因であった。果しない議論がいつまでも続いた。」

ボックはモスクワへ直行することを望んだが、三たび包囲作戦に失敗したヒトラーは、南へ転進したいと思っていた。そっちの方では、ルントシュテットがすでにキエフの南を突破して、黒海々岸の傾斜地にまで進出していたから、この方面で、さらにまた大きな包囲戦ができるかもしれないとヒトラーは考え、結局このコースをとることに決めたのである。そこでその実施方法としては、ルントシュテットの担当正面から、クライストの戦車部隊を北上させる。ボックの前線からはグーデリアンの戦車隊を南下させる。そしてその両軍をハサミにして、キエフの周辺でロシヤ軍を包囲するというのである。この南方でのハサミ作戦のために、ヒトラーはモスクワへの進撃を中止した。

この重大な決定にまつわる問題点について、ブルメントリットはこう言っている。「フォン・ボック元帥は、モスクワへの進撃を続けることを望んだけれども、フォン・クルーゲはそれに同調せず、キエフ周辺での包囲作戦の方を強く希望した。この作戦を実施するために、グーデリアン麾下の機甲部隊と共にクルーゲの第四軍が南下したのは、つまり彼のこの意見と希望によったものである。この計画を提唱するに当り、彼は私に向って『これはまた同時に、我々がフォン・ボック元帥の下を離れてフォン・ルントシュテット元帥の隷下にはいることをも意味するのである』と力を入れて話したものだ。フォン・ボックは、上官としては仕えにくい男で、フォン・クルーゲは彼の許から離れることを喜んだのだろう。これは戦略の面に現われてくる人間的な要素の影響として、興味の深い例である。」と。

キエフの包囲作戦は成功し、六〇万以上のロシヤ軍が補虜になった。けれどもその戦闘が終るのに九月一ぱいかかってしまった。そして、冬はもうすぐそこへ来ていたのである。

今やヒトラーは、これまでの成果で満足するか、それともこれ以上さらに進んで、一九四一年中にもう一つ別の決戦を挑んで最後の勝利を獲得するかという問題に直面しなければならなくなった。この点についてルントシュテットの意見ははっきりしていた。彼は自分の考えを私に述べて曰く、「我々はキエフを取った後、ドニエプル河で停止するべきであった。私はこれを強く主張したし、ブラウヒッチュ元帥は私に賛成してくれた。けれども今やヒトラーはキエフの勝利に酔ってしまってあくまで進撃を欲し、モスクワが取れると信じていた。フォン・ボックは自分の鼻がモスクワを向いていたものだから、自然にこれに同調した。」かくしてヒトラーは進撃命令を出した。それがはじまったのは十月二日のことである。「しかし」とブルメントリットは言う。「ロシヤ軍に対して、モスクワの前面で約二ヵ月の猶予を与えたことによって、勝利の機会は薄れていた。我々は、八月、九月――一年のうちで最も有利な二ヵ月の間停滞していた。結局それが致命傷になった。」

だがこの決定にはまだもう一つのおまけがあり、それは増々ヒトラーを混乱させ、その戦力の集中を妨げたのである。彼はモスクワへの進撃、それの奪取と同時に、それまでの南方での戦果をさらに拡大利用しようという誘惑に抗することができなかったのだ。

〝コーカサスの入口〟での挫折

ヒトラーが前進を決定した時、彼は同時にルントシュテットに命じて、黒海周辺の掃討とコーカサスへの進撃という、極めて野心的な新たな仕事を指令した。この作戦の目的は、ルントシュテットが私に地図の上で示したところによると、北はボロネツから、南はロストフのあたりでドン河の河口の線に出て、さらにそこを遥かに越えて、右翼はマイコップの油田地帯を確保する。左翼はヴォルガ河のそばのスターリングラードを占領するというのである。ドニエプル河を越えて四〇〇マイルも前進するというこの作戦の困難と危険――ルントシュテットの左翼は延々と敵に横腹を曝したままになってしまう。彼はそれを指摘したけれども、ヒトラーに言わせればロシヤ軍にはそんな大胆な反撃に出る余裕はない、また道路は氷っているから、こちらの敏速な前進は可能であると言って確信を以って退けた。

そこで何が起ったかということについてルントシュテット曰く、「そもそもこの計画は、モスクワ正面へ相当大きな兵力をさいたということによって、最初からつまづいた。私の隷下の機動師団の若干は、オリョールを通ってモスクワの南側をつくために、東北方へ引き抜かれた。しかもそれは大したことは何もせず、そして機会を失った。私はフォン・ボックの右翼を南東へ伸して、クルスク付近で私と対峙していたロシヤ軍の背後を叩いて、これを分断して貰いたいと思っていた。攻撃の重心を北東に変えたのは大きな誤りであったと思う。

「モスクワからの鉄道はすべて放射状に延びているので、ロシヤ軍としてはその方向への応待は我々よりも遙かに楽だ。

「事実、私の第六軍の左翼はクルスクの向うで阻止せられ、目的地であるドン河々畔のボロネツに行けなくなった。このしくじりがその隣りに布陣していた第十七軍にも影響し、結局、コーカサスへの進撃の歩度を弱めることになってしまった。この第十七軍はドネツ河の線で頑強な抵抗に合い、そのため、フォン・クライストの第一機甲軍の側面を防御するほど充分には進めなかったのである。結局、フォン・クライストの側面は、ロシヤ軍の黒海方面へ向けての南下作戦によって強烈に脅かされることになってしまった。

「もう一方の翼――つまり右翼では、フォン・マンシュタインの率いる第十一軍がペレコップ地峡の防御線を突破してクリミヤ半島に突入し、セバストポールの要塞とケルチの東の端を残して、半島の大部分を席捲した。けれどもこのヒトラーの命じた方角違いの作戦は、私がロシヤ本土の主戦場で使用しうる兵力を大幅に減らしてしまった。」

このコーカサス作戦の経過については、クライスト自身が一番はっきりと物語っている。「我々がドン河下流に着く前に、すでにもうコーカサスまで行く時間、あるいは機会はないということが明らかになっていた。我々はドニエプル河の西で多くの敵を包囲したし、かくして明らかに道を開いたが、ロシヤ軍は絶えず東の方から、鉄道あるいは道路によって新手の師団を送り込んできた。天候が悪化し、我々の前進は非常に重要な時期に停滞した。一方、我々の主力の方では燃料が不足してきた。

「今や私の目的は、単にロストフへ入ってそこでドン河の橋梁を破壊することだけになり、その前進線を確保することではなくなった。私は、前からミウズ河での適当な防御地点を探しておいて、冬中そこで頑ばってやろうと思っていたが、我々がロストフへ入るとゲッベルスはそれを大々的に宣伝し、遂にコーカサスへの門を開いたと言ってほめたたえたものだから、そのためとうとう私が考えていたような持久作戦がとれなくなってしまったのである。私の軍は予想以上に長期にわたってロストフ附近で停滞せざるをえなくなり、その結果ロシヤ軍の十一月最後の週の反撃に会って、かなりの損害をうけた。けれども、我々はミウズ河まで後退すると同時に、この追撃を阻止することに成功し、しかも、敵は我々のかなり奥までやってきてこちらの側面を脅かしはしたけれども、ともかくも冬中ずっとロストフの西僅か五〇マイルのところで頑ばり続けた。これが東部戦線でドイツ軍が一番深く進出していた地域であった。」

なおも彼は続けて、「ドイツ軍はその最初の冬に重大な危険に曝された。我々はまさに氷の中へ閉じ込められ、動くことができなかったのである。その状態で包囲してくるロシヤ軍と戦いながら、これを阻止するというのは非常なハンディであった。」

ルントシュテットの説明もクライストのそれを裏書きし、なお彼自身の最初の解任の模様を物語っている。「私が戦闘を打ち切ってミウズ河まで撤退することを主張した時、ブラウヒッチュ元帥は賛成したが、総統はその決定を復元し、いかなる撤退も許さないと命じてきた。私は、今の地点で頑ばるなどということはナンセンスだと電話して、『もし閣下が私の意見を容れられなければ、誰か他に適当な指揮者を探してほしい』とつけ加えた。その夜総統から返事が来て、私の辞職は聞き入れられたのである。私は十二月一日に東部戦線を去り、二度と再び帰らなかった。ほとんど同時に、総統は現地へ飛んでその状況を自分で確かめた後で、その考えを変え、後退を認めた。このミウズ河の線が、一九四一―四二年の冬の間ずっと破られないで確保し続けていられた唯一の部分であるというのは、誠に意味のあることである。」

けれどもルントシュテットは、こうやって自分の軍集団が敵中深く侵出していたというのは、作戦的には根本的な誤りであったと私に話した。どこの国でも、大がいの将軍達はその作戦の失敗を、必ず人員・資材の不足に帰するものだが、彼はむしろやり方自体を批判した。話が進んでいるうちに、彼は「一九四一年のロシヤにおける作戦は、私の考えでは、最初の主攻線をモスクワに向けないでレニングラードに向けるべきであったと思う。そうすればフィンランドと連繋できた。それができた後、次の段階でフォン・ボック元帥の軍集団の西からの攻撃と協同しながら、北からモスクワを突くべきであった。」

と話した。

モスクワでの挫折

十月二日に開始されたモスクワ攻撃戦は、三つの軍によって行われた。右翼の第二軍、中央の第四軍、左翼の第九軍、それにホートとヘプナーの二つの機甲集団がついている。ヘプナーの方は後に、南方でキエフの包囲戦に参加していたグーデリアンに代った。

攻撃コースをまざまざと説明してくれたのはブルメントリットであった。「第一の局面は、ヴィヤズマ周辺の包囲戦であった。今度は完全に成功し、六〇万のロシヤ軍を捕獲した。それはカンネーの現代版で、しかもそれ以上に大規模なものであった。機甲集団はこの勝利に大きな働きをした。これほど遅いシーズンに、これほど大挙してモスクワへ進撃しようとはロシヤ軍も思わなかったものだから、彼らはワナにかかった。だが、もう我々にはその収獲を完全に刈り取るだけの余裕がなかった。作戦は十月末まで終らなかったからである。

「ロシヤ軍を包囲しておいて、我々はモスクワに向って進撃した。当座の間大して大きな抵抗はなかったけれども、進度はのろかった——泥がひどくて軍は疲れてしまったのである。おまけにナラ河の線で、新たに到着してきた、装備の充分なロシヤ軍の抵抗に遭遇した。

「すべての指揮官が問いつつあった。『我々はいつ停止すべきか』と。彼らはナポレオン軍の上に起ったことを想起していた。多くのものは、あの一八一二年のコーレンコール*の書いた身の毛のよだつような物語を読み返しはじめた。この書物は一九四一年のこのきわどい時に、大きな影響を与えたのである。私は、当時フォン・クルーゲ将軍が、彼の宿舎と司令部との間の泥の中を往き来しながら、そしてコーレンコールの本を手にして地図の前に立っていた姿を思い出す。そういう状況が毎日続いた。」

ここで特に私が面白いと思ったのは、この一九四一年の八月——丁度ドイツ軍の攻勢が頓挫しはじめた時に、私は雑誌《ストランド》の十月号へ、このヒトラーの作戦とナポレオンのそれとを比較しながら一つの論文を書いたからである。私はその中でコーレンコールからの多くの引用に準拠しながら、自分の意図した結論を述べたのである。ドイツの将軍達はコーレンコールに気がつくのが少しばかり遅すぎたようだが、我々はすでにそれと同じ視角から考えていたと私は語った。ブルメントリットは苦笑してうなずいた。

彼はさらに説明を続けて、「軍隊自身は、将軍達ほど気おちしていなかった。夜に入るとモスクワの上空では対空砲火のきらめきが見えたし、それは結局、街は非常に近いという兵隊達の想像をかきたてた。また彼らは、厳冬の間のかくれがをそこで見つけることができると思っていた。けれども指揮官達は、その最後の四〇マイルを押す力がないということを知っていたのである。

「将軍達は会議の席でその疑惑を述べたが、しかしヒトラーはそれをうち消した。そしてボックはいつもヒトラーに賛成した。ロシヤの反撃は、もう崩壊の寸前であると信ずべき充分な理由があるとヒトラーは言うのである。彼はモスクワ攻略の最後の命令を出し、そしてボルシェヴィズムの転覆を象徴するものとして、クレムリンは爆破されるべきであると伝えていた。」

攻撃再開までに軍の配置が変更され、南方方面ではクルーゲの第四軍が第一機甲軍団と協同することになり、北部ではヘプナーの機甲軍団が第九軍所属の若干の歩兵師団と協同することになった。そしてこの全攻撃はクルーゲが指揮することになっていた。ところがそのクルーゲ自身、自分の成功に疑問を感じていたのだから、思えばこの配置は皮肉であった。

ブルメントリットは続けて、「攻撃は左翼にあったヘプナーの機甲軍団によって開始されたが、もの凄い泥濘と、ロシヤ軍の猛烈な反撃に出会ってその進行はのろかった。味方の損害が増え、天候は悪化し、泥沼の上に雪が降り出した。ロシヤ軍は結氷したモスクワ河を渡って側面攻撃をくり返し、これを撃攘するため、ヘプナーは後から後からとその方向へ兵を向けねばならなかった。第二機甲師団は遙かに進んで、クレムリンの塔の見えるところまで浸透した。けれどもそれが限界であった。

「こういう不利な条件に応じて、そこで第四軍がこの攻撃に参加すべきかどうかという問題が起ってきた。毎晩のようにヘプナーは電話をよこして、これを請求してきた。こちらもまたクルーゲと私が毎夜の如くおそくまで坐って、この問題の是非を考えたのである。フォン・クルーゲは、自から前線の意見を聞こうと思い――彼は常に第一線の戦闘部隊と共にあることを望む、非常に精力的かつ行動的な指揮官であった――前線の指揮所を訪ねて、下級将校および下士官とまで相談した。戦闘部隊の指揮官はモスクワへ行けると確信しており、そしてそれを熱望していた。こうして五、六日の討議と調査の後に、結局クルーゲは第四軍を投入することに決定した。雪は積り地面は数インチの深さに氷った。ただ地面が固いということは、砲の移動には有利であった。

「攻撃は十二月二日に開始されたが、ところが午後になると連絡がきて、モスクワ周辺の森林地帯にたてこもっているロシヤ軍の激しい防御によって攻撃は停滞しているというのである。ロシヤ軍は森林戦の名人で、おまけにこのころはもう三時になると暗くなるのだから、彼らは一層有利であった。

「我々の方では、第二五八歩兵師団の中の一部の部隊がモスクワの郊外まで進出した。けれどもロシヤの労働者が工場から出てきて、街を守るためにハンマーやその他の道具で戦った。ロシヤ軍の防衛線を突破して、先の方で孤立している味方の部隊に対して、敵は夜通し猛烈な反撃をかけてきた。翌朝になると前線の軍団長から、もはやこれ以上の進出は不可能だと言ってきた。その夜クルーゲと私は長いこと話し合って、結局彼はこれらの前進部隊を後退させることに決めた。幸いなことに、ロシヤ軍は我々の後退に気がつかなかったので、うまく味方を離脱させ、かなり整然ともとの地点につれ戻した。

けれどもこの二日の戦闘で非常に大きな損害を受けた。

「この後退措置は、ロシヤ軍の全面的反抗という最悪の結果をさけることができたという意味において、幸い時期を失しなかった。ジューコフ元帥が、それに向って百個師団を投入しようとしていたのである。この圧力が集中してくるにつれて、我々の位置は一日一日と危険になった。結局ヒトラーも、我々がこれを支えきれないということを知るようになり、後ろの線まで少しばかり後退することをしぶしぶ許した。我々はロシヤ軍の補充能力、動員可能量を誤解していた。彼らはその潜在戦力を極めて巧みにかくしていたのだ。」

これがヒトラーのモスクワへの賭けの最後であった。そして、これがまたこの主戦場での賭けの最後でもあった。ドイツ兵は二度とクレムリンを見ることはなかったのである。捕虜として以外には——。

＊　コーレンコール（A. A. L. Caulaincourt 1773—1827）　ナポレオン時代の将軍で外交官。駐露大使も勤めた。皇帝のロシヤ侵入には反対したが、最後まで行を共にした。ロシヤのアレクサンドル一世にも信任があり、ナポレオン没落後、彼の救解によって追放を免れた。回想録三巻がある。

第十四章　コーカサス、スターリングラードでの挫折

モスクワはもはや絶望となり、冬がその最悪の状態に入りはじめた頃、ドイツ軍の間には恐怖の感が蔓延していた。それと同時にナポレオンのグランダルメー——大陸軍の上に襲いかかってきたと同様の、恐るべき全軍崩壊の危機が迫ったのである。

この暗黒の時期にパニックをさけ得たものは、ヒトラーの「不撤退」という決定であった。それはあたかも鉄の神経の如くに見えた。その実、それはただの頑固なえこじにすぎなかったかもしれないが。というのは、それは将軍達の助言には反していたからである。

けれども、彼がこの時の危機をもちこたえることに成功したということが、結局最後には自分を壊滅させる原因となるのである。というのは、この後一九四二年の夏には、彼はロシャのさらに奥地まで突入してきて、そのスタートは良かったが、やがてすぐさま迷走状態になってしまった。彼はスターリングラードを取ろうとしながら、しかもその目をコーカサスへ向けたがために取りそこない、さらにいつまでもスターリングラードにこだわっていたために、今度はコーカサスを失った。そして二度目の冬が訪れてくると、彼は再びモスクワへの霊感なるものに賭けようとして、ついに今度こそとり返しのつかない災害を招いた。もっともまだその時でも、すでに獲得していた広大な緩衝地帯を利用して弾力性のある防御戦を展開することによって、ロシャを消耗させる方法はあったと思う。けれども彼はあくまでその「退却せず」という方針にしがみつき、それによってドイツの崩壊を早めてしまった。

冬の危機

私がすべての将軍達から一様に聞いたところでは、一九四一年の冬に、モスクワから撃退されたドイツ軍の上

には、真に重大な危機が迫っていたということが明らかだ。将軍達はヒトラーに向って、冬期の防御線を確保するために、思い切って大幅に後退するべきことを進言した。軍は冬のきびしい戦闘の準備をしていないという点を指摘したのだが、しかし、ヒトラーは聞こうとはしなかった。「軍は一歩も退いてはならぬ。各自その現在位置で戦うべし」と。この決定は一見壊滅を招くように見えたけれども、その後の事態は彼の命令が正しかったことを再度証明した。この話の基本的な部分は、フォン・ティッペルスキルヒ将軍によって述べられている。やせ型で学者肌の、はじめは一軍団長であり後にはそこで軍司令官となった人物だ。「前線の防御は、一九一四—一八年の時よりも遙かに堅固であった。ロシヤ軍は我々の戦線を突破しようとして何度も失敗した。彼らは遠く我々の側面へも迂回したけれども、その有利な形を完全に成功させるだけの技量も補給もなかったのである。我々は鉄道と道路の集合点であるいくつかの町に集結し、そこをハリネズミ型の要塞に固め上げ——これはヒトラーのアイデアだったが——それを固守することに成功した。事態はそのようにして救われたのである。」

　多くの将軍達は、当時はそうは思わなかったが、今となってはヒトラーのこの決定が当時の事態としては最善であったと考えている。「これは彼の大きな一つの手柄であった」とティッペルスキルヒは言うのである。「あの重大な危機に直面した時、軍隊はナポレオンのモスクワ敗退について聞かされていたことを思いうかべながら、その影の下で生きていた。もしひとたび退却をはじめたならば、おそらく恐慌的な壊走状態になったろう。」他の将軍達もこれを裏書きするのである。ただ、ルントシュテットはこれについても手きびしい。「最初にこの危機を招来したのは、ヒトラーの頑固な抵抗命令だったのである。もし彼が適時に後退を許していたなら、そもそもこういう危険は発生しなかったろう。」

　この意見を間接に支援するのが、十二月にモスクワ戦線で起ったことを私に説明してくれた時のブルメントリットの話である。ヒトラーが過度に不撤退を固執することと、一度部下の要求に譲歩しても、すぐ動揺して取り消してしまう、そのやり方が一緒になって無意味な危険が何度も起った。

　「モスクワで最後に行きづまってしまった時に、フォン・クルーゲは総司令部へ具申して、軍はカルガとヴィヤズマの中間にあるウグラ川の線まで総退却をした方が良いとの主張した。すでにこの線では、一部がその準備にとりかかっていたのである。ところが総統大本営ではこの提案をめぐって長い議論が続けられ、最後はしぶしぶ許可が与えられたが、そのうちにロシヤの反攻が増大し、特に我が軍の側面において脅威となった。そうしていよいよ撤退がはじまったとたんに、いきなり総統から新たな命令が到達し、『第四軍は一歩も退いてはならぬ』と言ってきた。

「この時の味方の形は、グーデリアンの機甲集団が我々の右翼からずっと離れてツーラ付近に止まっていたから、第四軍の主力を撤退させる前にこの衰弱した部隊を何とか離脱させねばならなかった。そのため、こちらは増々苦しくなった。そしてこれが遅れているうちに、ロシヤ軍はグーデリアンの薄くなった戦線を攻撃してきて、さらにオーカ河を越えて猛烈な勢で巻き返してきたために、この遅延は新たな混乱を生じてしまった。同時に我々の左翼にいたヘプナーの機甲集団が激しく圧迫されて、あわや包囲されそうになった。

「結局、第四軍はその前進位地で孤立した形になって包囲の危険が切迫してきた。河は悉く氷っておりロシヤ軍の攻撃を支えるのには不充分であった。そのうちにロシヤの騎兵が味方の右翼を圧迫しつつ後方に迂回しはじめるにおよんで、危険はいよいよ現実となった。この時の敵の兵団は、騎兵とそれからソリに乗った歩兵から成っており、さらにソ連が奪還した村々から、武器をとれるものを全部集めてきたものである。

「十二月二十四日の第四軍の立場というのは、かくユーウツなものであったが、これは要するにヒトラーが時期を得た後退を許さなかったことに起因する。これより先、十五日には私の上官であったフォン・クルーゲは、その頃病気であったフォン・ボックに代って中部方面軍司令官になっていた。そこで私がクルーゲに代って第四軍の指揮をとった。我々の司令部は、マーロ・ヤロスラヴィッという小さな村でクリスマスをすごしたが、我々は常に小型機関銃をテーブルの上に置いたままで、あたりではずっと砲声が聞こえていた。どう見ても我々はもう分断孤立するより他に道はないと思っていた時、ロシヤ軍は我々の背後へ——北へ廻らないで西の方へ進んでいるのを知ったのである。彼らは明らかに機会を失した。

「しかしながら事態はやはり危険であった。ヒトラーは依然決定をためらっていたからだ。彼が漸くウグラ川の線まで撤退することを許したのは、一月四日になってからである。私はその直前に、参謀総長代理になるために前線を離れて、ケプラー将軍が私の代りに着任した。けれども、彼もこの緊張にたえられないことがすぐ分り、ハインリッキ将軍に代った。そして彼は両翼深く包囲されたままの形で、春がくるまでその新設陣地を持ちこたえていたのである。」

軍がどういう状態で離脱しなければならなかったかということについて、ブルメントリットは、「道路は雪が深く、馬の腹まで没するくらい積っていた。各師団が後退した時、隊によっては、夜に入って輸送するために日中シャベルで道を作ったりした。華氏で零下二十八度と言えば、どういう寒さかその試錬のほどはお分りと思う。」

ヒトラーの決定がともかくもモスクワ戦線での全軍の崩壊を救ったにしても、それがために支払った代価は甚大であった。「我が軍の損害は、モスクワ攻撃戦を停止するまでの段階ではそう大きくはなかったが――」とブルメントリットは言う。「冬の間に人的物的両方面にわたって甚大となった。非常に多くのものが寒さで死んだ。」もっと詳しい話はティッペルスキルヒがしてくれた。彼はその冬、レニングラードとモスクワの間にあったヴァルダイ丘陵の間で、第二軍団に属する一師団長をやっていたが、その兵力は正規編成の三分の一に減ったというのである。「各師団は冬の終りまでに五〇〇〇人に減った。そして中隊は僅かに五〇人になった。」

さらに、彼はヒトラーの「不撤退方針」なるものがもたらしたもっと遠い結果について、次の通り述べている。「この冬は空軍をも目茶目茶にした。というのは、ロシヤ軍の側面反撃によって、敵中に孤立した『はりねずみ陣地』に対して補給する作業に空軍は従事しなければならなかったからである。第二軍団は一日二百トンの補給を必要とし、それは平均百機の輸送を必要とした。けれども悪天候にも妨げられたので、実際飛べる日に飛んだ機数と回数とはもっと多かった。――この一つの軍団を補給するために一日三五〇機を必要とした日さえあったのである。飛行条件が悪いために多くの機が墜落した。これほど広い戦域に孤立分散している部隊に対して、全面的に空から補給しようとする努力は、爾後のドイツ空軍の上に致命的な影響を与えたのである。」

私はいろいろな将軍達に、この一九四一―四二年の間の、ロシヤ軍の冬期攻勢のコースとその効果について尋ねてみた。彼らが一様に強調したことは、ロシヤ軍が深く側面に廻ったことからくるところの心理的な緊張であって、これはドイツ軍を包囲して、その連絡を断つ目的でやるのであるが、ただこの点についてはブルメントリットも要約したように、これから出てくる直接の効果よりも、むしろ間接の効果の方が大きかったらしい。

「ロシヤ軍の冬期反撃の主たる効果は、むしろその翌年の一九四二年のドイツの計画をひっくり返したことである。そしてこの冬期だけの効果に関して言えば、ロシヤ軍の反攻作戦よりも、むしろ天候からくる被害の方が大きくかつ危険であった。士気の低下ということの他に、この時の気象状況がドイツ軍の被害の一層大きな部分をなした。それは少くとも、その冬中のロシヤの被害と同じ程度に重かった。」彼は続けて、ドイツ軍の緊張状態は、その戦線が余りにも長く伸びすぎていたためにさらに倍加されたと語った。「各師団の平均正面は二〇マイルから二五マイルに拡がり、一番危険なモスクワ正面でさえも、十マイルから一五マイルに拡がっていた。この薄さに加えて補給の輸送と分配が困難であり、これはさらに、道路、鉄道の建設の困難によって倍加した。」

私が彼に尋ねたことは、それほど薄い正面配備でどうして防ぎ止められたのか、そしてこれは第一次大戦当時の師団の防御正面として最大限であると考えられていた広さの限界を、遥かに越えているではないかということであった。それに対して彼は、「前大戦では、一単位正面に非常に多くの師団を投入して縦深を深くしたために、その担当正面は狭かったが、今度は新兵器と自動小火器の発達によって、もっと広い面積が守れるようになっていた。またその防御兵器が移動し易くなってきていたということも他の大きな理由である。今度の場合、かりに前線が突破されたとしても、その傷口が広がる前に戦車と機械化部隊の小集団による機動的な反撃によって、それを阻止することが可能であった。」と語った。

けれども、この防御が楽になりかつ有利になったことのために、何度も破滅を免れることができたということが、かえって逆にヒトラーを大胆にして、攻撃の場合に皮肉なことである。このピンチを切り抜けたことによってヒトラーは自信を強めた。つまり自分の判断が、他の将軍達の意見よりも正しかったと思ったのである。そしてこれ以後、増々彼は部下の意見を聞かなくなった。

モスクワから撃退された後、彼はブラウヒッチュを罷免して自から O・K・H の長になった。かくして、それまでの全軍の首長としてのO・K・Wの長とを兼ねたわけである。ブラウヒッチュ罷免の報導は、当然信じ易い民衆に対して、このロシヤ作戦失敗の原因はヒトラーではなくて、軍首脳部の方のやり損いであると思い込ませた。この巧妙なやり方によって、ヒトラーはその責任を彼らの上にかぶせながら、同時に自分の権力を増したのである。この点について、ブルメントリットのうまい評言がある。「この戦争では、海軍の提督だけがしあわせであった。ヒトラーは陸戦のことは何でも知っているというつもりでいたのに対して、海のことは全然知らなかったのだから——。」

けれども、提督にもそれ相当の悩みがあった。ナポレオンの時と同様、彼らは英国の海軍力によって作り出された様々の障害と、それが自分の大陸政策に与える間接の効果とを、充分理解し得ないくらい大陸的な心理状態になってしまった一人の指導者を相手にせねばならなかったからである。つまり、先へ先へと進む以前に、その敵の海軍力の基地を分断することが一番大切だということ——それらの基地はドイツ陸軍の到達範囲内にあったのだが——をヒトラーに分らせることができなかったのである。

一方将軍達は、その視野が大陸的であったと共に、余りにも狭く軍事的に偏していたため、ヒトラーにブレーキをかけることができなかった。その視野が狭くなればなるだけ、かえってそのすこぶる大きな慎重さを帳消しにした。これに関して、クライストは我々との話の中で若干の意味ある反省をしている。「クラウゼヴィッツの教訓は、すでにこの時代には忘れられていた。それは私が陸軍大学校に在学し、それから参謀本部にいたときでさえそうだった。彼の言葉は引用されたが、その書物は綿密には学ばれなかった。彼は実戦の教師としてよりも、一個の戦争哲学者と見なされていた。それに反してシュリーフェンの著作の方が遙かに注目されていた。それは劣勢の兵力で、——ドイツはいつでもそうなのだが——連合すれば優勢となる二つの敵をどうやって叩くかという問題に向けられているために、大変実用的だと思われたのである。けれどもクラウゼヴィッツの反省は、基本的には堅実である。特に戦争というものは、他の手段による政治の継続であるという格率は。それは政治的な要素の方が軍事的なものよりさらに重要だということを意味しているのだ。ドイツのあやまりは、逆に軍事的成功が政治的な問題を解決すると思い込んでいたところにあった。実際、ナチの下で我々はクラウゼウィッツの格率を逆にする傾向があった。そして、平和を戦争の継続と考えていた。さらにクラウゼウィッツは、ロシヤを征服することのむつかしさを説いたことにおいて、予言者としても正しかった。」

一九四二年の計画

春になったらどうするかということが、冬中議論されていた。そしてその議論は、モスクワへの最後の攻撃の前からはじまっていた。その経過に関してブルメントリットは言うのである。「若干の将軍達は、一九四二年になって攻撃を再開するのは不可能だから、無理にそうするよりもすでに獲得している地域を確実に押える方が有利だろうと言った。ハルダーも攻撃の継続については、大きな疑問を持っていた。ルントシュテットはその点もっとはっきりしていて、彼はさらに、ドイツ軍は最初のポーランドの国境まで後退すべきだとさえ主張した。フォン・レープもそれと同意見であった。他の将軍達はさすがそこまで言わなかったけれども、戦場をどこへ持ってゆくかという点について、大部分のものは非常に迷っていた。ブラウヒッチュとルントシュテットが去ってしまった今、ヒトラーに逆らう力は弱くなり、攻撃続行の方が優勢になった。」

一月以来、ブルメントリットがハルダーの下で参謀次長になっていたから、だれも彼ほど正しくヒトラーの決定の背後の事情や動機を良く知っているものはない。四二年度の攻勢の動機について、彼は次のように要約している。

まず第一に、一九四一年に取りはぐったものを四二年に取ろうというヒトラーの希望。彼はロシヤ軍がその力を増強することができるということを信じなかったし、そういう意見を聞こうともしなかった。ハルダーと彼との間で「意見の戦」が行われた。諜報機関の情報によれば、月に六〇〇台から七〇〇台の戦車が、ウラル山脈またはそのあたりの工場から送られてきているということであったが、ハルダーがそれを話すとヒトラーは卓を叩いて、そんなことはあり得ないと言った。彼は自分が信じたくない事は信じようとはしなかった。

第二に、彼はもし攻撃を続行しなかったなら、他にどうしたら良いか分らなかった。——つまり、退却というような意見には全然耳をかそうとしなかったからである。彼は何かしなければならないと思っていたから、従ってその何かは攻撃より外にはないのであった。

第三に、大きな圧力がドイツの経済当局の方からやってきた。ともかくも前進し続けることが必要であると強調し、彼らはヒトラーに向ってコーカサスの石油とウクライナの小麦がない限り、戦争継続は困難であると説きたてた。

私はブルメントリットに向って、参謀本部はそういう主張の根拠を良く調査したか、また当時言われていたように、ドニエプル河湾曲部のニコポール周辺のマンガン鉱が、ドイツの製鉄業にとって不可欠であったというのは事実であるかと尋ねたところ、彼はまずその後の質問に対して、自分は戦争の経済的側面のことは知らなかったから、それについては返事ができないと言うのであった。私はそれを聞いて、ドイツの戦略家達がその計画に不可欠であったところの諸条件の研究について、いかに無縁であったかという重大な告白を聞いたような気がした。彼はさらに続けて、こういう問題を議論する席には、参謀本部の代表は出ていないのだから、経済問題の専門家によるこういう主張に対して疑問をさしはさむことは非常に困難であると言い、つまりそれが、ヒトラーがこういう事実をそっと秘密にしておきたかった証拠であると語った。

ただヒトラーは、こうしてロシヤの奥地へ深く突入するという致命的な決定を下したものの、もはや去年のように全戦線で同時に攻勢に出るほどの力がないということは知っていた。結局どこかを選ばなければならなくなり、再びモスクワを攻めることをも躊躇して、南へ出てコーカサスの油田を取ろうと考えた。もっともそれは、自分の胴体を望遠鏡のように長く伸して赤軍の主力の横を通り、自らの側面をさらすことにはなるのだが。だから軍がコーカサスへ着いた時には、ほぼ一〇〇〇マイルの距離にわたってどこからでも側面攻撃を受ける形になったであろう。

攻撃作戦をやるとすれば、もう一ヵ所残っているところはバルチック海の横腹であった。元来一九四二年の計画の中には、夏の間にレニングラードを取ってフィンランドとの間に安全な連絡を作り上げ、その半孤立状態を救うという計画が含まれていた。それを除けば、北部方面軍と中部方面軍とは専ら守勢に終始して、ただその位置を補強するだけということであった。

コーカサス方面進攻のために、特に〃A〃軍集団が編成され、フォン・リスト元帥がこれを率いた。他方で、縮少された南部方面軍がその左側翼で行動する。その司指官はルントシュテットからライヘナウに代ったが、彼は突然一月に心臓病で亡くなったためにフォン・ボックが招致されたけれども、これも攻撃がはじまる前に罷免されてしまった。クルーゲは中部方面軍司令官として止まり、レープに代ってブッシュが北部方面軍の司令官になった。これを説明しながらブルメントリットは、「フォン・レープ元帥は、この攻撃続行の決定について非常に不満であったので、彼は自分の任を解かれんことを求めた。彼は気乗りがしなかったのである。軍事的見地から見て望みのない冒険であるということと別に、ナチの体制に対しても反対であった。やめさせて貰える良い口実をここに見つけだしたのである。やめるためにはヒトラーを納得させる理由が必要だったのだ。」

一九四二年の計画がどうやって作られていったかということをさらに話しているうちに、ブルメントリットは、側面からの情報として書き加えておくのに価する、ある一般的な見解を述べた。「高級幕僚としての私の経験からすると、戦争において一番大事な問題はいつも、戦略的な要素によって決まるよりも、むしろ政治的な要素によって決まる傾向があり、かつまた、戦場における戦闘よりも、むしろ後方における心理的葛藤によって決まる傾向がある。しかもこうした心理的な戦闘とも言うべきものの過程は、そこで最後に作られてできた作戦の上へは出ていない。つまり文書というものは、決して歴史の安全な案内役ではないのである。ある命令にサインしたものは、しばしばその文書とは全然別の考えを持っていることがある。個々の将校が実際に何を考えていたかということを示す確実な証拠として、歴史家が書架から発見するところの文書を引き合いに出すとすれば、それは非常に愚かなことだ。

「私はこの真理をもうずっと前、フォン・ヘフテン将軍の下で第一次大戦当時の歴史を調べていた時に気がついた。この人は非常に注意深い歴史家で、私に対して歴史研究の技術とそのむつかしさとを教えてくれた人である。けれども、私はナチ体制の下における今度の戦争で、最高統帥部に身を置いて親しく観察することにより、それを一層はっきり見るようになった。

「この体制には奇妙な副産物があった。組織と秩序の好きなドイツ人は、他の国民以上にものを文書に書きたがるという傾向があるが、さらにこの戦争ではかつてないほどに《書類》が製造されてきた。昔の軍隊では、現場の指揮官に行動の自由を与えるために、命令は簡潔に書いたものである。ところが今度の戦争ではやり方が変った。というのは、心理的な自由ははじめから非常に制限されていたからだ。そこですべての指揮官は、処罰されないためには、あらゆる行動、あらゆる予想しうる事態が、すべてあらかじめ規制されていなければならなかった。そうなると自然に命令は分量が多く、かつ長くなる。我々の受けてきた訓練とは逆である。しかもその文章の、屢々誇張した言葉使いとか、いつも最上級の形を使う言い方などは、すべて昔流の含蓄のある簡潔さとか、切りつめた言葉使いというルールには反するのである。だからこちらの命令はいつも宣伝調のスタイルで、かつ〝煽動的〟でなければならなくなってきた。総統とO・K・Wの命令の多くは、もしその作戦が失敗した時、それは総統の意嚮を正しく伝えなかったからであるという責任を免れるために、さらに一語一語下級の命令に書きかえられていったのである。

「ナチ体制下のドイツの強制状態は、ロシャのそれと同じくらいに悪かった。私はしばしばその証拠を見た。たとえば、戦闘の極めて初期の段階に、スモレンスクで逮捕した二人のロシャの上級将校を訊問したが、彼らは自分達のやっているその作戦については全く不賛成であったけれども、ただその命令を文字通りに実施するか、そうでなければ処刑されるかどちらかであった。人々が自由に話ができるのは、こういう捕虜の状況においてだけであった。一方、体制のしめつけの下で彼らはそれをオーム返しにする他なく、自分の考えは抑えていた。

「ナチとボルシェヴィズムの制度は、多くの点で類似していた。ある日ハルダーも出席していた内輪だけの集まりで、総統は、自分がいかにスターリンを羨ましく思うかという話をした。スターリンは、言うことを聞かぬ将軍達を自分以上に手きびしく処置することができるというのだ。

「さらに彼は赤軍の戦前の粛清について言及し、いかに自分がボルシェヴィストを羨ましく思うか、彼らは自分達のイデオロギーを完全に体得した軍隊と将軍とを持っており、丸で一人の人間のように無条件に動いているのに対して、ドイツの将軍達と参謀本部は、ナチの狂信的な思想をちっとも共にしていないと言ってこぼしたのである。『彼らは逡巡し反対し、そして私と充分に一致していない。』

「戦争が進むにつれて、ヒトラーは増々この種の長広舌にふけるようになった。彼は依然として自分の軽蔑している階級を必要とした。彼らなしには自分の仕事ができないからだ。けれども、その軍人達の機能を増々きびしく統制するようになった。多くの命令や報告は、かくして二つの面を持っていた。署名されている文書は、しばしばそれに関係した人の気持を表わしておらず、そうかといってそれに署名しなければ二つのおなじみの結果がやってきた。歴史家と同じく、将来の心理学者はこうした現象に対しても注意を払うべきである。」

コーカサスへの進撃

一九四二年の攻勢は、その本来の計画から見ても奇妙な形をもっていた。それは背後が傾斜しているタガンログ＝クルスクの線からはじめることになっていたが、右翼側はアゾフ海に面してロストフのところでドン河に接近しており、一方左翼は、クルスクのところで一〇〇マイル以上も西に隔っていた。攻撃はこの後陣の側面からの強力な突進によってやることになっていた。目標はコーカサスとスターリングラードの二ヵ所であったが、後者は、いわばコーカサス進撃のための防衛的な目的だった。またスターリングラードでは、この戦略的な地点を確保するために必要なだけ、十分街を越えて前進するだけというふうに決められていた。

スターリングラードが主目的ではなかったということを聞いたら、大がいの人は驚くだろう。というのは、今度の戦闘での決定的なあの夏に、スターリングラードの攻防戦はすべての連合国側の関心のマトであったのだから。彼らは自分達の運命がロシヤと同じく、この街にかかっていると思っていた。

この点に関する一層詳しい情報は、クライストによって述べられている。「スターリングラードの占領というのは、本来の主目的の補助であった。そこはドン河とボルガ河との間の狭窄地帯で、我々の側面を東から突いてくるロシヤ軍を食い止めるのに適当な要地であるというためだけの重要性しか持たなかった。当初スターリングラードは、我々にとっては地図の上の名前以上のものではなかったのである。」しかしブルメントリットはこう言っている。「もともとヒトラーは、スターリングラードから北へ廻ってモスクワ周辺のロシヤ軍の背後へ廻るという計画を持っていた。けれども相当な議論の後に、これは到底不可能な野心であるとして思い止らせられた。彼の側近の中には、ウラル山脈まで行くような話さえしていたものもあったけれども、それはなお一層の夢物語りだったのである。」

いずれにしてもこのコーカサス作戦というのは危険なもので、しかもそのやり方からして一層危険になったのである。

コーカサスへの機甲部隊を統率することになったクライストは、四月一日――という縁起の悪い日にヒトラーに招致された。「ヒトラー曰く、我々は秋までに油田を取らねばならぬ。ドイツはそれなしでは戦ができないと。私がそれに対して、これほど長い側面を敵に曝したままで進撃するのは危険であると指摘したら、彼はその側面防御のためには、ルーマニヤ、ハンガリー、イタリヤの軍を呼ぶつもりであると言った。それに対しては、私も、また他のものも、そういう軍隊に頼るのは危いと警告したが、彼は聞こうとしなかった。彼曰く、これらの味方は、ドン河に沿うてボロネツからその南の湾曲部までの側面と、それからスターリングラードを越えてカスピ海までを守らせるだけである。そうしてそこは最も守り易い扇状部分だから大丈夫だと言った。」

ヒトラーの軍事行動に対する警告あるいは不吉な予感なるものは、事態の経過と共に次第に明らかになってきた。けれども、この彼の二年目の賭けなるものも、実はほとんど成功しそうになっていたということも、これまた認めておかなければならないのである。一九四二年の夏にはロシヤの方もドン底であった。ただロシヤ軍に幸いしたことは、あの開戦当初のドイツの勢力の非常に多くの部分がすでに消滅してしまっていたということだ。だからおそらくあの時もう一寸大きな力を加えたら、あのところどころの敗北が全面的な崩壊にまでつながっていたのだろう。

夏期攻勢は花々しい成功を以ってはじまった。ロシヤ軍は、一九四一年に受けた人的物的両面の巨大な損失から未だ回復しておらず、また、新しく徴集した軍隊もまだ戦場についていなかった。ドイツ軍の左翼はクルスクからボロネツにまで急進撃をした。それは、ロシヤの予備軍が僅少であったことによって助けられた。彼らは、主に遙か北方、モスクワ地区にいたのである。もう一つドイツにとって楽だったのは、ロシヤ軍が五月に、ハリコフに対して非常に執拗な反撃をしていたことである。

これについてブルメントリットは述べている。「このためロシヤ軍は、我々の攻撃を迎えるはずの兵力の相当多くを消耗した。」そして、「このクルスクからドン河へ、およびボロネツへの進撃に当って先陣を承ったのは、第四機甲軍であった。そして我々の機械化部隊がドン河の右岸にそって南東へ旋回している間に、第二ハンガリヤ軍がそこを抑えた。」

その当時のボロネツにおけるロシヤ軍の猛烈な抵抗だとか、この方面でのドイツ軍の進撃を食い止めようとして必死の防戦をやった、そのやり方などについての当時の感動的なニュースを私は思い出したから、それらについてさらに聞いてみたところ、彼は答えて、「ボロネツを越えてさらに東進を続けるというつもりはなかった。命令はボロネツのあたりでドン河の河畔で止ること、そして南東への進撃の側面を援護するために、そこで防御の形をとるというのであった。その南東への進撃は、パウルス麾下の第六軍の援護を受けつつ、第四機甲軍がやるはずになっていた。」

このドン河とドネツ河との間の廻廊を通って斜に進む進撃は、この作戦の主役を演ずるはずになっているクライストの第一機甲軍の突進を陰蔽すると同時に、それを容易ならしめるためだった。さて、この攻撃はハリコフ附近から出発して、チェルトコヴォとミレロヴォを通ってロストフに向って急進した。ドネツ河南部の第十七軍は、クライストがロストフに近づいた時に漸く攻撃に加わっただけである。この電撃戦の模様については、クライストの話によると、彼の軍はロストフの北のところでドン河の下流を渡り、それからマニヒ川の峡谷にそって東進した。ロシヤ軍がそこのダムを爆破したため、川が氾濫してドイツ軍の計画が潰れそうになったが、彼の機甲部隊は、二日遅れただけで河を渡り、それから三縦隊になって南に廻った。クライスト自身は右縦隊を先導し、すでに八月九日にはマイコップに着いた。その時彼の左と中央の縦隊は、南東一五〇マイルのコーカサス山脈の麓に近づいていた。第十七軍は徒歩で追従しながら、この機動部隊の扇状攻撃を援護した。

かくして作戦開始から六週間の後に、ずっと西の方の油田地帯に到達してそこを抑えることができたけれども、山の向うにある本場の資源地帯にまで達することはできなかったのである。クライスト曰く、「失敗の主たる理由は燃料の不足であった。我々の補給物資の膨大な量は、みなロストフの狭窄地帯から鉄道で運ばれてきた。黒海のルートが不安と思われたからだ。若干の燃料は空輸したが、全体として我々の進撃を支えるには足りず、絶好の機会であると思われた時に停止した。

「けれども、失敗の決定的な理由はそれではなかった。もし私の部隊が、スターリングラード攻略を助けるためにちびちびさいて取られるようなことがなかったならば、我々はやはり目標へ到達できたであろう。私の手許にあった快速部隊の一部をはじめ、高射砲部隊の全部と、偵察中隊を除いた空軍のすべてを取られてしまったのである。

「この軍の転用による削減が作戦失敗の遠因になった。ロシヤ軍は突然グロズニィのそばの飛行場から、八〇〇の爆撃機で私の戦線へ集中爆撃をかけてきた。もっとも、実際に使っていたのはその約三分の一にすぎなかったけれども、ともかくもこちらの攻撃続行を妨害することができたし、特に私の方に戦闘機と高射砲とがなかったために、大きな効果を発揮した。」

クライストはロシヤ軍の抵抗が頑強であったことをほめながら、なお次のような、心理学的に見て面白いことを言った。「攻撃の初期の段階では、組織的な抵抗は非常に少かった。ロシヤ軍というのは、その側面を通りぬけると、戦闘を継続するよりも退却する道を探すことに熱心であるように見えた。それは一九四一年の状態とは全く違っていた。ところが我々がコーカサスへ進出すると、そこで出会ったのは地元の部隊だったが、彼らは自分の家庭を守るために極めて頑強に抵抗した。ロシヤという土地が非常に進攻しにくい国であるために、彼らの粘り強い抵抗は大変有効であった。」

マイコップを取ってから後の作戦の経過をさらに詳しく説明しながら、クライストは自分に割り当てられた第一の目標は、ロストフからコーカサス山脈をこえてティフリスへ出る本道の全線を押えることであり、バクーは第二の目標であったと語った。前進はテレック河畔で最初の大きな抵抗に会ったので、クライストはずっと東の方へ迂回して渡河を試みて成功した。けれどもその後、テレック河の向う側の、非常な難所でまた停滞してしまった。そこは険しいだけでなくて、深い密林であった。前線の抵抗によって起ったこの停滞は、スターリングラードからカスピ海へかけてのステップ地帯で、味方の左翼側が脅威に曝されたことによって増々ひどくなった。

「ロシヤ軍はその予備兵力を南部コーカサスから廻してきたし、さらにシベリヤからもつれてきた。これは私の側面を脅威におとし入れた。味方の態勢は非常に長く伸びていたので、ロシヤの騎兵は彼らの望む時にいつでも私の前哨線を突破することができたのである。ロシヤは、アストラカンから南へかけて、ステップ地帯を横ぎって鉄道を敷設してあったから、それを使ってこちらの側面へ兵力を集中させることは容易であった。このレールは平坦な草原の上を真直に、土台も固めずに、ごく大雑把に敷いたものである。こちらがレールを壊してこの脅威を除こうとしても無駄であった。どこか壊すとすぐ大急ぎで修理して接合された。私の偵察隊はカスピ海の岸にまでついたが、結局それ以上はどうにもならなかった。この地区の我が軍は、つかみどころのない敵と格闘しているようなものであった。時間が経過して、この地区のロシヤ軍が次第に増強されてくるにつれて、この側面からの脅威は重大化していった。」

クライストは、十一月までにその目的地に着こうとして努力した。――あちこちの地点に向って奇襲攻撃をくり返しながら。モズドックからの進入が失敗した後、彼は自分の西側面のナルチックから反転し、プロクラドナヤからの集中攻撃と相まってオルゾニキーゼに到達するのに成功した。彼は、一々地図についてこの多彩な作戦行動を私のために説明しながら、それをいかにも職人的な満足さで以って、「非常にエレガントな戦争」であったと称した。この作戦の段階になって、彼は漸く空軍の援助を多少貰ったけれども、そのうちに悪天候に災いされ、やがてまもなくロシヤ軍が反撃してきた。「この反撃のために、私が大丈夫だと思っていたルーマニヤ軍の一箇師団が突然崩壊し、こちらの計画は狂ってしまった。それから手づまりがはじまった。」

他の将軍達も、作戦の失敗の原因についてのクライストの証言を裏書きしている。特にガソリンの不足について――各機甲師団は補給を待つため、時々数週間も停滞した。ガソリン不足のために給油車自体が動かなくなり、ガソリンをラクダで運んだ。伝説的な「砂漠の船」の皮肉な復活だ。ブルメントリットはこれを補足して曰く、「山地での敵の抵抗を克服するチャンスは減っていた。というのは、ドイツの山嶽部隊のエキスパートの大部分は、クライストを助ける代りに、黒海沿岸からバツームに向って進んでいた第十七軍を援助するために使われていたからだ。その沿岸作戦は、クフイストの突進に比すれば遙かに重要性の少いものであり、こちらにそれほど多くのエネルギーをさくのは間違いであった。従って、これがタウプスで阻止されて増援要求が来た時に、我々の中には異論を唱えるものもあった。議論は沸騰し、この沿岸作戦を強調する人達に対して我々はしきりに言ったものである。『よかろう、坊や達。だが石油はまだその向うにあるんだよ』と。これはバクーのことをさして言っていたのである。けれどもタウプス作戦増援意見が勝を制して、結局コーカサスにおける我々の力を分散する結果となり、とうとう時期を失してしまった。」

コーカサス地区で起ったところのこの勢力の分散は、実は一層大きなスケールで、コーカサスとスターリングラード両方面に力を分割するという形でくり返された。けれどもこの問題についても、ブルメントリットの意見は時の多数意見とは違っていた。「強い抵抗を排除しながら、コーカサスとスターリングラードの両方を同時に取ろうというのはばかげたことであった。その時にも述べたが、私の意見は、まず第一にスターリングラードに向って全力を集中すべしということであった。石油を取るよりも、ロシヤ軍を潰すことの方が大事である。もし我々が戦争を続けるつもりならば、石油を取ることの方が大事であるという経済専門家の意見を打ち負かすことはできなかったけれども、事態の推移は彼らの論証を裏切った。というのは、別にコーカサスの石油をとらなくても、我々は一九四五年まで戦争を継続することができたからである。」

スターリングラードの敗北

一九四二年度の戦闘における最上の皮肉は、もしドイツがスターリングラードを最優先的に扱っていたら、ここはおそらく、遙か以前に取れていたであろうということだ。クライストの説明は、この間の事情を明らかにしている。「第四機甲軍は、私の左をスターリングラードの方向に向って進撃していた。おそらく七月の終りまでには、一戦も交えることなしにスターリングラードを取っていたろう。ところが、それがドン河を渡っていた私の軍を助けるために南へ廻った。私の方は別に援助を必要とはしなかったのみならず、それによって、かえって私の使っていた道路を混雑させただけになった。二週間たって北へ反転した時には、もうロシヤ軍は、それを阻止するに充分なだけの力をスターリングラードへ集めていた。」

ドイツ軍にとっては、七月の中旬ほど事態が明るく見えたことはない。二つの機甲軍の快進撃は、ロシヤ軍をその拠点から次々と押し出しただけでなく、なお一層の攻撃に好都合なような混乱状態をも引き起した。ドイツの機械化部隊が、ドン河下流の渡河点を容易に確保することのできた理由はそれである。当時はどこでも——南東方面のコーカサスへでも、また北東方面のボルガ河へでも、行こうと思えばどこへでも行けた。大部分のロシヤ軍は依然ドン河下流の西側にあり、ドイツ機甲部隊の快進撃のために退却もできずに取り残されていたのである。

第四機甲軍がこうして一時南へ転進したために、急襲によってスターリングラードを取ることができないということになった時に、事態は変りはじめた。ロシヤ軍はスターリングラード防衛のために兵力を集結する時をかせいだのである。ドイツ軍はこの最初の失敗の後では、もうパウルスの第六軍の主力がドン河に進出してくるまで待たねばならなかった。この軍は河の湾曲部に居残っていたロシヤ軍を掃討しつつ、スターリングラードに対する集中攻撃に加わろうとしていた。けれどもこれは徒歩の軍隊であり、おまけにドン河中流に沿って次第に伸びてきた自分の側面を援護するために、ちょびちょびと師団を後ろへ残さなければならなかったから、その攻撃力は漸減して、肝心の戦場へ到達するのが遅れてしまった。

八月中旬になって、スターリングラードに対するきわめて真剣かつ慎重な努力がはじまったころには、ロシヤ軍はさらに大きな予備兵力をそこへ集めていたのである。攻撃は次から次へと失敗した。ロシヤ軍にとっては、スターリングラードの方がコーカリスより強化し易かった。こちらが彼らの本土へ近いからである。ヒトラーは相つぐ失敗に、次第にいらだちはじめた。「スターリンの街」という名前が彼を挑発したのである。彼は本来の主攻線であるコーカサスをはじめ、凡そあらゆるところから軍隊を引き抜いてこれに当らせ、結局軍を消耗させてしまった。

その三ヵ月の戦というのは、ドイツ軍にとってはまるで昔の「破城槌」の戦のような結果になってしまった。軍がこの街に近づけば近づくほど、それが敵の抵抗を弱めるテコの役割りを果たすところの、戦術的な機動性の余地空間を奪うことになってしまった。また、それと同時に戦線が狭ばまったものだから、内線防御の側にとっては、いつでも危険な場所へ地域的な予備兵力を急送することができたのである。ドイツ軍が市街地深く突入すればするほど、そのスピードは遅くなった。この包囲戦の最後の段階では、戦線はもうヴォルガ河の西、半マイルもあるかないかのところまで迫っていたが、ドイツ軍は甚大な被害を受けてその力はほとんどつきていたのである。一歩進む毎に損害がかさみ、得るものは増々少くなっていた。

頑強な相手を敵にして戦う市街戦本来のむつかしさ――そうした問題が、特にこの場合の防御の側の蒙ったハンディを忘れさせてしまったように思われる。その困難の最も大きなものは、ロシヤ軍の補強も補給も、すべてボルガ河を、砲火をくぐって、船とはしけで運ばなければならなかったということである。これは結局、河の西岸で街を防衛するために、ロシヤ軍が使用しかつ維持しうる力の大きさを制限した。そのため守備側はしばしば手ひどく圧迫された。これはさらに上級の指揮当局が――これは極めて冷静な判断からだが――ドイツ軍の側面を反撃する意図で、その集めた予備兵力の大部分を側面に集結させるというやり方をしたために、その直接の防御正面に対しては極めて微弱な増強しかしなかったということによって、その地区の苦痛は倍加した。ただ大分後になってから、僅か二度ではあったけれども、その側面攻撃に当っていた軍の中から一個師団をさいて、スターリングラードへ廻したのである。勇敢な守備側のゆとりもぎりぎりのところへ来ていたが、ともかくもそれで足りたのである。

このスターリングラードにおける長い攻防戦の模様については、ロシヤ側の記述によって生ま生ましく描かれている。ドイツの方は、主な指揮官をはじめとして軍隊全部がロシヤの手に渡ってしまったために、詳細なことが分らない。ともかくこれまで分っている限りでは、次第に減っていく兵力によって街の一つ一つのブロックをつぶしてゆくという、手数のかかるやり方であった。攻撃側の希望というのは、もうその主導権を敵に奪われる大分以前からすでに消えていたのだけれども、ただもうヒトラーの容赦のない要求に従って、その攻撃を続行させられていた。

歴史的に見てさらに興味のあることは、このスターリングラードの攻撃戦に加わった軍隊が、一体どういうわけで包囲されたかという点についての証言である。彼らの側面が崩壊するということは、もう大分前から分っていた。この点を強調してブルメントリットは、「我々が進むにつれて、長く伸びた側面の危険が次第に増大してきたが、それは故意に目をつぶるのでない限り、だれにもとうに分っていたことである。ロシヤ軍は八月中、ボロネツから南東へかけて、ドン河の東岸で次第に増強していた。彼らは時々短かく鋭い攻撃をかけてきて、ドン河ぞいのドイツ軍の防備が弱いことを知っていたはずである。この試験的な攻撃によって、ボロネツの南の扇形部分を押えているのが第二ハンガリア軍であり、その向う側にいるのが第八イタリア軍だということが分っていた。九月に入って、ルーマニヤ軍がずっと南東へ伸びてきて、スターリングラードの西側のドン河の湾曲部までを占めるにおよんで、危険は一層大きくなった。この長い「連合」戦線の中へ、極めて僅かなドイツ軍が補強剤的にばらまかれているだけであった。

「私はハルダーの命令で、イタリヤ軍の防御地区に飛んでいった。ロシヤ軍がそこを突破して割れ目を拡げているという、重大な報告があったからである。だが、調べてみると攻撃しているのはロシヤの僅か一個大隊にすぎなかったが、現地のイタリヤの師団全部が壊走していた。私は、早速アルペン師団とドイツの第六師団の一部をあてて、割れ目をふさぐ応急措置を講じた。

「私はそこに十日止っていて、帰ってきてから報告書を出し、これほど長い側面を冬中持ち続けるのは不安であるという趣旨の申告をした。汽車の終点はこれらの前線から二〇〇キロメートル以上後ろにあり、土地の状況から見て、防御工事に役立つような木材もなかった。ともかくも、使えるところの各師団あたり約五〇キロから六〇キロの正面を担当しており、適当な塹壕もないし、決まった陣地もなかったのである。

「ハルダー将軍は私の報告を了承し、攻撃中止を主張した。敵の抵抗は強まるし、長く伸びた側面の危険は増々多くなる徴候があった。けれども、ヒトラーは耳をかそうとしなかった。九月一ぱい総統とハルダーとの間の緊張は増し、両人の議論は激しくなった。ハルダーと議論している総統の姿というものは、真に興味のあるものであった。総統は地図の上で大きく手をふり廻すのを常とした。――『ここを突け、あそこを突け』と。それは全く漠然としていて、実際上の困難などはお構いがない。もしできさえすれば、この自分の腕のふり廻しで以ってドイツ参謀本部全体を払いのけたいかの如くであった。参謀本部は自分の計画に乗り気でないということを、彼は感じていたのである。

「結局ハルダーは、冬もこうして近づいているのに、これ以上攻撃を続けることには責任が持てないということを明言した。そうして彼は九月の末に解任され、それに代ってツァイトラー将軍が任命された。彼は当時西部戦線で、フォン・ルントシュテット元帥の参謀長を勤めていた。私はそのツァイトラーの後任として西部へ赴任したのである。

「ツァイトラーとしてははじめてこういう状況に接し、しかもはじめてこういう高位に上ったものだから、最初はハルダーのようにいちいちヒトラーに文句をつけて邪魔するというようなことはしなかった。そのためヒトラーは、ロシヤ軍に妨害される以外はだれの妨害も受けないで自分の目的を遂行した。そして我が軍は一層の深みにはまって行ったのである。ほどなくツァイトラーは前途の見込がおぼつかなくなり、この冬中スターリングラードのそばへ軍を置いておくのは不可能だということで、ヒトラーと議論した。彼の警告の正しさが分った後に、ヒトラーは増々ツァイトラーに敵意を抱くようになり、彼を罷免はしなかったけれども、手許へは寄せつけないようになってしまった。」

状況を要約してブルメントリット曰く、「この時退却していたとしても、別にパニックは起らなかったろう。ドイツ軍は冬の戦闘に耐えられる準備ができており、前年彼らを脅えさせた無気味な不安感を克服していた。けれども、彼らは今の現状を維持するほど強くはなかった。そしてロシヤ軍の方は一週間ごとに増加していた。

「しかし総統は一歩も動こうとはしなかった。彼の『直感』がその前の年は正しかったものだから、再度必ずそうなると思っていた。それで彼はあくまで不撤退を固執したのである。結果はどうなったかと言えば、ロシヤ軍が冬期反抗を開始した時に、スターリングラードの味方の軍は分断され、やがて降伏を余儀なくされた。すでに我々の方はもうそれほどの損害には耐えられないほど弱っていた。戦争の天秤皿はドイツの不利に傾いていた。」

第十五章　スターリングラード以後

私が多くの将軍達に尋ねたことは、「スターリングラード以後でも、もしうまくやれば敗北が避けられたと思うのか。」ということであった。ルントシュテットはそれに答えて、「避けられたと思う。もし前線の司令官達が、いつでも適当と思う時に後退することができたならば、ということである。ところが実際には、もう至るところで、いつまでも無理な抵抗をやらせられた。」彼は一九四一年に東部戦線を去ったのだから、その後の事態を、割合客観的に見ることができた。その上、彼は性格的にも楽観主義者ではなかったし、さらに、両戦線で共に上級指揮官をやったことがあるという特別な経験からしても、彼の大局的な意見は傾聴に価する。同じ質問を最後まで東部戦線に残っていた将軍達にした時には、彼らの返事はもっとはっきりしていた。ドイツ軍が弾力的な防御戦をやりさえすれば、ロシヤの攻撃力は消耗してしまったろうというのである。――もしそうすることが許されるならば、――と。そしてその中のあるものは、顕著な例さえあげたのである。

クライストのあげた実例は、パウルスの第六軍がスターリングラードで包囲された後で、彼がコーカサスから撤退してくる途中で起った例である。彼はその撤退作戦を、大きな損害なしにやったというので元帥に昇進した。普通そういう昇進は、攻撃での手柄で貰った多くの人達よりもうまくやったと思われがちだが、実はこれほど危険な条件と状態の下でこのように軍を離脱させたということは、歴史的にも珍らしいことなのである。距離は長かったのだし、また冬でもあった。おまけに後尾と側面とからは、圧倒的に優勢な敵が追尾している。

その撤退の模様を語ってクライストは、「コーカサス方面での我が軍の攻勢は、一九四二年十一月には尻つぼみになってしまっていたけれども、なおその後でもヒトラーは、そういう山地の奥深く、危険な前進位置で停止し続けることを主張した。一月はじめ、ロシヤ軍の攻撃が我が軍の後尾に迫り、マニチ湖の南端をよぎってエリスタから西の方へ指向してきたために、後翼が重大な危険に曝された。敵はさらに我が軍の前面地点のモズドックあたりをも反撃してきたものだから、状況は一層危険になった。けれども、何と言っても最大の危険は、スターリングラードから西進したロシヤ軍が、ドン河を下ってロストフへ出で、そこで我が軍の後尾を突くことであった。

「ロシヤ軍がロストフから僅か七〇キロのところにあり、我が軍がロストフの東六五〇キロのところにあった時、ヒトラーは私に厳命を下して、いかなる状況の下においても撤退してはならないと言ってきた。それはあたかも運命の宣告のように見えた。けれども、翌日になって突然撤退せよと言ってきて、但し装備は一つも残すなと言うのであった。これはどんな場合でもむつかしいことだが、特にかくの如くロシヤの冬のさ中にあっては、さらに困難なことであったのだ。

「エリスタからドン河までの私の退却線の側面を援護するのは、元来アントネスク大将の率いるルーマニヤ軍集団の仕事であった。有難いことに(!)アントネスク自身はやってはこず、代りにここは、南部方面軍を率いていたマンシュタインの仕事になった――もっとも、一部のルーマニヤ軍もいたが。私はマンシュタインのおかげで、ロストフの狭窄地帯をロシヤ軍が遮断する前に脱出した。それでもマンシュタイン軍は非常に激しく圧迫されたために、私は自分の師団をいくつかさいて彼の方に廻し、ドン河の下流、ロストフの方へ向って進撃していたロシヤ軍を食い止めさせた。この撤退作戦の最大の危機は一月下旬であった。」

クライストは、一見ほとんど不可能に見えるこの撤退の成功が、いかに、そのいわゆる柔軟防御ということが有効であり強力なものであるかという事を示していると力説した。彼の軍隊が無事ドニエプル河にまで後退した後で、今度は逆に、スターリングラードとドン河から西進してきたロシヤ軍を反撃するほどの予裕ができていたのである。この反撃で再びハリコフを取り、南部戦線のすべての位置を回復した。その後、そこはずっと停滞が続いて、これは一九四三年の夏の終りまで続くのである。

この息つぎの間に、東部のドイツ軍はその形勢を挽回強化して――以前ほどではないにしても、少くともロシヤ軍の攻撃ぐらいは優にはね返しうる見込みを作り上げた。ところがヒトラーは、こういう防御的作戦に変えた方がよいという勧告をどうしても聞こうとしなかった。夏になって、また攻撃的なイニシャチヴをとったのは、ロシヤではなくてヒトラーの方である。それはもう以前よりはずっと小規模で、戦線も小さかったけれども、ヒトラーはそれに全軍、全資材を投入した。十七の機械化師団をかき集め、クルスク方面のロシヤ軍の突出部めがけて攻撃を集中したのである。この攻撃についてクライストは、自分はほとんどこれには期待をかけていなかったが、この攻撃の左右のハサミの部分を受け持っていたクルーゲとマンシュタインとは、全く楽観していたと言う。「これがもし六週間早くはじまっていたら、おそらく大成功であったろう。もっとも味方の方でも、もうそれを決定的にするほどの余力は持っていなかったのだが。けれどもその六週間の間にロシヤ軍はこちらの準備に感づいた。彼らは戦線に深い地雷源を敷き、主力は遙か後ろに下げて、従ってこちらの統帥部が包囲しようと考えていたポケット地域には比較的僅かな兵力しかいなかった。」

このドイツ軍最後の攻撃がストップした時、今度はロシヤ軍の方がいよいよその反攻を開始することになる。今や彼らはその運動量を維持するのに必要な、漠大な人的物的資源を持っていたのに対して、ドイツ軍の方は、その前の最後の賭けで力を全部消耗しており、本来ならば長期にわたってこれを食い止め、さらには完全な手づまりにまで持って行くことさえできたはずのものを、使い尽していたのである。戦車、自動車の予備は大方尽きてしまっていた。かくしてロシヤ軍の進撃は、秋と冬の間に、ほとんど障害なしに急進した。その時々の停滞は、もうドイツ軍の反撃よりも、その補給が遅れたことによって起ったぐらいのものである。南部戦線全体が、まるで大河の氾濫しているような状態になった。

ただ北部の戦線ではまだドイツ軍の防御が続いていたので、その頑強かつ巧みに構成された抵抗に引っかかって、ロシヤ軍の攻撃はしばしば頓挫を来した。私はハインリッキの口からこの時の面白い話を聞いたのだが、彼は当時第四軍を率いて、モスクワからミンスクに至る大きな街道をまたいだ形で、ロガチェフからオルシヤにかけての部分を守っていた。彼は、かつて私の書いた、近代戦の傾向についての文章をくり返して読んだと述べた後、「私は自分の経験からして、戦術的な分野で言えば、防御は常に攻撃よりも有利であるという貴下の意見に百パーセント賛成である。もちろんこの問題は貴下も言われている如く、面積と力との比率に関係してくる。私の経験からいくつかの事例をあげれば、おそらく貴下にも興味があるのではないかと思う。

「我々がスモレンスクから撤退した後、ロシヤ軍はオルシヤの二〇キロメートル手前まで迫ってきた。こちらは、そこで僅かに一本の塹壕線を大急ぎで作り上げて、それによって第四軍は彼らの阻止に成功した。その年の秋は、十月から十二月にかけて、我々はそこでロシヤ軍の強襲を何度か迎えた。連続五回の攻撃があった。私は直線距離にして約一五〇キロのところを、自分の軍の中の十個師団で守っていたが、戦線の凹突を考慮に入れると、実際は二〇〇キロにもなったと思う。第四軍には予備兵力は一つもなく、すでに大きな損害を受けて弱っていた。ただ砲兵だけは健全で、これが決定的な頼みであった。

「ロシヤ軍の主攻目標は、大きな鉄道集合点であるオルシヤに向けられた。これが陥ちたら、レニングラード＝キエフ間の南北の鉄道連絡を断ち切ることになる。この目的で以って、敵は街道をまたがる二〇キロの正面に向って攻撃を集中してきた。最初の攻撃では、二十から二十二個師団を投入し、第二回目は三〇個師団、そして次の三回はほぼ三十六個師団を投入してきた。一部は最初からの部隊もあったが、その大部分はそのたび毎の新手であった。

「この攻撃に対して、二〇キロの正面を防御するのに私は僅かに三個師団半を使って、そして残りの六個師団半でその他の非常に広い範囲を守っていた。そしてその攻撃は全部食い止めることに成功した。この五度の攻撃は、それぞれ五日または六日続いたけれども、一番危いのは大がい三日目か四日目で、それがすぎたら下火になる。ロシヤ軍は、大がかりな機械化部隊で突破してくるということはしなかった。こちらが大きな割れ目を作らなかったからである。攻撃は五〇台ぐらいの歩兵協力用の戦車をつれてやってくるが、これらはいつも撃退した。

「ロシヤ軍は、通常、日に三回やってきた。最初は午前九時頃で、猛烈な援護射撃の後である。二度目は十時と十一時との間で、三度目は二時と三時の間であった。それはもう時計のように正確であった！　ロシヤ軍は、我々が防御砲火で停止させない限り、前進をやめるということはない。というのは、彼らは後方にいる指揮官と、人民委員に強制されて駆り出されているのだ。そして、逃げだそうとするものに対していつでも発砲するのである。ロシヤの歩兵は練度が悪かったが、猛烈に攻撃してきた。

「この時の防御が成功した理由は三つあると思う。第一に、私はロシヤ軍の攻撃正面の、割合狭いところへ人員を重点的に配備した。第二に、危険な地域へ、三八〇門の強力な砲を重点的に配置した。これを軍司令部で一人の指揮官が統轄し、その二〇キロメートルの戦線の、どこへでも必要な場所へ火力を集中できるようにした。ロシヤ軍の攻撃は、一千近くの砲で支援されていたけれども、この火力はそれほど集中していなかった。第三に、ドイツ軍の損害は、各師団、一日戦闘あたり一個大隊ぐらいであったが、それは軍の他の正面の師団から引き抜いてきて補充した。私は敵の攻撃がはじまる前には、いつもその地区の師団の背後に一個大隊ずつ、合計三個予備の大隊を用意しておくことにしていた。引き抜かれた連隊の中の他の一個大隊は、連隊本部と共にその後に続くようにする。こうして私は戦線で常に新連隊を編成し、またそうやって新たな師団を編成した。従って、師団が一時混成状態になることは不可避であり、それはこういう防御を成功させるための代価でもあったが、ただ私はできるだけ早くその純粋性を回復することに努力した。」一九四四年の五月になって、ハインリッキはカルパチヤ戦線の第一ハンガリヤ軍の指揮と同時に、第一機甲軍の司令官となり、やがて北部のドイツ戦線が崩壊すると、一九四五年早々、これらの軍を率いてシレジヤへの撤退作戦を行った。一九四五年三月には、彼はベルリンを指向していたロシヤ軍の最後の攻撃を支える軍集団の指令官になった。彼はこれを率いて、オーデル河の戦とベルリン戦を戦ったのである。

この後の方の段階で、彼がすでに述べたところの防御的手法を、より一層発展させたと彼は語った。「ロシヤ軍が攻撃のために集結しつつあることが分ると、私は夜の間に第一線の兵を、通常二キロメートルぐらい後ろへ下げることにした。そのために敵の攻撃はカラ振りになり、次にやってくる第二段目の攻撃がはずみを失ってぐっと弱まる。もちろんこれが成功するには、相手の攻撃の日取りを知らねばならない。だが、それには私は偵察を使って、捕虜をつかまえることに努めた。ロシヤ軍の攻撃がしぼんでくると、私はそこの第二線を前進基地としてがっちり守り、一方、攻撃を受けない部分の戦線では、再び軍を元のところへ戻して、最初の線を回復するようにしたのである。このやり方は、オーデル河の戦闘では非常にうまく成功した。ただ遺憾なことに、すでにそれまで守りにくい地域で無理な防御を強行してきたために、無駄な損害が嵩んでおり、味方の戦力が落ちていた。

「私がこのやり方で自分の計画を立てることができた時には、この三年間の防御戦闘で一度も負けたことはない。また私は、味方の予備兵力の援助を請うというような願いを、上級司令部へしたことがないことを誇りとしていた。このような防御戦では、自走砲が一番役に立つことを私は知った。

「私の経験に徴して、攻撃には三倍の優位がいるという貴下の結論は、実数を上廻っているのでなくて、むしろ下廻っていると思うのである。私の意見では、非常に巧に防御された正面を攻めて成功するには、六倍乃至七倍の兵力を必要とすると言いたい。しばしば私の軍隊は十二対一、あるいは十八対一の劣勢で防御してきたことがある。

「東部における独軍敗北の原因は、私の考えでは一つの大きな理由がある。それは、我が軍は極めて非弾力的なやり方で、非常に広い正面を守らせられたことである。それさえなければ、大事な地点に兵力を集中することも可能であったろう。こうして結局、永久にイニシャチヴを失ってしまった。純粋の防御だけで、果してロシヤ軍を消滅させることができたかどうかは疑問であるが、たださもっと機動性のあるやり方によるとか、または我が戦線を縮少して兵力をうかし、それを有効な反撃に使うというやり方によって、バランスを逆転させることもできたであろう。

「けれども、軍司令官はそういう防御の計画や方法について相談を受けたことは一度もなかった。最後の年の参謀総長であったグーデリアンは、ヒトラーに対する影響力は全然もっていなかった。また、彼の前任者であったツァイトラーは極めて弱い影響力しかなかったし、それよりもっと以前でも、ハルダーの助言は大概無視されていた。

「一九四二年に第四軍の司令官になってから後の、私の最初の経験が私の目を開かせた。私は守り難い地区にいた一小部隊を引き上げた。それについて、私は当時軍集団の司令官であったフォン・クルーゲを通じて警告を受けた。もし二度とこういうことをしたら、最も軽くても軍法会議にかけられるだろうというのである。

「ヒトラーはいつも我々を一ヤード毎に戦わせようとしており、そうしないものは軍法会議にかけるといって脅していた。いかなる撤退も――たとえどんな小さな退却でも、公式には彼の承認がなければ許されなかった。この原則が余りにもきびしく軍の中へしみついていたために、語りぐさまでできてきて、大隊長がその歩哨を窓からドアのところへ移すことさえおそれていると言われたものだ。このきびしいやりかたが、片っぱしから我々の行動を妨害した。部隊がいつまでも防御不可能な場所に止って、それがために包囲されて捕虜になるという事態が次から次へと起ってきた。だが我々の中には、何とかできる限り彼の命令をさけようと工夫するものもあったのである。」そういう「ごまかし」は、局地的かつ制限された方法でのみ可能であった。ハインリッキの後を継いで第四軍司令官になったティッペルスキルヒも、この柔軟防御の効用を裏書き証言しているが、ただしそれも十分な規模、大きさでやらないとかえって壊滅的な結果を招くというのである。「一九四四年の三月に、私はモギレフで当時三個師団から成っていた第十二軍団を率いていたが、ロシヤ軍が攻撃しだすと彼らは初日には十個師団を使い、六日目までに一〇個師団を投入した。その結果はただ我々の第一線を取っただけで、第二線の手前で阻止された。敵の攻勢が小止みになったので、私はその間に反撃を計画し、月明の晩を利用して比較的僅かな犠牲で失ったところを全部回復した。」

ティッペルスキルヒはそれから、一九四四年夏のロシヤ軍の攻撃中に起ったことの話をした。彼はその攻撃のはじまる三週間前から第四軍の指揮をとっていたが、当時前線各軍の指揮官は、ベレジナ河の線まで下りたいと申し出ていた。それは確かに大規模な後退だったが、そこまで下ればロシヤ軍の攻撃は届かなかったのである。しかしその要求は拒否された。けれどもティッペルスキルヒは、自分の部署でドニエプル河の線のところまで少しばかりの退却をした。彼の戦線を安全に保つためには、ただそれだけで充分であった。けれども彼の左右の線が破られて、全面的な崩壊が続き、その退却はワルソー附近のウィッスラ河の線につくまで止らなかった。

「もし我々が適時に全面後退を敢行していたならば、戦術的には遙かに賢明であったろう。ドイツ軍が撤退する毎に、ロシヤ軍はいつも長い準備期間を要し、そうしていざ攻撃ということになると不均合いなほどの損害を出した。だから、もし充分に大幅な撤退を適時かつ継続的に敢行していたら、おそらくロシヤ軍を消耗させることができたであろう。そしてその一方で、味方にまだ強力な反撃力があるうちに機会を捉えて一度に反撃するという機会を作れば良かったのである。

「ヒトラーが一九四一年冬にいかなる撤退も許さなかったのは正当であったが、それをすっかり状況の変ってしまった一九四二年も、またそれから後もくり返したのは大きなあやまりであった。というのは、二年目からはドイツ軍も冬の戦闘準備・装備を充分整えており、いつでもロシヤ軍を食い止めうるという自信を持っていたからだ。だから、かりにこの時に戦術的な撤退をやったとしても、士気は破れなかったろう。我が軍は冬でもそれくらいの戦術運動は充分できたのである。そして自分の力を温存しながら、折を見て強力な反攻に転ずることもできたであろう。

「ドイツ敗北の根本的な原因は、その兵力を無用な努力に消耗し、特に不利な時に、不利なところで無駄な抵抗をしたことであった。それはヒトラーのせいである。我々の戦争には戦略というものがなかった。」

ディトマール将軍は、一層広くかつ客観的な立ち場から、いくつかの興味ある話をつけ加えてくれた。軍事評論家としての彼は、この戦争中のラジオ解説者として驚くほどに客観的であった——おそらくはいずこの軍事評論家よりも。彼は当時の連合軍側の解説者よりもずっと悪い条件で、つまりきびしい制限と危険の下においてその状況を説明しなければならなかったのだから、これは特に注目すべきことである。彼が多くの場合、どうしてあのようにはっきりものが言えたのかと聞いたら、彼曰く、それはラジオ宣伝部門の長であったフリッチュのおかげである。彼のその自由はフリッチュが与えた。フリッチュだけが彼の原稿を放送前に見たのである。彼の想像では、フリッチュは次第にナチ体制に対して幻滅を感じはじめており、その、自分でひそかに感じていることをだれかに言って貰いたかったのではなかろうかと言うのだ。そしてディトマールをかばうためにフリッチュは全力を尽したが、もちろんそれに対しては多くの抗議もまいこんできた。「私はいつも首に絞首縄をかけられながら歩いているような気がした。」

私がディトマール将軍に向って、貴下はもしドイツ軍がそのいわゆる柔軟防御と言われる戦略をとったとしたら、それによってロシヤ軍を衰滅させることができたと思うかと聞いたら、彼は答えて「私はできたと思う。柔軟防御の有利なことは明瞭である。ただヒトラーの反対のために、我が指揮官達がそれを適切に用いることができなかった。参謀本部は後方に戦線を構築する命令を出すことを許されず、撃退されて下った時の計画を討議することさえも許されなかった。退却のための準備をするなどというのは、以ってのほかのことであった。ただ一九四三年には、内々注意深い言いかたで書かれた文書を廻して、多少そういう準備もした。これらのビラはあちこちの軍に配布されたが、それが参謀本部から出たことを示すような署名は一つもないようにしてあった。」

私がディトマールに尋ねたことは、一九四三年七月のロシヤ軍の大反攻戦の開始、あるいは再度の一九四五年一月の反撃戦の開始以前に、何かドイツ軍の方で戦略的な撤退作戦を計画したことがあったかということであった。彼はそれに答えて、「否。我々の方は、いつもその一つ一つがヒトラーの課した戦略に基づく強行突破の作戦であった。やや下級の指揮官の中には、その現在地点をあくまで死守すべしという掟を巧みにくぐって、自分の考えで若干の撤退をしたものもあったが、他のものはその命令を墨守して、そのため部隊が切断されて捕捉されてしまった。味方が災害を受けた場合というのは、いつも戦略的に見て無理な守りかたをするという根本的な誤りから来ている。それは、特に一九四五年一月、ロシヤ軍がウィスラ河から攻撃しはじめた時に、その災害が甚大になった。というのは、その脅威に対処するべき予備軍が、肝心の時に引きぬかれて、ブタペスト救援に向けられたからである。」それは最良の装備を具えた機械化三個師団から成っていた。

「ある特定の地域に何が何でもしがみつくという融通のきかない戦略のために、この戦争は次第に悪化して行った。そして遂には、全戦線の中でどこか危険なアナを一ヵ所埋めようとすると、それが続いて次の新らしい穴を生み出し、そうして最後にそれが致命傷になったのである。」

第十六章　赤軍について

赤軍についてのドイツの将軍達の印象というのが、私には非常に興味があり、しばしば啓蒙的であった。それを簡潔な形で最もよく評価したのはクライストである。「最初から彼らは第一級のファイターであり、従って味方の成功はただ訓練が優れていたというだけである。そのうち彼らは経験をつんで第一級の兵士になった。極めて頑強に戦い、かつ驚異的な忍耐力もあったのである。そしてよその軍隊ならば当然必要と思われるものが、大方なくても戦うことができた。またその作戦当局は初期の敗戦から直ちに学び、すぐさま高度な能力を示した。」

他の将軍達の中にはそれと違う意見のものもあり、ロシヤの戦車部隊は手ごわかったが、歩兵の方は一般に、戦術的技術的にみて終始、程度が悪かったという。だが私は、こういう消極的な評価は、主にこの戦線の北半分を受け持っていた将軍達の意見であったことが注目すべきことだと思う。つまりそれは、赤軍の中での有能な部分は主として南部で働いていたということだ。他面、ゲリラの方は、北方戦線のドイツ軍の背後で非常に活潑に動いたらしい。そしてその方面の独軍をして、一九四四年までに、補給ルートとしては、もういくつかの幹線道路を除いては使用不可能な状態にしてしまった。当時第四軍を率いていたティッペルスキルヒは、その夏のロシヤ軍の攻勢でドニエプル河の北の部分で切断されたのであるが、その彼は私に語って、彼が幸い離脱したのは、プリペット沼沢地帯に向って、南へ遠く迂回したためであったと言う。ミンスクまでの大きな撤退路線はすでに閉塞されていたために、それまで久しくゲリラの妨害のために放棄されていた道路を通って行ったと私に語った。「途中の橋という橋は片っぱしから壊されていた。退却に当って、それらを全部修理して行かなければならなかったのである。」

北部戦線における四年の経験を語りながら、彼は「我が軍の歩兵は、一九四一年の時と違ってロシヤ軍の歩兵に対する恐怖感はなくなっていたが、ただ捕虜になって、シベリヤかどこか、もっと悪いところへつれていかれるということだけを恐れていた。この恐怖は味方の抵抗を強めたが、これは時間がたつにつれてかえって悪い結果を生むようになった。特にそれは、彼らがヒトラーの命令で、最後は孤立、包囲されるに決まっているような前進地点に止まることを命令された時に、なおさらそうであった。」

私はルントシュテットに向って、彼が一九四一年に出合った時の赤軍の長所ならびに弱点と思うところはどこかと問いたら、彼の答は次の通りであった。「ロシヤの重戦車は、最初からその質においても信頼性においても驚異であった。けれども、ロシヤ軍は我々が予想したほどの砲がなかった。そしてその空軍は、初期の会戦の頃には大きな妨害はしなかった。」ロシヤ側の武器について、もっと詳しくクライストは、「彼らの武器は、一九四一年の時でさえも非常に良かった。戦車は特にそうである。また彼らの砲は優秀であり、歩兵の武器の大部分──その銃は我々よりも発達していた。そして射撃速度が早かった。彼らのT三四戦車は、世界で最優秀であった。」マントイフェルとの話の中で彼が強調したことは、ソ連が戦車の設計においてまさっていたこと、そして一九四四年に現われたスターリン戦車において、おそらく今度の戦争中での最良と思われるものを作ってきたということであった。イギリスの専門家はロシヤの戦車を批評して、余り洗練されていない、また種々の作動上の点で細かな装置や器具に欠けている、特に無線操縦装置がない等と言って非難する。けれどもドイツの専門家は、英・米の戦車がむしろこういう細部の具合の良さを強調しすぎて、かえってそのために力と実効力とを非常に大きく犠牲にしていると考えていた。

また装備の点では、ロシヤ軍の装備が一番悪かったのは一九四二年であったとクライストは言った。前年の損失を回復できず、その年一ぱい、特に火砲に不足した。「彼らは砲の不足を補うために、荷馬車で臼砲をのせて運んでこなければならなかった。」けれども一九四三年以降、装備は次第に充実してきた。連合国の物資が洪水のように入ってきたし──特に自動車輸送の資材において──これが非常に大きな効果を発揮する一方、ドイツ軍の手の届かないロシヤ東部の工場での増産がさらに大きな理由である。使用された戦車は、ほとんど全部自国の工場で作ったものだ。

東部戦場でやや意外だったことは、ロシヤが軍の有効な空輸ということをほとんどやらなかったということである。彼らはもともとこの戦闘方式の開拓者であり、戦前、演習では大きな役割を果していたものであったのだが、私はこの問題をシュツーデントと議論した時に、彼は答えて、「私はしばしばロシヤ軍がなぜパラシュート部隊を使わないのだろうかと不思議に思っていた。これは私の想像だが　多分その訓練が不充分であったからだろう。飛行と降下の実習が共に不足していたに違いない。せいぜい彼らのやったことと言えば、我々の背後へサボタージュの目的で少数の工作員とグループとを落すだけであった。」

指揮統帥の問題に話がおよんで、私がルントシュテットに尋ねたことは、彼の経験したロシヤの指揮官の中でだれが一番優秀かということであった。彼は答えて、「一九四一年には一人もいない。私の正面の相手であったブジョンヌイのことについては、ある捕虜になった将校が『彼は非常に大きな口ヒゲをつけてはいるが、極めて小さな頭を持った男である』と言っていた。ところが後になってくると、疑もなく将帥の質も良くなってきた。ジューコフは非常に良かった。彼が最初に戦術を学んだのは、一九二一―二三年ごろ、ドイツにおいてフォン・ゼークトの下においてであったというのは非常に面白いことである。」

ディトマールはその指導的軍事評論家という職務上、ドイツの将軍達の間での一致した評価を一番良く収集しうる立場にあった人だが、彼もまたジューコフが一番すぐれていると思われていたと言っていた。コーニエフも、すぐれた利口な戦術家だが、ジューコフとはレベルが違っていた。「戦争が続くにつれて、ロシヤ軍も上から下までその指揮能力の水準を上げてきた。彼らの最大の長所の一つは、その将校が常に進んであらゆるものを学ぼうとしている態度であり、かつその職務に対する研究熱心なやり方であった。」彼曰く、ロシヤ軍の方では多少のあやまちは許される。それは兵力の点において圧倒的に優っているからだ。ドイツ軍は到底許されないのであると。

ロシヤの将軍達に対するこういった評価は、他のドイツの将軍達、特に北部の戦線で彼らに対峙していたある人々によっては疑問視された。一般的に言って、ロシヤ軍の指揮能力は上と下とが最強であって、その中間部が手薄であった。ハシゴで言えば、上の方の横木のところは、その自由な判断力の点に関して一応折り紙をつけられた人達によって占められており、それをまた自分のやり方でやることができたのである。また下の方の横木は、これも自分の狭い責任範囲を賢明な戦術的感覚で遂行できる下級士官によって充たされていた。というのは、無能な将校は戦場という冷厳な場所の法則の支配を受けて、すぐさま敵の砲弾のえじきになってしまうから、存在し続けることができないのである。ところがその中間部分の指揮者になると、他の国々の軍隊以上に、いろいろなほかの要素を考慮しなければならなかった。彼らにとっては自分の上級指揮官の命令と判断の方が、敵よりもっとこわかったのである。

この点に関して、北部戦線のある軍司令官の一人は次のような意味深いことを言っている。「こちらの防御が弾力的にやれる限り、ロシヤ軍にまず攻撃させた方が通常安全であった。彼らはその攻撃の方法において極めて猪突猛進型で、そのアタックを何度でもくり返す。なぜかと言うと、もし攻撃をうち切ったならば、その決心が弱いと思われることをおそれているからなのである。」と。

ロシヤの兵士達の一般的な性格について、ディトマールは私に面白い示唆を与えた。それは私がロシヤ軍の最大の長所は何だと思うかと聞いた時だ。「まず第一にあげたいことは、その軍隊の、まるで魂も何もないかと思われるような無表情、無感動な関心のなさだ。それは単なる宿命論を越えた何ものかである。形勢が悪くなっても、全くそれを感じないというのではないけれども、一般に他国の軍隊に対して与えるような印象を彼らに与えることは困難である。私がフィンランド戦線で指揮をとっていた間に、ロシヤ軍が実際に私のところへ降伏したことは、たった一度しかなかった。こういう並外れた鈍感ぶりがロシヤ軍を非常に征服しにくくしている一方、これは軍事的なセンスという点において一番大きな弱点である。というのは、初期の戦闘の段階で、この性癖のために彼らはしばしば包囲せられた。」

ディトマールはさらに加えて、「ヒトラーの特命によって、戦争の後期、ドイツ軍に対してもこの赤軍の間に瀰漫していたのと同じような心理状態にする企てがなされたのである。つまりこの点で我々はロシヤ軍のまねをしたのに対して、ロシヤ軍は戦術面において一層上手に我々のまねをした。彼らは数が多かったから損失は余り問題でなく、このやり方で自分の軍隊を訓練することができたのである。そして、軍隊は言われた通りを盲目的にやることに慣れていたのだ。」

ブルメントリットは、あらゆる問題をいつも理論的、歴史的に語ることが好きな人だが、彼は第一次大戦以来の自分の経験からはじめて、その印象を一層長く話してくれた。

「第一次大戦の時私は中尉で、最初、一九一四年の八月にナミュールでフランス軍とベルギー軍とに僅かな接触をした後に、最初の二年間をロシヤとの戦闘に従った。はじめてロシヤの戦線を攻撃した時、我々が直ちに気がついたことは、ここでは、我々はフランス、ベルギー軍とは根本的に違ったタイプの兵隊達に直面しているということであった。——ほとんどかくれて姿は見えず、極めて巧に壕の中に閉じこもり、しかもその決意は固い。我々はかなり大きな損害を受けた。

「当時のロシヤは帝制陸軍であった。全体的には善意ではあるが、軍事的には冷酷で、東プロシヤで彼らは撤退する時には、いつでもあたりの町や村を焼き払うくせがあった。それはその後自分の国でも、しょっちゅうやったのである。夕方になって地平線の村々から赤い焔が立ちはじめると、我々はロシヤ軍が撤退しつつあることを知った。奇妙なことだが、住民はそれに苦情を言わなかった。それがロシヤのやり方で、何世紀もの間そうだったのだ。

「私が、大部分のロシヤ軍の兵士は悪人ではない、気質は良いと言ったのは、それはヨーロッパ・ロシヤの軍隊について言っているのである。もっと野蛮な、アジア、シベリヤの軍隊は、その行動において残虐であった。コサックも同様である。一九一四年に、こういう調子で東ドイツはひどい目にあった。

「一九一四年—一八年の時でさえ、戦争の条件は東部の方が一層きびしいということは、我が軍隊に影響を与えた。兵士達は東部よりも西部の方へ行きたがった。西部の戦争というのは、物質と大量の砲の戦であった。——ヴェルダン、ソンム等々すべてにおいて。つまり西部ではこういう要素の方が圧倒的で、それを耐え忍ぶのに骨は折れたが、少くとも我々が相手にしていたものは西方世界の敵であった。ところが東部の戦場ではそれほど多くの砲火はなかったけれども、戦う人間がずっと冷酷なタイプであったから、その抵抗はいつも極めて頑強であった。夜戦、肉迫戦、森林戦等を特にロシヤ軍は好んでやった。当時ドイツの兵士の間では語りぐさがあって、『東部では勇敢な戦士が戦っており、西部では消防隊が控えている』と。

「ただ、我々がロシヤとは一体何かということをはじめて知ったのは、今度の戦争においてであった。一九四一年六月に戦闘がはじまると、我々の前に新らしいソビエト軍の実体なるものが初めて現わになってきた。我が軍の損害はほぼ五〇％にも近づいた。ゲー・ペー・ウーとそれから女ばかりの一団が、こちらの重砲及び空襲をこらえて、およそ一週間も、ブレスト＝リトウスクの古い城塞を守り続けた。ロシヤ人の戦闘とはどういうものかということを、味方の兵士達はすぐに知ったのである。けれども、総統はじめ我が統帥部の上の方は知らなかった。それが多くの災厄の原因になった。

「一九四一—四五年の時の赤軍は、ツアーの時代の軍隊よりも一層頑強になっていた。つまり彼らは一つのイデオロギーのために狂信的に戦うようになっていたからである。ねばりは益々強くなり、そうするとそれがさらにはね返って、こちらの方をも頑ばり屋にした。というのは、東部では『お前か、それとも俺か』という格言があてはまったからだ。赤軍の軍規はツアーの時代よりもはるかにきびしくなっていた。我々が常に傍受していた命令を聞いても、その情況は分るのである。彼らは盲目的にそれに従うばかりであった。『貴下はどうして攻撃しなかったのか。ストリレンコを奪取するよう貴下に最後の命令を下す。さもなければ貴官の身体を保証しない』『何故貴官の連隊は攻撃の時に先頭にたたないか。すぐに交戦せよ。然らざれば貴官は命を失うことになる』こういう調子で、我々は自分の敵の情容赦もない性格を知ることになった。我々は一九四一年には、とても数年のうちに我が軍も同様になるとは思えなかった。

「ロシヤ人が戦争の歴史に現れる時にはいつでも、戦争は酷烈になり無慈悲になり、大きな犠牲を払うものである。ロシヤ人が抵抗、あるいは防御に立った時には、それはまた打ち取りにくく、多大の流血を引き起す。彼らは自然の子であるために、ごく単純な道具で働く。すべてのものは盲目的に服従しなければならないから、そしてスラブ＝アジア的な性質というのはただ絶対的なものをしか理解しないのであるから、不服従ということは存在しない。ロシヤ軍の指揮官は部下に対して、あらゆる問題についてほとんど信じられないような要求をすることができる。そしてそれに対しては不平もなければ苦ように、補給を断っただけではその進撃を止めることができない。第一、その補給部隊の隊列などにはめったにお目にかからないのだ。」

情もない。

「東と西とはまるで違った二つの世界のようであり、彼らはお互に理解できない。ロシヤはスフィンクスの謎である。彼らは口を閉じたまま、そして心は我々に向って閉されているのだ。」

ブルメントリットの反省は、このような兵士の士気とほとんど同じ程度に、大きな働きをする他の部分にもふれていた。というのは、すべての将軍達が、ロシヤ軍の最大の利点は規則正しい補給もなしにやってゆかれるところにあると言って強調したからである。マントイフェルは、しばしば戦車を率いてロシヤ軍の前線深く突破したことがあるが、その彼は最も生き生きとその光景を描いている。「ロシヤ軍の進撃というのは、とても西ヨーロッパ人の理解し得ないものである。戦車部隊が突破口を作ると、後から大体は騎馬の大集団が洪水のように押しよせてくる。兵士は背中に背のうを背負っており、その中には、途中の村や畑で集めた乾パンの切れはしか生野菜が入っている。馬は民家の屋根のワラを食い、他にはほとんど何も食わぬ。ロシヤ人は、進撃中はこういう原始的なやり方で、三週間の長きにわたって耐えられる習慣がついている。だから我々は、これを普通の軍隊の

第十七章　ノルマンディーでの麻痺状態

英・米両国にとっては、ノルマンディーへの上陸は最高の冒険であった。その物語は、彼らの側から随分多く書かれているが、ただその侵入のコースやいきさつなども、これを「丘の向う側」から眺めて見れば、事情はより明らかになる。最初の月は、ドイツ軍の総司令官はルントシュテット元帥であった。彼はすでに一九四二年の初期以来、西部の舞台に登場して指揮をとっていた。二カ月目の早々、彼はフォン・クルーゲ元帥に代えられて、崩壊するまでそのクルーゲが続けたのである。彼は死んだ――戦線崩壊の後絶望し、またヒトラーの怒をおそれて毒を飲んだ。けれども、ブルメントリット将軍がこの重大な戦闘中、引き続いて両元帥の参謀長であったから、私は彼の口からこの両時代のできごとに関して詳しい話を聞いたのである。

ルントシュテットとクルーゲの二人のもとで、この対上陸阻止作戦は、当時〝B〟軍集団を統率していたロンメル元帥の任務であった。その軍は、当時ブルターニュからオランダにかけて展開していた。そのロンメルも死んでいる。けれども、私は彼の参謀を勤めた人々の口から、ノルマンディー戦における彼の役割りを聞くことができた。そして当時その場にいた他の将軍達から聞いた話によって、そこの上級指揮官達の物語の一つ一つを照合することができたのである。

戦争を相手方の立場から見ると言うのは、最もドラマティックな方法だ。それはたとえば「望遠鏡をその反対側から見る」というのとは一つの大きな点で違っている。つまり、画像が縮少されるのではなくて、むしろ光景は拡大される――驚くほど鮮明に。

この大陸侵入の問題をイギリスの岸から眺めると、これは途方もなく巨大なおそるべきものに見えた。ところが、これを敵の立場に立ってフランスの岸から眺めると、今度はここを守っている側の別の心理が、より詳しく分るのである。侵入を企てている敵は海と空とを握っているのだ。ルントシュテットは私に向って、「我々は三千マイル以上の海岸線を守らなければならなかった。南はイタリヤの海岸から北はドイツの果てまでである。そして守備兵力は六〇個師団しかない。その大部分は装備が悪く、中には裸同様の師団もあった。」

この六〇という師団の数は、何らの合理的な戦術上の計算に基いてこの三千マイルの間へ配当されたものではないのである。それは予備軍の控置ということを考えないと仮定しても、一師団あたり五〇マイルに相当した。これは不可能な話であった。一九一四―一八年の戦争では、強い攻撃に対しては、一師団当り三マイルが安全圏だと考えられていた。それ以来、近代の防御戦力は少くとも二倍にはなっている。いや、ことによったら三倍にはなっているかもしれぬ――しかし、それにしてもこの六〇という師団の数は、ともかくも一応の安全性を以って守らねばならぬ全正面に比べて余りにも少い。

となると、チャンスは連合軍がどこへ上陸しそうかということを正しく予想することにかかってきた。来そうにないところはほとんど無防備のまま放置しておき、より可能性のあるところをいくらかでも有効に守る他はないのである。無論その場合でも、現に上陸の行われたところで――その場所がはっきり分った時には――反撃するための予備は残しておかねばならないから、配備はそれだけ手薄にならざるを得ない。ルントシュテットとブルメントリットとは、この問題がヒトラーのおかげでいかに一層むつかしくなったかということを強調した。つまりヒトラーは侵入は全ヨーロッパのどこへ来るのか分らない、どこへでもこられる。従って相手の輸送条件、要因等を偵察せよと言うのであった。

序章

私は元帥に向って、連合軍の西部上陸作戦は、実際に発生したより以前にいつか起ると思っていたかと尋ねたところ、彼は答えて、「私は諸君の方が一九四一年に侵攻してこなかったことに驚いた。当時ドイツはロシヤの奥地深く進んでいたのだ。もっとも当時私自身は東部戦線にいたために、西部の事情には疎かった。私が西へやって来てそこの事情をより正しく知った時、私は早い侵攻はあるまいと思いだした。諸君の方の準備が十分でないことを知ったからだ。」ルントシュテットが一九四一ラ年のことを言ったのは、彼はその当時ヒトラーに向って、ドイツの後ろを不安に曝してはならぬという警告を発してその神経を刺戟したという、古い話を裏書きしているように見える。この危険に対処するために、ヒトラーはルントシュテットを西部の指揮に廻したのである。彼の責任範囲は、オランダ・ドイツの国境からフランス・イタリヤの果てにまで広がっていた。

さらに続いての質問に対して、彼は一九四二年八月のディエップへの上陸が、本当の侵攻作戦に発展するとは思わなかったと答えた。それは沿岸防備の状況をテストするための試験的な攻撃にすぎないと思った。私がブルメントリットに同じことを聞いた時には、彼はやや違った返事をした。――「私は当時西部にいなかったが、九月末にツァイトラーの後を継いで参謀長に就任するために、そこへついてから後、私はこの上陸のことについて多くのことを聞かされた。ドイツの統帥部はそれが単なる一撃であるのか、あるいは当初それが成功すれば、さらに大きく増援してこれを拡げてゆくつもりのものであったのかという点については確信はなかった。」ツァイトラーとカイテルの両名はこれを重大だと思っていたらしい。

ルントシュテットは話を続けて、「私は、ドイツがフランス全部を占領した一九四三年に侵入が来るのではないかと思っていた。というのは、ドイツの力がこうやって西部一帯に拡散してしまった有利な時を、早目に捉えるだろうと思ったからだ。」

ブルメントリットはこの点を敷衍して、「一九四二年の十一月に連合軍がフランス領北アフリカに上陸した後、総統はアフリカからそのまま南フランスへ進入すると思ったらしく、しきりに我々をせかして、フランスの非占領地域への早期進駐を強要するようになった。敵は地中海岸に上陸するだろう、そしてその場合、ヴィシー政府はそれに抵抗しないだろうと思われた。ドイツ軍の進駐は大きな摩擦なしに行われ、多少の被害はパルチザンによってひき起されただけである。――その活動はすでに具合の悪いものになっていた。双方にとって無用の損害をさけるよう、ルントシュテット自身がヴィシーにおいて先頭に立って交渉に当り、占領は平和のうちに行われた。彼はその目的に成功した。」

一九四三年――不確実の年

ブルメントリット曰く、「五月にチュニスが落ちた後、ヒトラーは南部フランスに上陸される可能性について、絶えず心配しはじめた。事実その年には、ヒトラーは非常に動揺していたようだ。ある時にはノルウェーへの上陸をおそれ、またある時にはオランダへの、次にはソンム河のそば、あるいはノルマンディー、ブルターニュ、ポルトガル、スペイン、アドリアティック海等々へ。彼の目は地図の上至るところをさまよい続けていたのである。

「彼が特に気をつかっていたのは、ハサミ状の上陸戦の可能性であった。たとえばフランスの南とビスケー湾とへ同時に上陸されるおそれがあるというのである。彼はまたバレアリック諸島を強襲されはしないだろうか、そしてバルセロナ上陸に引き続き、そこから北へ進んでフランスへ来られはせぬかというのである。それからまた、連合軍のスペイン上陸の危険というものを非常に強く感じていたから、強力なドイツ部隊をピレネー山脈のきわまでやって、それの要撃にあてていた。それと同時に、ドイツ軍をしてスペインの中立を充分尊重するように注意させ、スペインを刺戟することをさけていた。

「だが我々軍人の方は、彼の不安のあるものについては全然同調しなかった。たとえばイギリスの統師部が、まさかビスケー湾への上陸を企てるだろうなどというようなことはほとんど考えもしなかったのである。そこは英空軍の制空権がおよばないのだ。また我々は同時にいくつかの理由からして、スペインの可能性をも考慮しなかった。そんなことをして連合軍がスペインの敵意を買うはずはないと思ったし、いずれにしても相当大きな作戦区域で連絡も悪く、おまけにピレネー山脈が一つの障壁をなしている。その上我々はそのピレネーの国境あたりではスペインの将軍達と友交的だし、彼らは我々ドイツの侵入に対しては抵抗するが、同時に我々に情報提供の援助はしてくれているのだ。」

だがブルメントリットはそれに続けて、ヒトラーを悩ましていた脅威のあるものについては将軍達は考慮に入れなかったけれども、ただ彼らは、敵がどこかへ上陸するだろうとは考えていた。「種々の徴候からして、今年がその上陸の年だろうと思わせるようなものは、いろいろとあった。一九四三年には噂は次第に大きくなって、いよいよ侵入が近づいていると思わせた。それは我々の耳へは、概ね外交官の情報ルートを通じて入ってきた――ヴィシー方面からと同様に、ルーマニヤ、ハンガリー、日本等の外国駐在武官筋からである。」

敵の司令部をまどわすのには、人為的に作った嘘よりも、自然に流れる噂の方が有効らしい。ルントシュテットとの話の中で、英仏海峡を横断しての上陸作戦はその年の九月にあると思っていたかと聞いた時——九月というのは実はこちらの綿密に計画された嘘であって、大部隊を英国の南岸に移動させ、いかにもそれを乗船、輸送するかのように見せた月であるが、彼は笑いながら答えて、「当時、諸君の方の動きは余りにもはっきりしすぎていた。あれが虚勢であることは明瞭であった。」と語ったのである。

こういう余りにもけばけばしい動きというものは、逆に連合軍は計画を延期しているのではないかという感じを与えることによって、かえってドイツ統帥部の懸念を減らした。秋の季節風が吹きはじめると、フランスに駐屯していたドイツ軍は、上陸作戦の嵐が自分達の上に吹き荒れてくるのはもう一と冬をすごした後であろうと考えるようになった。それは長い緊張の後の、一時の安堵であったのだ。

「結局一九四三年というのは『不確実と不安の年』というふうに要約できると思う。」とブルメントリットは語った。事態がだんだんむつかしくなってきたのは、フランスのレジスタンス運動がその頃までに非常に脅威になってきて、ひどい緊張と同時に多大の損害までも生じはじめたことである。それは一九四二年までは大きくはなかった。その頃までは、共産党、ド・ゴール派、ジロー派の三つが明確なグループに分れていて、幸いこれら三者はお互に敵対し合って、しばしば我々に他派の活動ぶりや情報などを教えてくれた。けれども一九四三年以後には彼ら三者は合同し、イギリスがその工作を指導して、同時に空から武器を与えるようになったのである。」

防御の変更

一九四三年の間に、ドイツは限られた資材、資源という困難の下で、対上陸防御作戦についての種々の変更を行った。というのは、その時までのフランスは、東部戦線で消耗疲労した師団のための回復、再編成の療養所として使われていたからだ。さてこの手順についてブルメントリットは、「一九四三年まではフランスには五〇乃至六〇の師団があって、それがロシヤ戦線で大きな損害を受けた師団と絶えず交替していた。こういうロータリー式のやり方では、この沿岸を本当に防御するための固有の態勢としては不向きである。そこでこの特殊な地域に適した、特殊の構造を持つ沿岸防御用の師団を作ることになった。こうすれば各自が守らなければならない分担区域に習熟できる利点があるし、同時に西部で使えるところの制限された装備、資材を、最も経済的に使うこともできる。けれども、そこでは同時に他の免れがたい欠点も生じたのであって、こうして作られた師団の中味は、その将校も兵卒も、大がい相当な高令者ばかりであって、その武器も活動的な他の地域の師団よりは劣っていた。鹵獲されたフランス、ポーランド、ユーゴー・スラヴィア等の武器もまざっており、そうなると結局使用する弾薬も違ってくるし、そこで自然に、いざという時になって普通の規格のものよりも補給が止絶えがちとなる。これらの師団は大がい歩兵二個連隊しか含んでおらず、それには野砲中隊が二ついているけれども、砲は全部で二十四門、それと砲十二門の軽野砲中隊一つという構成である。その砲は馬で牽引したから運動性にも乏しかった。

「これらの沿岸防御師団の他に、なお沿岸砲があった。けれどもこれは、海軍所属であろうと陸軍所属であろうと全部海軍の指揮下におかれ、そのため常に陸軍の統帥部と意見が違いがちであった。」

その年の暮にロンメルが舞台へ登場してくると、そこに新らしい混乱が起った。彼はその前のごく短期間、北イタリヤ占領軍の司令官であったが、十一月になって、北はデンマークから南はスペインまでの海岸防御の状況を調査改善するという仕事をヒトラーに命ぜられた。そしてデンマークでその仕事をやってからクリスマスの直前にフランスに移り、そこでルントシュテットの管轄区域に彼が立ち入ってきたのである。その仕事はヒトラーの特命によってやっていたわけであるが、ルントシュテットとの関係については、余りはっきりしたとり決めがなかった。そこで自然に議論が起り、おまけに両者の考え方が違っていたのでなおさら必然的にそうなった。この点についてのブルメントリットの意見は次の通りである。「すぐに軍隊は、自分達がルントシュテットの下にあるのかロンメルの下にあるのか分らなくなった。ロンメルが沿岸防御についての自分の考え方を、至るところで実行に移そうとしたからだ。問題を解決するためにルントシュテットが提案したことは、ドイツ、オランダの国境からロワール河までの、海峡沿岸の中の一番重要な扇形部分の防衛実務はロンメルが受け持つ。一方、そのロワール河からアルプスまではブラスコウィッツに受け持たせる。そしてその両名ともに最高司令官としてのルントシュテットの統轄の下にある――そういう提案であった。そこでそのロンメルの〝B〟軍集団の下には、オランダ駐屯の軍隊と、そこからセーヌ河までを守っていた第十五軍、セーヌ河からロワール河までの第七軍が入り、ブラスコウィッツの〝G〟軍集団の下には、ビスケー湾からピレネー山脈までを守っていた第一軍、および地中海岸防備の第十九軍が入ることになった。」

ロンメルの参謀部員の話によると、この提案は「自分の考えを敏速に実施に移す唯一の方法として」ロンメルの方から出されたものだというのであるが、いずれにしてもこのとり決めは、彼の到着後一ヵ月ぐらいして承認された。その結果、まあ両名の意見の違いというものは、根本的には解決されなかったけれども、事態は一応平静になった。

ルントシュテットはロンメルのことを私に語って、「彼は勇敢な男で、小さな作戦では非常に有能な指揮官であったが、高級の指揮者としては、真に有能であるとは言えなかった。」けれども彼はロンメルの忠誠心については不満は持っていなかった。「私が命令を下した時には、ロンメルは何らの異議もなくそれに服従した。」一方でルントシュテットは、自分の部下の責任範囲だと思われることについては、ほとんど干渉しなかったように見える。彼はロンメルのやり方と自分の意見とが根本的に違っているような時でも、またそのロンメルの決定が自分の計画に対して影響してくると思うような時でも、それを取り消すようなことはしなかった。

ここで私は、ルントシュテットという人物を見れば見るほど、彼は私に良き印象を与えたということを述べておきたい。それは、彼の直接述べた証言からきたものもあるし、また間接の証拠によるものもある。彼が一番の古参であったということが、その高い尊敬をかちえた理由の一つではあるけれども、特にイギリス抑留中に彼の警護に当った人達に非常に好かれたというのは、ただその古参の故のみではない。彼はオーソドックスな心の持主で、それは作戦面に関してだけでなく、彼をこのようにきわだたせる性格に裏づけられた、有能かつ感じ易い心であった。彼は尊大ぶらず威厳があり、元来その風貌が、言葉の最も良き意味において貴族的であった。顔つきは厳格であったが、それは愉快な微笑と良きユーモアとによって和らげられた。実際このユーモアはしばしば出てくるのである。ある時、彼と一緒に彼の窮屈な小さい部屋へ戻っていた時、厳重な有刺鉄線つきのゲートをくぐって囲いの中の入口に着いた。私は彼に先へ入るように促がしたところ、彼はその私の動作に対して微笑しながら、「いや、これは私の家だから。」と答えたものである。

どこへ？

一九四四年になると、主な攻撃はイギリスからだということがはっきりしてきた――そこへ輸送されているアメリカ軍の大きさからして。ただ、それがフランスのどこへくるかを決めることは大変むつかしかった。「イギリスからは、信頼するに足る報導はほとんど入らなかった。」とブルメントリットは私に語った。「情報のそういう面は我々によってではなく、すべてヒトラー指揮下のO・K・Wの命令をうけており、そしてS・Dの特殊部門から出されていた。我々は全面的にそれに頼っていたのである。「彼らはごく大まかに、我々に対してイギリスおよびアメリカの軍隊は、それぞれ南部イギリスのどこに集結しているかということを知らせてきた。イギリスにも多少の諜報員が潜入していて、その見たところを無電送信機で送ってきた。けれどもそれ以上のことはほとんど彼らにも分らなかった。こちらはもう空軍が非常に弱かったから、イギリスに対する偵察は限られていた。ただDディが近づいてくると、南西部の海岸に向って大規模な輸送が行われているということを、味方の夜間飛行機が知らせてきた。――それは車輌がヘッドライトをつけていたから分ったのだ。」（おそらくそれはアメリカ軍だったのだろう。南部イングランドの西半分にはアメリカがいたから）「また、我々は英国艦隊からの無電を傍受して、それによって何か重大な事態が海峡で起ろうとしているという徴候をも知ったのである。

「もう一つの徴候は、フランス国内でレジスタンス運動が増えてきたことからも分った。我々は数百台の無電装置を押え、イギリスとの連絡に使っていた暗号を知った。詳しいことは分らなかったが、大体の意味は分った。

「ただその侵入が、実際にどこへ来るかということを明確に示してくれる手がかりは一つもなかった。その一番重要な点については、もう我々自身が判断する他はなかったのである。」

ブルメントリットは、また曰く、「我々の海軍の方はいつも、連合軍は必ず大きな港に近いところへ上陸すると主張していた。彼らはル・アーブルへの上陸を予想していた。そこは港としての価値だけでなく、味方の豆潜艦の基地でもあったからである。しかし陸軍の方はそれには賛成しなかった。そんなに堅固に防守された所へ、果して真直ぐにやってくるだろうかと疑っていた。その上我々は、南部イングランドで大きな演習が行われているという情報を得ていたが、そこでは平たい、広がった海岸線への上陸の練習をしていたのである。

「これからして我々は、連合軍はいきなり最初から港へくることはあるまいという結論を引き出した。けれども、彼らが人工的な港――たとえばマルベリのようなな――を作っているとは思わなかったし、またそんな情報を得てもいなかった。多分、諸君の方では船をずっと横に並べて橋を作り、それを通って岸まで資材を陸揚げするつもりだろうと思っていた。」ルントシュテットは率直に言った。「私は上陸は海峡の比較的狭い部分、つまりル・アーブルからカレーの間へくるだろうと思っていた――カンからシェルブールの間ではあるまいと。ソンム河の河口のどちらかの側であろう。おそらく最初の上陸は、西側のル・トレポールからル・アーブルの間ではないか。続いて、さらにその次のものがソンム河からカレーの間に来るだろうと。」

彼がそう考えた理由というのは、「ソンム＝カレー間の地区というのは、戦略的に諸君の方から見た場合、非常に場所としては良いのである。それだけ距離的にもドイツへ近い。ここはライン河まで最も早いルートである。四日でそこまで行かれると私は思った。」

彼の推論を聞いていると、彼はある前提に立った既成概念に捉われていたように思う。それは、連合軍は実際上の難易とは関わりなしに、理論的に最善と思われるところへ上陸すると思っていたのである。私は彼に、だから同じ理由で、そこは一番堅固に守られていた地域のように見えたと言ったのである。それがつまり連合軍がどうしてそこをさけようとしたのかという立派な理由であったのだ――と。

彼はその点は認めたけれども、なお次のように答えた。「我々の方の防御力は、実に途方もなく買いかぶられていた。《大陸の壁》というのは全くの幻影であって、それは連合国を騙すと同時に、ドイツ国民をあざむくために作られた宣伝によって捏造された言葉であった。その難攻不落の防衛態勢についての物語をよむ毎に、常に私は腹が立った。それを《壁》というのはナンセンスだ。ヒトラー自身、そこへやってきてその現実を見てはいない。あの戦争期間中の全部を通じて、ただ一度海峡へやってきたのは一九四〇年の昔であって、グリ・ネ岬を訪ねたことがあるだけである。」と。私はそれに対して「そしてナポレオンのようなつもりでイギリスの岸を眺めたわけだね。」と言ったら、ルントシュテットは苦笑いをしてうなづいた。

ソンム＝カレー地区に来るだろうとルントシュテットが考えたもう一つの理由は、ドイツのV兵器の基地がそこにあったから、できるだけ早目にロンドンを壊滅から救う必要があると、連合軍が考えたに違いないと彼は続けて説明した。これらの兵器の効果は、実際よりも遙かに誇張されて彼の耳へは入っていたのだ。ヒトラーはそれに過大な期待を築き上げ、それが戦略的な計算にまで影響した。

けれども連合軍の上陸が、多分ノルマンディーへ来るだろうということを推測したのはヒトラーであった。ブルメントリットはこれを明らかにして、「三月末にO・K・Wは訓令を下し、その中でヒトラーはノルマンディーへの侵入を予想していると書いてあった。その時以後、我々はそれについての警告をくり返して受け取った。それは『総統は……について憂慮している』という言葉ではじまっていた。彼をそう結論させたものが何であったか私は知らない。だがその結果、若干の戦車中隊を伴った第九十一空挺師団がそこに移動して、カレンタンの近くのシェルブール半島の後ろに待機した。」

ロンメルの参謀達は私に語って、彼もまたルントシュテットとは反対にノルマンディーへの上陸を考えていたというのである。この点を私はルントシュテットとブルメントリットに確かめたところ、二人ともその通りだと答えた。ロンメルは、春の間にだんだんその予想を深めて行った。それがどこまで自分自身の考えか、それともヒトラーの「ノルマンディーを見張れ」という、くり返しての警告に影響された結果なのか分らないと彼らは言う。だがこうなるとヒトラーの大いに嘲弄された「直感」の方が、最も有能な専門家の軍人達の予想よりも正鵠を得ていたように見えるのである。専門家の方は、余りにもオーソドックスな戦略理論の方に不当に影響されすぎたのか、それとも連合軍側の立案者達が、極めて平凡、月なみな手でくるだろうと確信したのか、どちらかであったのだろう。「予想されないこと」をするというのが大事だということが見忘れられていたのだ。

これに関連してルントシュットは私の質問の一つに答えて、ある面白い打ち明け話をしてくれた。「もしも連合軍がロワール河のそばの西フランスに上陸していたら、充分な橋頭堡を作ることも、さらには内陸へ侵攻するのも極めて容易であったろう。私としてはそれを阻止するために、一個師団もそちらへ向けることはできなかった。」ブルメントリットはそれに加えて「もしそこへ上ってきたら、恐らく実際的な抵抗はほとんど受けなかったろう。ロワール河の南三〇〇マイルの海岸を守っていたのは僅か三個師団にすぎなかったし、しかもそのうちの二つの師団は、未熟の教育中の師団であった。その海岸の一中隊長は、自分の隊の責任範囲を一応ともかくカバーするために、一日中循回していなければならなかった。我々は、ロワール地域はイギリスの制空範囲から余りにも隔たりすぎていて、連合軍司令部はそこへ上陸しようとは考えまい——彼らがいかに最大限の制空援護というものをあてにする傾向があるかということを知っていたから——と思っていた。」

同様の理由からしてドイツ統帥部は、ロンメルを除いて、ノルマンディーへの上陸の可能性は比較的少いと考えていた。つまり海峡の幅がもっと狭くて、空軍の支援が一層容易なところへくるだろうと。ルントシュテットもまた、「ノルマンディーへ上陸しても、それはただシェルブールを取るだけだろう。その目的でアメリカ軍がこのあたりに上陸し、イギリス軍がカンの周辺に上陸するのは、共にありうることかもしれぬぐらいの程度に考えていた。」と言ったのである。

ドイツ軍の配備

一九四四年六月には、西部には正確に言って五九のドイツの師団があり、その中の八つはオランダとベルギーにあった。そしてその五九の半分以上は、沿岸防備あるいは訓練中の師団であった。一七野戦師団のうち僅かに十が装甲師団で、その中の三つは南におり、一つがアントワープのそばにいた。二〇〇マイルにわたるノルマンディーの海岸線に沿って、セーヌ河の西に六個師団が駐在していた（その中の四つは沿岸防備の師団にすぎなかった）。そのうちの三つはシェルブール半島にあって、その二つはそこからカンまでの間——ヴィル川からオルヌ河までの間——の四〇マイルを守っており、一つはオルヌ川からセーヌ河までを守っていた。ブルメントリットは説明して、「この配置は防備というよりも『沿岸保護』と言った方が正しい。我々は諸君がシェルブール半島の西へ来るとは全然思っていなかったから、そこは極めて薄く守っていた。ロシヤの部隊をそこへおきさえしたのである。」

ただこの地域の前面に、反撃のために一個師団の機械化部隊を置いてあった。これが第二十一機甲師団で、ブルメントリット曰く、「この第二十一機甲師団をどこへ置くかということについて長いこと議論をした。ルントシュテット元帥はシェルブール半島の後ろ、サン・ローの南へ置きたがったが、ロンメルはむしろもっと海岸近くで、そしてカンのそばの、他の翼側の方を選択した。しかし、こうすると余り海岸に近すぎて、その地域の扇形部分全体の予備としては使えなくなるのであった。」だがこの師団がカンのそばにいたために、いざという時になって非常に大きくものを言った。これがなければ、英軍は上陸したその日のうちにカンが取れたに違いない。ロンメルはもう一つの機械化師団を、ヴィル河口のそばの自分の手許へ置いておきたいと要求したけれども、それはだめであった。そして、丁度そこへアメリカ軍が上陸したのだ。

ここで我々は、ドイツ軍が上陸を迎え撃つ作戦計画に対して、決定的な影響を与えた大論戦に入ることになるのである。ルントシュテットの感じたことは、かくも少ない兵力で、かくも長い沿岸線では、とても連合軍の上陸そのものを阻止することは不可能である。そこで彼は敵に一応上陸を許しておいて、いわばコミットさせた後、しかしまだよく地歩を固めない前に強力な反撃を加えてこれを撃攘する方法を考えた。

これに対してロンメルは、その反対に、唯一のチャンスは彼らが充分に岸へ上らぬ以前に侵入軍を水際で打ち敗ることであると考えた。「最初の二十四時間が決定的になる」と彼はしばしば参謀に語った。ブルメントリットはロンメルとは反対の学派に属していたが、ロンメルの理論を最も公平に私に説明してくれた。「ロンメルがアフリカ戦の経験から学んだことは、戦車はともすれば後ろに下りすぎてしまって、いざという時の反撃に間に合わない。それからまた彼は、もし戦車の予備を、ルントシュテットの言うように内陸深く下げて置いたら、いざ出動という時に連合軍の空軍によって妨害されると考えた。」ロンメル自身の参謀から私が聞いたところでも、彼がアフリカで敵の空軍のために数日間釘づけされたという記憶によって大きく影響されていたことを知った。しかも当時の空軍というのは、今彼が直面しなければならないものに比べたらほとんどものの数ではなかったのである。

けれども結果的にはルントシュテットの計画も、それからロンメルの計画も、いずれも勝ちを制しなかった。双方共にその最善と思う方法は拒否された。

ルントシュテット曰く、「連合軍上陸の前に、私はロワール河以南のフランス南部をカラにしてその兵力を北仏に集め、そこで連合軍を撃退できる程度の強力な機動集団を作るべきことを希望した。これには十か十二の歩兵師団と、機動戦用の三または四の機械化師団を必要とする。私はそれが適当な予備兵力を作りうる唯一の方法であると思ったけれども、ヒトラーはそういうアイデアは聞こうとしなかった。すべての新聞が『ルントシュテットの中央軍』などと言っていたのはまったくナンセンスだ、そんな軍隊はありはしないと言っていた。本当はもっと悪くて、フランスで使えるごく一にぎりの機甲師団でさえも、ヒトラーの許可がなければ私の自由には動かせなかったのである。」

けれどもロンメルの方も、その反対のアイデアを実行しようとしても、これまた同様狭く制限されていた。それはルントシュテットの反対のためではなくて、予備兵力が足りなかったためである。彼は自分の師団を好きなところへ置くことはできた。ルントシュテットが私に話したように、「私はそれがそんなに海岸近くにいることを好まなかったが、ただそういう細かな問題について、現地の指揮官に指図するのは適当でないと思った。それをやったのはヒトラーだけだ。」けれどもロンメルは、ロワール河からシェルト河までの全線に、僅かに三個の機甲師団を持っていたにすぎない――東部、中部、西部の各扇形戦区に一つずつ。しかもこれら師団の戦車の数は、イギリスあるいはアメリカの機甲師団の持っていた数に較べると、比較にならないくらい少なかった。それは猛烈な侵入軍に対してかませる、極めて軽いパンチにすぎなかったのである。

しかもそのチャンスなるものも、もう大分前から沿岸の防御工事を進めることを怠っていたために、一層減ってしまっていた。私がロンメルの参謀から聞いたところでは、彼は一九四四年春の間に、ノルマンディーの海岸一帯にかけて、水中障害、防空壕、地雷源等の構築に狂棄した。ノルマンディーは彼が正当にも判断した通り、まさに上陸が行われると考えられた場所である。たとえば彼が来るまでの三年間に、北フランスの全海岸には、約二〇〇万足らずの地雷が敷設されていた。それがDディ前の数ヵ月の間に、その数は三倍になった――いや、彼は五千万以上の地雷の敷設を考えていた。だから侵入軍としては、その短い期間に実際やった以上のものがやり残されていたことは幸せであったのだ。

ルントシュテットの説明は次の通り。「工兵隊と資材の不足が防御の遅れの最大の原因であった。前にフランスで働いていたトッド工兵部隊の大部分のものはドイツへ召換されて、そこで空襲による被害の修復に当っていた。同時に沿岸防備師団は余りにも広がりすぎていたために――しばしば四〇マイルを越えた――自力では必要な作業ができなかった。おまけに資材が不足していた。絶えず連合軍の空襲に妨げられ、必要な資材の製造ならびに運搬が妨害された。」けれどもこれは、ロンメルがこぼしたところの一九四二年、四三年あたりのずっと早い時分になぜ怠っていたかということの理由にはならない。おそらくもっと深い理由というのは、本来機動的な防御戦闘の典型的達人であったルントシュテットが、そういう静止的、固定的な防御装置の価値を大して信頼せず、その構築にさほどの注意を払わなかったところにあるだろう。それがロンメルの参謀達の見方であって、ルントシュテットが考えていたような反撃戦の型によく合致している。これは確かにフランス軍をマヂノ線から引き出して撃破した人物にとっては、極めて自然な態度であった。

連合軍を迎え撃つ方策というのは、かくして、いわば「二つのイスの間に腰をかける」というかっこうになってしまった。つまりルントシュテットとロンメルとの意見が対立し、その上さらにヒトラーが予備兵力を抑えて離さないものだから、ことさら一貫しないものになった。この方針の不統一が、連合軍の奇襲達成の上に何よりも大きな寄与をして、そしてフランスへの進撃の道を開いたのである。

上陸

ブルメントリットの話。「上陸は種々の徴候から判断された。フランス内部の治安は次第に悪くなってきて、これが重大な脅威になっていたし、待ち伏せや襲撃等による被害も次第に増えていた。前線へ補充、補給を行なう汽車がしばしば脱線した。おまけにフランス＝西独間の鉄道に対する計画的な空襲――特にソンム河、セーヌ河、ロワール河等の橋の破壊。これらのすべてが徴候になった。」

ルントシュテットは強調する。「上陸の明確な日どりというものは無論我々は知らなかったが、それはどうでも構わなかった。三月以来我々はずっと待っていたのだから。」私は彼に、例の嵐がやってきて、そのため上陸作戦を二十四時間延期せざるを得なくなり、遂にほとんど取り止めそうにもなった時のことを話して、あれが防者の側に多少の安心感を与えなかったかと聞いてみた。ブルメントリットは「いや、それは関係がなかった。どうせ連合軍は荒天、荒海に耐えられる船は持っていると思ったからだ。我々は、瞬間瞬間が警戒の連続であった。」

ルントシュテットは続けて、「唯一の奇襲的要素と言えば、結局一日の中での時刻であった。と言うのは我々の海軍当局の方では、多分満潮の時にくるだろうと言っていたからだ。実際諸君が干潮の時を選んだということの効果の一つは、上陸部隊が海岸の岩礁のかげに隠れて、それが相当程度弾丸よけの役目をしたということであった。

「侵入軍の大きさには驚かなかった。実際我々は、もっと大きいのではないかと思っていた。というのは、こちらはイングランドに駐在しているアメリカ師団の数に関して、誇張された数字を聞いていたからである。ただその過大評価は、間接的な重大な結果を生んだ。つまり第二の上陸作戦がカレー周辺に向けて行われるのではないかと思ったからだ。」

ブルメントリットは、当時のドイツの西部軍総司令部から見たDディの模様を話してくれた。それはパリのすぐ西のサンジェルマンにいたのである。（ロンメルの司令部は、パリとルーアンの中間にあるラ・ロッシュ・ギョンにあった。けれどもこの攻撃が来た時には、彼はヒトラーに会いに行く途中であったため、丁度アラメインの時と同様にこの舞台にはいなかった。）

「六月五日の午前十時頃、我々はフランスのレジスタンス・グループと英本国との連絡を傍受して、上陸が近づいているという判断を下した。セーヌ河の東に位置していた第十五軍はすぐに警戒警報を発したが、ノルマンディーの第七軍はなぜか午後の四時まで、それが遅れてしまった。（註、但し第七軍の報告によれば、この警戒警報は午後の一時三〇分に出たことになっている）これは不幸であった。すぐに真夜中すぎになって連合軍のパラシュート部隊が降下しはじめたというニュースがきた。

「まさに時間というものが決定的な段階であった。一番近いところにいる予備軍はパリの北西部の第一ＳＳ機甲軍団であったが、我々はそれを総統大本営の許可なしには動かすことができなかった。すでに午前四時にはルントシュテット元帥が大本営に電話して、ロンメルの反撃を強化するためにこの軍団を動かす許可を求めていた。けれどもヨードルがヒトラーの代りに出てきて、これを拒否した。彼はノルマンディーへの上陸は単なる偽装ではないかということ、従ってもう一つ別の上陸がセーヌ河の東へくるのは確実だというのであった。この論「戦」は午後の四時まで続き、その時になってやっとこの軍団は動きはじめた。

「さらにまた別の困難がその運動を妨げた。この軍団の砲兵部隊はセーヌ河の東岸に居たが——それが連合軍の空襲でいくつかの橋がやられた。元帥と私とは、それらが破壊されたのを見た。かくして砲兵隊は、セーヌ河を渡るのにパリの南方遠く迂回しなければならなくなり、しかもその間絶えず爆撃されたため、増々遅れてしまった。その結果、この予備軍が現地に着いていざ戦闘というまでに二日かかった。」

その時までに連合軍は上陸を終えてしまって、もう早期反撃の機会は消えていた。ドイツの機械化師団は、それぞれバラバラの形で侵入軍を要撃しており、これはただ、それ以上の内陸への浸透を個々に防いでいるだけのことで、彼らを海へ追い落すことには使われていない状態であった。私はルントシュテットに向って、連合軍が上陸してから後のどこかの段階でこれをうち敗る希望はあったのかと聞いた。彼は答えて、「最初の二、三日が過ぎてしまったら、それから後はもうなくなった。敵の空軍が昼間における我々の行動をマヒ状態にしていたし、夜でさえもそれは非常に困難であった。おまけにセーヌ河の橋と同様にロワール河の橋も壊れてしまったものだから、地域全体がばらばらになった。これらの事情で予備軍をそこへ集めることが非常に遅れ、前線へ到達するのに、いつも予想よりも三倍乃至四倍の時間がかかった。」

ルントシュテットはそれに加えて「空軍の妨害の外に、諸君の方の戦艦の艦砲射撃が我々の反撃を妨げる主たる要因になった。これはその射程距離と効果において大きな驚異であったのである。」ブルメントリットは、戦争が終った後で自分を訊問したイギリス陸軍の将校達は、この艦砲射撃の真の威力を知らなかったらしいと述べた。

けれども、なおその外にも別の遅延の原因があった。ルントシュテットとブルメントリットが言うのには、ほぼ二週間して、彼らはもはやセーヌ河から東へは、第二の上陸はありそうにないという結論を下したけれども、総統大本営ではまだそれがありうると思っていたから、カレー地域の軍隊を西部、ノルマンディーの方へ移動させようとはしなかった。かつまた、彼らはそのノルマンディーの軍隊を、自分達の望むような方向へ移動させることも許されなかった。「全く困ってルントシュテット元帥は、ヒトラーにフランスへ来て貰って話をしたいと要請した。ルントシュテットとロンメルとは一諸にソワッソンへ行ってヒトラーに会い、状況を理解してもらうように努力した。カンとサン・ローという、ノルマンディーにおける二つの要所はまだ我々の手にあったけれども、それもそう長くは持ちこたえられない事が明らかであった。両元帥は、今のこの状勢を救うために、一挙に大撤退をやらないで――それはヒトラーが到底許しそうにはなかったから――なおかつこの窮状を脱する唯一の方法についての意見は完全に一致していた。つまりカンから退いて、その代りにオルヌ川の線に歩兵を残し、機械化師団を抽出してこれを再編成するというのである。そしてその機甲師団をシェルブール半島にいるアメリカ軍の側面へ向って強力な反撃に使おうというのが二人の計画であった。

「けれどもヒトラーは、退却は絶対いかんと言い張った。『今いるところに、あくまでもいなければならん』。もう以前と違って、我々が最善と考えるようなやり方で軍を移動させることさえ許さなかった。

「二週目以後には、元帥も私も事態が増々はっきり分ってきて、侵入軍を海へ追い落すことは不可能であるということは明かになった。けれどもヒトラーは、依然としてそれが可能であると思っていた！　彼は自分の命令を変えようとしなかったから、軍はいつまでもその粉砕された戦線にしがみついておらざるを得なかったのである。我々はもう希望もなしに、カン＝アヴランシュの線を絶対死守せよというヒトラーの命令に従っているだけであった。」

軍隊の苦労を同情的に言及しながらブルメントリット曰く、「彼らは前大戦での我が軍のように、敵の砲火を我慢しながら耐えしのいでゆくということはできなかった。この戦争でのドイツの歩兵は、一九一四―一八年の時ほど良くはなかった。兵士達は各自いろいろな考えを持っており、訓練も服従も悪かった。軍が急に膨張したために質も下り、充分な規律をしつける暇がなかったのである。」ルントシュテットはヒトラーと面会した後、彼は――暫くの間――その指揮権を奪われた。「フォン・ルントシュテット元帥は、自分の自由裁量を許してくれるのでなければ仕事がやれないということをはっきり言った。このためと、それからその場での彼の軍隊の悲観的な調子の報告から、ヒトラーは新たな指揮官を探すことを決めた。彼は元帥に手紙を書き、それは極めて快よい調子で書かれていたが、人を代えるのが一番良いという結論に達したと書かれてあった。」

ブルメントリットによると、ヒトラーのこの決定はルントシュテットの方で、もう一つ別に、はっきりものを言ったことが原因であると言う。カイテルが彼に電話をかけて情況はどうかと聞いてきた。ルントシュテットの暗い報告を聞いた後、「我々は何をしたら良いか」と訴えるように尋ねた。ルントシュテットは「戦争をやめるんだな。他に何ができるというのかね」と辛辣に答えたというのである。

前線・後備の緊張の下での崩壊

たまたまその時、フォン・クルーゲ元帥が総統大本営を訪れていた。彼はロシヤでの飛行機事故でけがをして、全治九ヵ月という診断であったが、ヒトラーは、七月はじめ東部戦線の心もとない様子にかんがみて、彼を呼び出してあったのである。ヒトラーの肚づもりは、当時はじまったばかりのロシヤの夏期攻勢でつぶれそうになっていた中部方面軍司令官として、ブッシュの後任にそこへ送り返すつもりであった。ブルメントリットによると、クルーゲがヒトラーと同席していたところへカイテルが入ってきて、ルントシュテットが電話で言ったことをヒトラーに報告した。そこでヒトラーはすぐにクルーゲを東ではなくて西へやることに決めたのである。（東ではモーデル将軍がブッシュに代って昇任した）この決定がなされたのは一瞬間のことであったけれども、もし必要とあればクルーゲをルントシュテットの代りとして送りたいという気持は、かなり前からもっていた。

「フォン・クルーゲ元帥は、頑健かつ攻撃的なタイプ

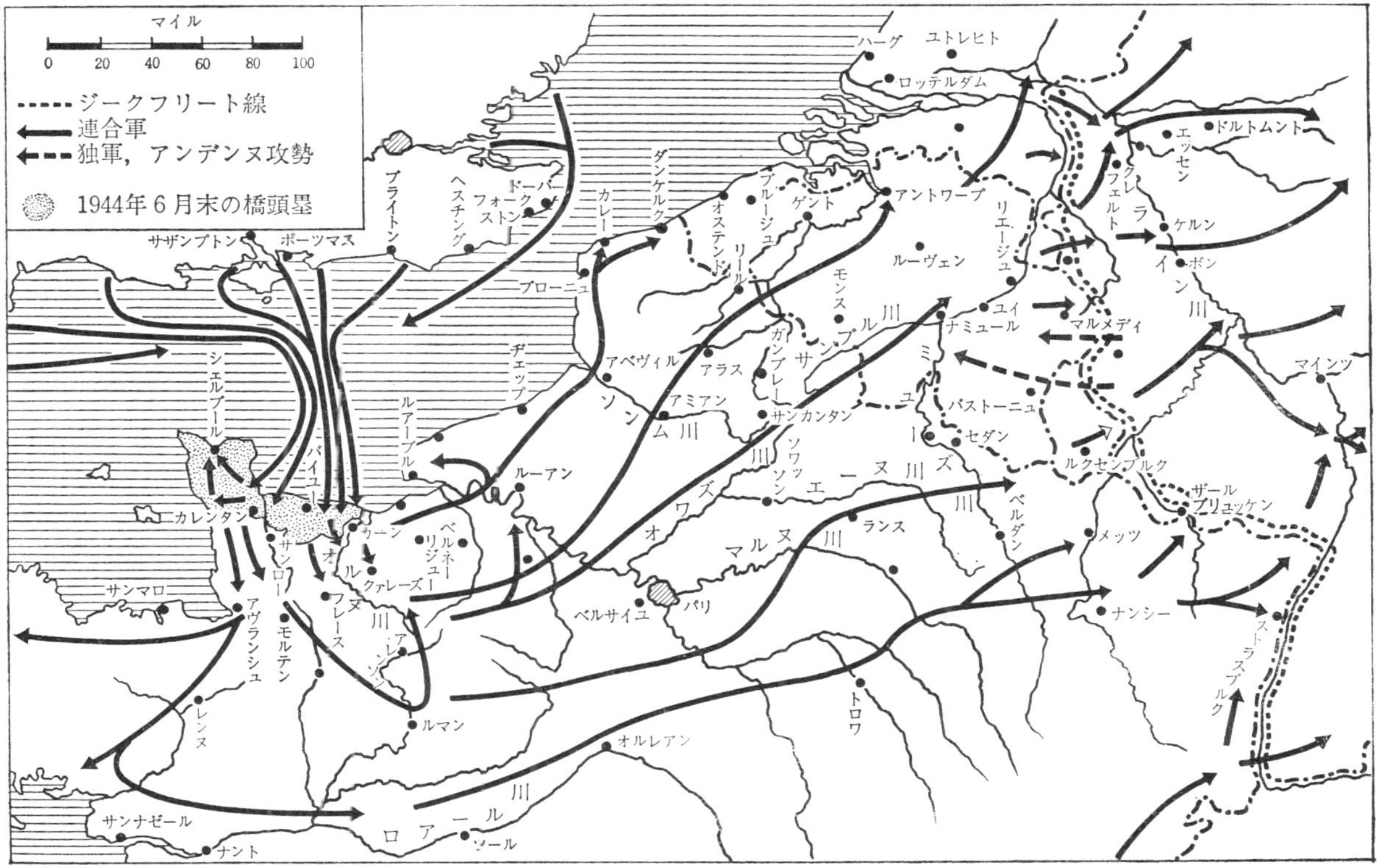
マイル
0 20 40 60 80 100
ジークフリート線
連合軍
独軍，アンデンヌ攻勢
1944年6月末の橋頭塁
ハーグ
ユトレヒト
ロッテルダム
ドルトムント
エッセン
クレフェルト
ケルン
ボン
ライン川
マインツ
アントワープ
リエージュ
ルーヴェン
ユイ
ナミュール
マルメディ
バストーニュ
セダン
ルクセンブルク
ザールブリュッケン
メッツ
ナンシー
ストラスブルク
ベルダン
ミューズ川
モンス
サンブル川
ブルージュ
ゲント
オステンド
ダンケルク
カレー
リール
ブローニュ
アラス
ガンブレー
サンカンタン
アベヴィル
アミアン
ソンム川
ヂェップ
ルアーブル
ルーアン
ソワッソン
エーヌ川
オワズ川
ランス
マルヌ川
パリ
ベルサイユ
トロワ
オルレアン
ロアール川
ツール
ルマン
ナント
サンナゼール
レンヌ
アヴランシュ
モルテン
サンロー
サンマロ
カレンタン
シェルブール
バイユー
カーン
オルヌ川
ファレーズ
フレース
アレンソン
ベルネー
リジュー
サザンプトン
ポーツマス
ブライトン
ヘスチング
フォークストン
ドーバー

の軍人であった。」とブルメントリットは述べている。

「彼はサン・ジェルマンにあった我々の司令部へ、七月六日に西部軍総司令官としての新らしい使命をおびてやってきた。最初彼は大変快活で自信があった——新任の軍司令官というものはいつもそうなのだ。実際彼は将来を全く楽観していた。

「我々の第一回目の話し合いで、ロンメルがフランスにおける事態の重大性について述べた報告書を彼に手渡し、かつ我々がそれに賛成した説明をしたものだから、彼は私をとがめたのである。そんな憂うつな報告書はヒトラーの許へ出すべきでなく、それを送付する前に我々の手で直すべきだというのである。この時ルントシュテットはまだサン・ジェルマンにいた。彼はフォン・クルーゲ元帥が着任した後も三日か四日そこにいたので、私が彼にクルーゲの言ったことを話したら、彼はやや驚いた様子で力をこめてこう言った。『そういう重要な文書こそ、上の方で修正したりしないで送付するのが正当である』」

最初のうちはフォン・クルーゲは、事態の危険性は誇張されていると明らかに思っていたが、その見解はすぐに変った。というのは、彼は自分の習慣ですぐに前線を尋ねたからだ。そこで彼は第七軍司令官のハウセルと、第五機甲軍司令官のエーベルバッハと、第一、第二SS軍団長を含む多くの軍団長に会ったのである。彼らは一様に彼に向って事態の重大性を指摘した。それから数日もたたないうちに、彼は非常にまじめになり静かになった。けれどもヒトラーは彼の報告書の調子の変ったことを好まなかった。

「十七日にロンメルは大けがをした。彼の車が走行中、空襲に会って壊れたのである。ヒトラーの命令で、クルーゲが一時、総司令官としてB軍集団長を兼ねた。」それから三日後の七月二〇日、東プロシャの司令所でヒトラー暗殺未遂事件が起ったのである。一味の爆弾は主たる目標を殺し損ねたけれども、これはこの重大な時期に、西部の戦に非常に大きな反応を与えた。

「その日フォン・クルーゲ元帥は前線におり、夕方まで私は彼と連絡がとれなかった。すでにその時までに彼はこの事件の知らせを受けていた——最初は成功したというふうに、そして次にはヒトラーがまだ生きているということを。元帥は私に語って、もう一年以上も前に、この件に加担した指導的な将校の何人かが彼に近づいてきた。彼は二度彼らに会ったが、二度目に自分はその計画には巻き込まれたくないと言ったのである。けれども彼はその計画がずっと続いていることは知っていた。ただ元帥はそれに関して私に話したことは一度もなく、私はこの陰謀のことは全然知らなかった。

「後日になってゲシュタポが陰謀について調査した時、フォン・クルーゲ元帥の名前がでてくる文書を見つけ、そこで彼も重大な嫌疑を受けた。そのうちもう一つ別の事件が起って、事態を一層悪くした。パットン将軍がノルマンディーから突出してくる少し前アヴランシュのあたりで大決戦が展開されていた時、フォン・クルーゲ元帥は十二時間以上も司令部を離れていた。ただそのわけは、彼が前線へ行っていて、そこで猛烈な砲撃に巻き込まれて動けなかったというのである。おまけに、その時無電係りが爆撃を受けて戦死したため、連絡をとることもできなかった。彼自身も数時間遮蔽物のかげに身を隠し、それからやっと外へ出て、さらに長時間車に乗って本部へ戻った。その間、我々の方もまた後方からの「砲撃」にさらされていた。というのは、元帥の長びいた不在がその発見された文書ともからんで、直ちにヒトラーの疑惑をかきたてたのである。『フォン・クルーゲ元帥は直ちにアヴランシュ付近の戦闘地区を離れて、第五機甲軍の戦闘指揮所よりノルマンディーの戦闘を指揮すべし』というヒトラーの厳命を伝えた電報が来た。これは後方、ファレーズの近くにあった。

「この命令の理由は、その後聞いたところでは、元帥が前線まで出かけて行ったのは、そこで連合軍と接触して降伏の商議をするためであったとヒトラーが疑ったからであるという。元帥は結局帰ってきたけれども、ヒトラーの気持は収まらなかった。この日以後、ヒトラーの彼への命令はぞんざいになり、かつ侮辱的な調子すらおびてきた。フォン・クルーゲ元帥は非常に悩みはじめた。いつ逮捕されるか分らない。それと同時に、自分の忠誠心を戦場での成功によって証明することができないということを、いよいよ悟ったのである。

「これらすべてが理由となって、結局連合軍の突破を阻止するために残されていたチャンスに対して非常に悪い影響を与えた。フォン・クルーゲ元帥は、一番危い数日間、戦線で起っていることに対して自分の注意力のごく一部しかさくことができなかった。彼は心配そうに後ろの方――総統大本営の方をふり向いていたのである。

「このヒトラーに対する陰謀事件のために懊悩の状態にあった将軍は彼一人ではなかった。これに続く数週間、数ヶ月、恐怖が上級司令部にしみわたり、かつその機能をマヒさせた。七月二〇日の事件が将軍達に与えた影響というものは、それ自体が一冊の本の主題になると思えるほどのものである。」

パットン将軍がノルマンディーから突破してきて、そうして西部戦線が崩壊した後の八月十七日、突然モーデル元帥が新しい司令官としてやってきた。「彼の到着がフォン・クルーゲ元帥の受領した交代の第一報であった。——このようにして突然後任者が到着することは当時の解任の習慣的なやり方になっており、すでに第十九軍および第十五軍の司令官交代において行われてもいたのである。この時フォン・クルーゲ元帥はラ・ロッシュ・ギヨンのB軍集団本部におり、そこで二十四時間モーデル元帥と同居していた。

「私は彼に別れのあいさつをするためにサン・ジェルマンからそこへ行き、そして彼に一人で会った。私が入って行った時、彼は机の上に地図を広げて座っていた。彼はパットンが突破してきたところの、アヴランシュのところを軽く叩き続けた。『ここが私の軍人としての評価を落したところだ』私は彼を慰めてみたが余りききめはなかった。彼は何か考えながら陰うつそうに部屋の中を歩き廻った。彼は私に総統からの手紙を見せた。それはモーデル元帥が持ってきたもので、非常に丁重な表現で書かれてあった——総統は、この戦闘の重圧、緊張が元帥には耐えられないだろうと思うから、交代を望むと。けれども最後の行は不吉な調子をおびていた。『フォン・クルーゲ元帥はドイツのどこへ帰るつもりか、申告せよ』元帥は私に話した。『私は総統に手紙を書いた。そこではっきり今の事態を説明し、それと同時に他のことも書いておいた』と。けれどもその手紙を私には見せなかった。

(註) この手紙は、連合軍によって押収されたドイツの文書類の中から発見された。自分の解任命令を承認し、アヴランシュを突破されたことがそれの明らかな理由であると述べた後、続けてこう言っている。「閣下がこの手紙を受領された時には……小官はもはや生きてはいない。小官の不手ぎわによって西部の運命を決めるに至ったその責任の非難には耐えられない。私には弁解の言葉がない。そのことからして私はある決心をした。そしてすでにあまたの戦友達の行っているところへ自分もこれから行くつもりである。私は死を恐れたことはなかった。生命は私にとってはもはや意

味はなく、すでに引き渡されるべき戦争犯罪人のリストの中へも入っている。」それから手紙はアヴランシュの崩壊がさけられなかった理由を詳細に述べ、そしてこの危険な場所について、すでにロンメルとクルーゲとがあらかじめ警告してあったのに、それを留意しなかったことに対してヒトラーを穏やかに責めている。

「我々の認定はペシミズムから来たものではなくて、事実をまじめに認識したものである。私はあらゆる場面で有能であったモーデル元帥が、この事態をうまく乗り切れるかどうかは分らないが、私は心からそうあって欲しいと望むものである。けれども、もしそうでなく、かつまた閣下の頼みとしておられる新兵器が功を奏しなかった時には、閣下は戦をやめねばならぬ。ドイツ国民はすでに言語に絶する多大の労苦を耐えてきており、もはやその恐怖的状態に終止符をうつべき時である。そのような結末をつける方法はあるはずであり、なかんづくドイツがボルシェビズムに蹂躙されることからさけねばならぬ。」と。この手紙はヒトラーの偉大さに対する最後の讃辞と、死してなお変らぬヒトラーに対する自己の忠誠を披瀝して終っている。

「フォン・クルーゲ元師は翌日帰国した。彼が出発したその日の夕方、私はメッツから電話をもらい、それによると、彼は心臓の発作で死んだというのであった。二日後に、死因は脳溢血であったという医師の診断報告がきた。そのうちに国葬という噂が聞こえ、ルントシュテット元帥が総統に代って花輪を棒げ、弔辞を述べるという話になった。ところがそのうちに突然、国葬はとり止めという命令が出た。私はその時クルーゲ元帥は毒薬自殺したということと、これは検屍の結果確認されたということを聞いた。東部戦線にいた将軍はだれでもそうだが、彼もまたロシヤ軍に捕虜になった時のことを慮って、毒薬のカプセルを持っていた――もっとも、多くの人は実際に捕えられた時でもそれを使用しなかったけれども。彼は車の中でそのカプセルの一つを飲み、そしてメッツへ着くまでに死んだのである。彼の自殺の原因は、解任されたからではなくて、帰国と同時にゲシュタポに逮捕されると思ったからであろうと私は考えている。」

クルーゲが自分の意思で自殺したのに対して、それから丁度一ヵ月たって、ロンメルは同じ薬を呑ませられた。彼は当時けがの治療中であった。ヒトラーの命令を受けて二人の同僚将軍が彼を訪れ、ドライブにつれだしてそこでヒトラーの命令を伝えた。自殺するか、それとも裁判にかかるかだ——そうなれば不名誉な形での処刑は免れないと。彼の方はもっとはっきりあの陰謀に巻き込まれていた。西部戦線の状況がもう絶望的であることを知ったロンメルは、かなり早いころからこの反乱に加担していた。私が彼の参謀から聞いたところでは、彼は連合軍が上陸する以前からほとんど前途に自信を持っておらず、それから増々ヒトラーの現実無視の態度に対して批判的になって行ったのである。

連合軍がノルマンディーへ橋頭堡を築いた後に、彼は参謀の一人に向って、「もう万事が終った。こんな無駄な戦争をいつまでも続けるよりは、さっさと早く終らせて、イギリスの自治領にでもなって生きて行った方がましだ」と言ったという。ヒトラーこそが平和に対する第一の妨害だということを知っていたロンメルは、もう唯一の仕事はヒトラーを片づけて、そして連合国に接近して行くより他にないと公言するようになった。これは、今までヒトラーに目をかけられてきた将軍の態度としては著しい変化である。そのためにロンメルは命を失うことになったが、しかしドイツを救うには遅すぎた。

パットン将軍がノルマンディーの橋頭堡から打って出て、それからドイツ軍の全面的崩壊を来したことについて語りながら、ブルメントリットはもう一つの重大な打ち明け話をした。「ヒトラーとO・K・Wにいた彼の側近達は、実は錯誤の結果撤退が遅れたのである。つまりこちらはまだ後ろへ下って、後方の新陣地線を確保するだけの充分な時間があると信じて油断していた。彼らは英軍の進撃は重厚であるが、アメリカ軍はぶきっちょだと思っていたのだ。けれどもルントシュテット元帥の古くからの知己であったペタン元帥は、もう何度も彼に警告を発して、アメリカ軍のスピードをばかにしてはいけない、彼らは経験を積めば早くなると言っていたが、事実はその通りであった。O・K・Wの方で、ここでなら防げるだろうと思っていた後方の陣地は、彼らがその新戦線へつく前にパットンの猛攻によって次々と潰されてしまったのである。」

この決定的な潰滅のなりゆきについて、さらにそれをドイツ軍の上級統帥部がどう見ていたかということと並んで、それを今度は第一線の指揮官達がどう眺めていたかということについて、短かく補足しておきたい。

アヴランシュにおけるアメリカ軍の突破を、ドイツ側の立場から生き生きと描いて見せてくれたのは、シェルブール半島の根元のところを守っていた第八十四軍団長のエルフェルト将軍であった。彼はこの決定的な防御戦が丁度はじまった時に、そこへ指揮官として行ったのである。それまで彼はカレ＝ブーローニュ地域を守っていた第四十七師団長であった。「私の記憶では、フォン・クルーゲ元帥の司令部へ直ぐ出頭せよという命令を受けたのは七月二十八日であった。到着すると彼は私に、フォン・コルチッツ将軍に代って第八十四軍団の指揮をとれと言われた。元帥は、自分はコルチッツ将軍の防御のやり方に賛成しないと言われたが、それがどういう点についてであるとは言わなかった。それから彼は私に向って、その軍団は七つの師団の残存兵力のよせ集めであると言った。そして第一一六機甲師団がやがて西進して反撃に加わるはずであり、それが私の隷下にはいることになると言った。その夜は元帥と共にすごして、翌朝車でルマンに行き、さらにアヴランシュの東十—十五キロメートルのところにあった第七軍の戦闘指揮所まで行った。そこから私は自分の軍団の司令部に案内されたのである。それはどの村からも離れた林の中に隠れていたので、正確な場所は覚えていない。まるで万事が混乱状態で、あたりの制空権は全部連合軍が握っていた。翌日私は自分の隊を見て廻ったが、非常に衰弱していて、つながった前線などというものではなく、師団の中には僅かに三〇〇人ぐらいの兵しか残っていないものもあり、火砲はずっと減っていた。

「私が出した最初の命令は、アヴランシュのそばのラセ川の南にいる軍隊は、全部川の南岸を守ること、それから東からくる軍隊は、その晩第一一六機甲師団が到着するまで現在点を固守すべきこと、それからそこで合流して反撃に転ずることというのであった。けれどもその第一一六師団は、途中で別の危険な方へ向けられたために結局やってこなかった。三十一日の朝、アメリカの戦車隊がアヴランシュから十五キロ東のセー川のそばにあるブレシィに向けて迫ってきた。その時私の司令部はブレシィの北にいたから、この側面攻撃によってあやうく切断されそうになった。司令部のメンバー達は一日中戦線についていた。幸いアメリカ軍はそこの攻撃ではそれほど活発でなかった。

「次の二日の間に、私はまずまずと言える程度の新たな二個師団の補充を受け、同時に第一一六機甲師団もやってきた。そこで私は他の七個師団の残存部隊を一つにまとめた。私の命令は、ブレシィとヴィル川の間の亀裂部分をこれ以上拡げないように防ぐこと、それからアヴランシュから南東へ向けて予想されるアメリカ軍の進出を遅らせること、そのうちにフォン・フンク将軍麾下の一機甲兵団が強力な反撃を行うはずになっているから、というのであった。これはその後、一層大きな反撃のために、エーベルバッハの第五機甲軍から使える戦車を全部抜き出して、さらに強化したのである。」

エルフェルトの話はさらに続いて、その機械化部隊の攻撃がアヴランシュに到着するのに失敗し、そして彼の左側面に対する包囲が増々強くなり、一層危い状況になった時の話におよんだ。彼は次第に東へ後退したが、味方の機械化部隊がその戦線を横切って後退するために混乱を生じ、撤退の困難はさらに大きくなった。幸い、前面と直接の側面とに対するアメリカ軍の圧迫は、それほど危険ではなかった——パットンの第三軍はもっと大きな円の形で迂回しつつあったからである。「私の正面のアメリカ第一軍は戦術的には極めて拙劣であった。彼らはチャンスをつかみそこね、特に私の全兵団を切断する機会を何度も失した。ただ、連合軍の空軍は最も大きな脅威であった。

「我々がオルヌ川の岸まで下った時には、全戦線は以前よりずっと狭くなっていて、私の軍団司令部は無駄になり、一時戦線から退去した。ところが翌朝カナダ軍がファレーズの方へ、南方へ突破してきたので、私は直ちに彼らを阻止するために戦線を作るべく命令された。けれども使える軍隊はもはや乏しく、連絡も取れなかった。カナダ軍の砲兵は終日我々の司令所を砲撃したが、彼らは約一千発も撃ったけれども、幸にして損害は皆無であった。それらの砲弾はみな私の居た小さな家のまわりに落ちたが、けがをしたものは一人もなかった。その日のうちに私は戦線を作り直すことができたけれども、私の右翼のずっと向うを、イギリスの戦車部隊が、ディブズ川の向う側をツルンに向って驀進して行くのが見えた。かくして我々の退路が断たれたのである。

「次の日私は、これら敵の機械化部隊の後ろを北東に向って突破すべしという命令を受けた。けれどもそこには、すでにもう有力な英軍がいたのであるから、それが不可能なことは極めて明瞭であった。そこで私は軍司令官のハウゼル将軍に向って、パラシュート部隊を率いていたマインドル将軍の指揮に私の部隊を委ねたい、そうしてサン・ランベール附近で、それが南東に脱出するのを協力したいという具申をした。私の考えでは、小部隊がばらばらに行動するよりも、まとまって大きな攻撃を加えた方が良いというのであった。マインドルは突破、脱出に成功したが、私自身が翌朝ランベールに着いた時には、割れ目は再び閉ざされた。そこで私は残っていたすべてのもの、戦車二台と兵員二〇〇名で攻撃しようと試みた。スタートは良かったが、やがてポーランド第一機甲師団の一部に遭遇し、激闘二時間の後に弾薬がつきはじめ、そのうち私の後ろについてきた隊が降伏し、かくして私はクサビ形の先のところで、ごく一握りの兵と共に包囲された形でとり残されてしまった。そうして我々は順々に降伏せざるを得なくなったのである。このポーランド師団の司令官は、風彩の良い紳士であった。彼は私に一本残っていたシガレットをくれた。彼の師団自体は厄介な状況の下にあり、水がなかった。――双方の軍隊はかくの如く極端に交錯し合っていたのである。」

私はこの機会にエルフェルトに向って、今度の戦争でのドイツの兵士を、前大戦の時と比較してどう思うかと聞いてみた。彼の意見は、いくつかの点で先に紹介したブルメントリットの見方（二四六頁参照）とは違っていた。「歩兵は一九一四―一八年の時と全く同じ良好な状態であり、砲兵はさらに好かった。武器は改良されており、戦術もそうであった。けれどもまた、おのずから別の要素もあった。前大戦では最後の二年間は、傾向的には平和主義者であるところの社会主義的な考え方に軍隊の士気は影響されたが、今度の戦ではナチズムは正反対の効果を発揮し――かえって士気を高めたのである。」

「規律の点はどうだったのか」「それは答えることが非常にむつかしい。ナチは軍隊を昔以上に狂信的なものにした。――そしてそれは規律に対して善悪両面の影響を与えた。けれども将校と兵との関係は、前大戦よりもっと良かった。そしてそれは規律を助けた。この両者の関係が改善されたということは、一つには前大戦での経験をふまえて、国防軍における軍規というものの新らしい考え方からきており、一部はナチの理念に基いた士官と兵との間の断絶をうめるという影響からきている。一般の兵士は以前に比べてより積極的になり、前大戦よりも自分の頭を使うようになった――特に自分達だけ、または小人数で戦っている時になおさらそうであった。」この点についてのエルフェルトの意見は、イギリスの指揮官達の判断と一致している。ドイツの兵隊は、一人あるいは二人で行動している時は、相手よりも強いということをしばしば言う。これは一九一四—一八年の経験からしても、ドイツ人は個人主義者としては良くないと言う、いつまでも言われ続けている俗説に対しても非常に驚くべき対照を示す評価なのだ。ナチズムが民衆の本能に対して強い訴えかけをして以来、その影響の下に育った世代は、戦場では彼らの父祖達ほどに、個人主義的なイニシャチヴは発揮しないだろうと自然に思われていた。私がエルフェルトに向って、この点はどうかと聞いたら、彼はそれについては自分も当惑しているが「それはこれらの若い兵士達が、ヒトラー・ユーゲントの組織の下で受けたボーイスカウトの訓練のせいではなかろうかと思う」とつけ加えた。

両大戦でのドイツ軍の比較はどういうふうにしてやったかという点については、数日後、ハインリッキ、レーリヒト、ベクトルシャイムとの議論の中ででてきた。ハインリッキの見解は、ドイツ軍は第一次大戦の時の方が良く訓練されていたが、規律が良かったとは思わないと言い、レーリヒト、ベクトルシャイムもそれに賛成した。レーリヒトはさらにつけ加えて、「軍隊はポーランド戦と西部戦との間で、訓練のために長い休みを必要とした。特に下士官の訓練においてそうだった。当時私は、参謀本部の教育局の長としてこの問題に関係したが、ただ士気と規律とは、今度の戦争の後期の方が前大戦の後期よりも、ずっと良かった。一九一六年から一八年の間は、社会主義の影響によって兵の士気は次第に悪くなり、お前達は皇帝のために戦っているのだぞというふうに思い込まされていたのに対して、今度の戦争ではヒトラーに対する信頼感が物すごく強くて、いかなる事態の下でも勝利の確信を失わなかった。」

ハインリッキとベクトルシャイムはレーリヒトのこの話を裏書きし、なおそれに続いて、「けれども軍の士気は負担と緊張の過重とで、また最良の分子を逮捕してしまったS・Sのやりかたのために、次第に低下して行った。東部戦では師団は休みがとれず、それが原因で弱くなった。」

軍に対するナチの影響はどうだったかという、続けての質問に対してレーリヒトは、「それは善悪さまざまあった。悪い方では軍の中にむつかしい問題を起したり、あるいは上からの統制を弱めたりした。けれども他方、兵士の中に強烈な愛国心を呼び起し、それは一九一四年の時より一層深いものがあった。というのは、もともと今度は前の時ほどの戦争熱はなかったからだ。この精神は逆境の下で増々強く続いたのである。」ハインリッキもレーリヒトに同調し、一人の人間に対する忠誠、信仰というものは制度より優るということを強調した。「ヒトラーに対する兵士の信頼というものは、好むと好まざるとにかかわらず、物凄いものであった。これが最大の要素である。」と。

ドイツの将軍達は西側の相手をどう見ていたか。彼らは遠慮がちで余り言いたがらなかったが、私は話の経過の中でいくつかの印象を集めた。ルントシュテットは、「モントゴメリーとパットンとが、私の出合った中での双璧である。モントゴメリー元帥は非常に秩序だったやり方をする人である。」と言った。さらに曰く、「諸君の方に充分の兵力と時間とがあれば申し分なかったろう」ブルメントリットも同じ意見で、パットンの快進撃をたたえた後「モントゴメリー元帥は逆境に立ってもまいらない将軍の一人であった。彼はこういうふうに動いて行った。」といって、自分の足を一歩一歩いかにも重々しそうに下しつつ、真に慎重に、そして小巾で歩いてみせた。

イギリスとアメリカの兵隊の違いについてブルメントリットは、「アメリカ軍はいかにも楽しげに攻撃してくる。そして機動的な動作を好む。けれども猛烈な砲火をあびると常に後退する——たとえ侵透に成功していても。それに比べると、ある時英軍が苦境に陥り、二十四時間動けなくなったことがある。けれどもそれを撃退することはほとんど不可能であった。英軍を反撃するには、常に重大な損害を受けた。一九四四年の秋、私はこの面白い違いをたびたび経験した。その時私の軍団の右半分は英軍に対し、左半分は米軍に対していたから。」

第十八章　ヒトラー暗殺未遂事件──西部より見たる

七月二〇日事件の話というのは、すでにあらゆる角度から書かれているが、軍事的側面に密接な関係のある角度から眺めたものは一つもない。東プロシヤのヒトラーの本部で爆弾が破裂して、しかも彼を殺しそこねてから後何が起ったかということについては、かなりはっきりした話がでている。またベルリンでは事態はどうだったのか、そして一味はそのベルリンでどうやってその束の間の機会を捉えそこねたか、ということについても同じである。ところで、この事件の情景を完全なものにするためには、その運命の日に西部戦線のドイツ軍司令部でどういうことが起っていたかということをたどってみるのが重要であるが、私はブルメントリット将軍の口からこれに関する長い話を聞き、なおその後の反応も聞いた。これは詳しく語るに価する──その直接証拠としてだけでなく、なおその雰囲気を伝えるものとしても。

ブルメントリットの話

一九四四年のはじめごろ、サン・ジェルマンにあった西部軍総司令部に、多くの訪問者がやってきて、戦況について長い議論をした。そこでしばしば話題にでたことは、元帥達が一諸になってヒトラーのところへ行って、彼に和平を進めてみるのはどうであろうかということであった。

ある日、三月の終り頃、ロンメル元帥が参謀長のシュパイデル将軍をつれてサン・ジェルマンへやってきた。そして彼らが帰る直前に、シュパイデルは私と一寸、内談したいことがあると言い、部屋へ入るやシュパイデルは私に向って、これはロンメルの代りに言うのであるがと言いながら、「もはや我々は戦争を続けることができないということをヒトラーに言わねばならぬ時が来た。」

というのである。そして我々は、これをルントシュテットに話すべきだということに一致して話したところ、彼もまた同じ意見であることを知った。そこで我々はO・K・Wに向けて電報を打ち、「フランスにおける重大な事態に鑑みて」是非総統にサン・ジェルマンに来て貰いたいと頼んだのである。けれども返事はこなかった。

シュパイデル将軍はその件に関して再び私に会いにやってきた。そして私との話の中で、ドイツにはヒトラーをとり抑えたいと思っている人達が何人かいると言い、ウィッツレーベン元帥、ベック将軍、ヘプナー将軍、ゲルデラー博士等の名をあげた。彼はまた、ロンメル元帥が彼に二、三日の猶予を与えてスツットガルトへ行かせ、この問題を他の人々とも議論させたと言った——シュパイデルもロンメルも共にウュルテンベルクの出身であったから、前からゲルデラー博士を知っていたのだ。けれどもこの話の中でも、ヒトラーの暗殺計画が企てられているというようなことは言わなかった。

その後フォン・クルーゲ元帥がルントシュテット元帥の後任として西部軍総司令官に着任するまで、この件は全然進展しなかった。——例のカイテルとの激しい電話のやりとりで戦争をやめるべきだと主張した、あのできごとの後である。ところでこの交代について少しつけ加えておきたいと思うことは、ルントシュテット元帥が軍全体から、また敵からも高く尊敬されているということをヒトラーは知っていた。連合国側の宣伝放送は、ルントシュテット元帥とその幕僚の見解とが、ヒトラーのそれと違うということを絶えず宣伝で流していた。我々の司令部が全然空襲を受けなかったというのも、注目すべきことである。また元帥は、フランスのレジスタンス運動から脅威を受けたことも一度もなかった——多分フランス人に対する扱いが、いつも好意的であるということが知れていたからであろう。これらのことはすべてヒトラーの手先の報告によって、彼の耳へは入っていた。ヒトラーは元帥に敬意を払う一方——他の軍人に対してよりも一層丁重であったが——常に用心深く監視をしていた。そのためルントシュテットが和平を強く提案したということが、ヒトラーにとってはその更迭の絶好の理由になったのである。

フォン・クルーゲ元帥は七月六日にサン・ジェルマンへ赴任してきた。そして十七日にはロンメル元帥が追い出された。それでクルーゲはそこでの戦闘を指揮するためにラ・ロッシュ・ギョンのロンメルの司令部へ行き、私はサン・ジェルマンに残って彼の仕事を代行していた。

七月二〇日

ヒトラーの命をねらったこの計画の、最初のニュースが私のところへ届いたのは、午後三時ごろのことであった。報告を持ってきたのは、六週間ぐらい前に東部戦線から移ってきた参謀次長のフィンク大佐だ。大佐は私の部屋へ入ってきてこう言った。「将軍、総統は死にました。ベルリンでゲシュタポの叛乱が起ったようです。」私はまったく驚いて、一体どこからそのような話を聞いたのかと尋ねたところ、フィンクは、パリの占領軍司令官のフォン・シュトルプナーゲルからの電話であると答えた。

私はラ・ロッシュ・ギョンのフォン・クルーゲ元帥に電話で連絡を取ろうとしたが、彼は前線を視察中とのことであった。そこで私は非常に注意深い言い方で――我々は電話で話していたから――シュパイデルに向って、極めて重大なことが起ったから、これから自分で君のところへ行くとだけ話しておいて、四時ごろにサン・ジェルマンをたち、五時半ごろにラ・ロッシュ・ギョンに着いたのである。

クルーゲ元帥はちょうど帰ってきたところであった。私が部屋へ入って行くと、彼の前にはドイツのラジオ放送の抜き書きがあり、それには総統の命をねらった計画が行われたが失敗したと書かれてあった。フォン・クルーゲは私に向って、すでにドイツから二本の電話を受けているが、相手はだれだか全然分らず、ただ「総統は死んだ。よって貴官は決心をしなければならぬ」と言っているだけだというのである。フォン・クルーゲは続けて、一年ほど前に、ウィッツレーベンやベックやその他の連中がやってきて、総統に近づくことについて彼を打診し、その方法を聞いたと言った。そしてその時の話を書きとめたノートがあるとも言っていた。

我々が話している間にサン・ジェルマンから電話がかかり、差出し人不明の電報が司令部へ来て、ヒトラーは死んだというのであった。どっちが本当なのかクルーゲは当惑し、ラジオは単に誤報をそのまま流したのではないかと疑った。しばらく話をした後で、私はO・K・WのヨードルUの代理であるウォーリモント将軍を電話で呼び出した。仲々出てこなかったが、やっと通じた末に、返事は単にウォーリモントは今手が離せない、カイテルと話し中だということであった。

そこでフォン・クルーゲと私とは頭を突き合わせて、

では次にだれに聞いてみるかという相談をした。我々は在パリのS・S隊長に電話した。けれども彼はラジオ放送以外何も知らぬと言った。そこで次にO・K・Hの組織局長シュティーフ将軍に電話した。私はシュティーフを良く知っていたが、ただ後に判明したように、彼がこの陰謀に深く巻き込まれていたということは全然考えなかった。シュティーフは私に向ってすぐに尋ねた。「君は総統が死んだというニュースをどこから聞いた」それから「総統は元気だ。気分も良い」それで電話は切れてしまった。後で我々はこの電話の呼び出しについて非常に心配になった。状況からみて、いかにも怪しいと思われたに違いないと思ったからだ。

シュティーフの答とその態度とが余りにも変であったので、私はいかにもありそうなある説明が思いうかんだ。私はフォン・クルーゲに向って、「これは計画が失敗したところだと思います」と語った。その時フォン・クルーゲが私に言ったことは、もしこの計画が成功していたならば、彼のした第一のことは、V一号のイギリス向けの発射を停止させたことだろう。そして第二に、連合軍の司令官達と接触をとったであろうというのであった。

フォン・クルーゲは、それから私に命じてフォン・シュトルプナーゲルに電話させ、ラ・ロッシュ・ギョンに来るように言わせた。同時に私の仕事は、西部における空軍司令官のシュペルレ元帥を召致する事であった。

フォン・シュトルプナーゲル将軍は、午後七時半頃ホフファッケル中佐をつれてやってきた。彼らはテーブルの周りに、元帥、シュパイデル、そして私と並んで座った――この一座のものも、シュパイデルと私を除いて今ではみんな死んでいる――。フォン・シュトルプナーゲルが口を切った。「ホフファッケル中佐に事情を説明させましょう」すぐ明らかになったことは、ホフファッケルがこの計画の全貌を知っており、しかもフォン・シュトルプナーゲルとフォン・ウィッツレーベンとの間の連絡役であるということとであった。彼はこの計画が一体どうして請願から反乱にまで発展したか――ヒトラーは議論を聞こうとせず、また連合軍の方は、ヒトラーからのいかなる和平提案も受けいれないことが明らかになったからだというのである。彼はまた、フォン・シュタウヘンベルク伯がどうやってその計画を組織したかということについての詳しい話を我々にした。

彼が話し終ると、フォン・クルーゲは明らかに失望したような調子で「宜しい、諸君、計画は失敗した。万事終ったのだ」それに対してフォン・シュトルプナーゲルは叫ぶような調子で「元帥、閣下はこの計画を知っておられたことと思います。何かしなければなりません」けれどもフォン・クルーゲは、「もう何もできない。総統は生きているのだ」私はフォン・シュトルプナーゲルが非常に不愉快そうに見えはじめたのに気がついた。彼は立ち上ってベランダへ出たが、部屋へ戻ってからはほとんど何も言わなかった。そうしているうちにシュペルレ元帥がやってきた。けれども数分そこにいただけで、夕食を一諸にしないかというフォン・クルーゲのさそいをも断った。私の感じでは、シュペルレは我々の話の中に入りたくないという様子であり、あるいはまた、そこで起ったこととの証人にはなりたくないということのようであった。

残った我々は夕食に立った。フォン・クルーゲは非常に快活で、その態度にも全然悩みがなさそうだったが、他方フォン・シュトルプナーゲルの方は黙しがちであった。一寸してから彼はフォン・クルーゲの方を向いて、「もう一度、閣下に個人的にお話しても宜しいか」と聞いた。フォン・クルーゲは承知して、私に向って、「君も一諸に来たまえ。」我々が小さな部屋に入っていくと、フォン・シュトルプナーゲルは私に向って、パリを離れる前に「第一段の警戒措置」を取ってあるという。それを聞いたクルーゲは叫んだ。「おお！　一体君は、パリで何をしていたのだ」「私はパリに居るSSの全員を逮捕するよう命じたのです」――彼の言うのはいわゆる親衛隊としてのSSではなくて、秘密保安警察としてのSSのことであった。

フォン・クルーゲは叫んだ。「しかし私の命令なしにはそんなことはできないはずだ」フォン・シュトルプナーゲルはそれに対して「今日午後、閣下に電話しようと思いましたが、閣下は司令部におられなかった。そこで私の独断で下命したのです」フォン・クルーゲは「宜しい、然らば君の責任だ」その後彼らはもう食事に戻ってこなかった。

それから、フォン・クルーゲは私に命じてパリのフォン・シュトルプナーゲルの参謀長に電話させ、すでにSSの逮捕には着手したのかと聞いたところが、相手はフォン・リンストウ大佐であったが――彼もまた死んだ。（註、ブルメントリットの話は『死んだ』という言葉をくり返すごとに話がとぎれた）彼は私に、もう着手していると言い「もはや止めることはできない」と加えた。フォン・クルーゲはフォン・シュトルプナーゲルに向って、「ごらんの通りだ。もう君にとって一番良いことは、平服に着かえて隠れることだ」それから、逮捕したSSをすぐ全員釈放すべきであると彼に語った。フォン・シュトルプナーゲルが帰った後で、私はフォン・クルーゲに向って、「我々は彼を助けるために何かをしてやるべきだと思います」と言ったが、フォン・クルーゲは私の言ったことを考えていて、それから私に彼の後を車で追わせ、パリのどこかへ数日の間隠れるように忠告させた。もちろん厳密に言えば、フォン・クルーゲは直ちに彼を逮捕すべきであったのである。

私は真先にサン・ジェルマンに走った。そこへ着いてみると、私の部下が私の外出中に入った新らしい電報を持ってきた。一つはカイテル元帥からで、ヒトラーが死んだという報道は全部嘘だから、その前提に基いて発せられた命令は無視するようにということであった。もう一つはフロム将軍からのもので、ヒムラーが今、自分の手から本土防衛軍の指揮権を取り上げた——ヒトラーはもはやドイツの将軍達を信じていないというのであった。第三はヒムラーからのもので、ただ簡単に本土防衛軍の指揮権を自分が握ったとだけ言ってあった。その電報を読んでいる間に、西部地区海軍司令官のクランケ提督から電話がかかり——元帥は彼を相談の仲間に加えようとは思ってなかった——自分に会いにパリへ来ないかというのであった。

真夜中すぎの一時ごろ、私はパリへ出発した。そこには海軍の重鎮達がみな集っていて、クランケ提督は私に、ウィッツレーベン元帥からの長い電報を見せてくれたが、それによると総統は死んでいて、目下自分の下で新政府が作られつつあると書かれてあった。それからクランケはO・K・Wに電話したところ、偶然、デーニッツ提督につながれて、それは間違いであると言ってきた。

それから私は保安警察本部へ行った。彼らは丁度刑務所から戻ったばかりで、私が最初に会った将校達は、一体何が起ったのか、どういうわけで自分達は逮捕されたのかと言って尋ねた。彼らの態度は非常に親切寛大そうで、事情を隠してもみ消してしまうことに協力してくれそうに見えた。私は、治安警察長官のオーベルクは今どこにいるのかと聞いたら、フォン・シュトルプナーゲルと一緒にホテルであると告げられた。

そこで私は午前二時ごろホテルへ行った。そこはほとんどパーティのようであった——パリ駐在大使のアベッツもいた。オーベルクは私を別室へつれ出して、自分は背後の事情は全然知らないけれども、我々がこれからどうするかということについては意見が一致していなければならぬと言った。その間オーベルクは非常に態度が丁寧であり、軍のために事態を静めたいと努めていたということをつけ加えておく必要がある。彼は、逮捕に当った連隊の兵士は営舎に閉じ込め、またあれは演習だったと言わねばならぬと私に言ったがフォン・シュトルプナーゲルの方は、この秘密がもれるのを防ぐのは不可能であると思っていた。それから私はシュトルプナーゲルに対するフォン・クルーゲの忠告――早く隠れるべきであるという忠告を彼に伝えた。けれども私がサン・ジェルマンへ帰った時、すでにO・K・Wから連絡がきていて、すぐ報告のためにベルリンへ来いと言ってきた。

その日遅くフォン・シュトルプナーゲルは、ベルダン、メッツを経て車でベルリンに向った。途中、フランスのパルチザンに会った時の護衛のために、運転手の他にもう一人のものが同伴した。ヴェルダンの一寸手前のところで彼は車を止めさせ、今、丁度パルチザン地区へ来たから、ここで車を降りてあたかも正規の行動中でであるかの如くピストルを木に向けて発砲した方が良いと思うと言った。そうやってから彼らはまた走り出したが、やがてヴェルダンの古戦場に来たころ、また車を止めて――そこで彼は前大戦で戦ったことがある――あたりを見せたいと言いだした。一寸歩くと、彼は二人に向って「君らはここで待っていてくれ。僕は一人で自分の知っているあるところへ行ってみたい。」と言いだした。彼らは、もしパルチザンに会った時のことを考えて同伴すると言ったけれども、彼はその必要はないと言って断った。それから一寸たって、彼らは一発の銃声を聞いた。両名が駆けよってみると、シュトルプナーゲルの身体はそこの運河の中に浮いていた。彼は水の中へ入って行って自分を撃ったのである。従ってもし最初の一発が失敗しても、おそらく溺れて死んだであろう。けれども彼の自殺は失敗し、二人は彼を抱き上げて病院へ運んだ。彼は自分の一方の目を撃ち抜いており、もう一方もひどく傷ついていたので、結局とり外ししてまわなければならなかった。

私はこれらの詳しい話を、後になってオーベルクから聞いたのである。彼は、多分シュトルプナーゲルが、この陰謀に参加しているのではないかと感じていたから、ヴェルダンの病院まで彼に会いに行った。彼は、まだ事態をそっとしておくことができるかもしれないと思っていたが、シュトルプナーゲルの方は、何も言おうとはしなかったそうである。病院に二週間ばかりいた後、フォン・シュトルプナーゲルはベルリンからの命令でそこへ移され、やがて裁判にかかって有罪となり、絞首刑になった。

その後パリの幕僚達の間では、だれが疑われているかということで一種のパニックの状態になった。オーベルクのもとへは、種々さまざまの人物を逮捕せよという電報が続々と到着していた。——まずホフファッケル、ついでフィンク、そして軍民合わせて三〇人内至四〇人の人達である。数日の後、オーベルクは私に電話をよこして、会いたいことがあるから来てくれと言い、そこでの話で、フォフファッケルの予備訊問の中にフォン・クルーゲの名前がでてきたというのだ。彼はフォン・クルーゲが加わっているとは信じられないと私に言った。

私は、オーベルクがフォン・クルーゲに会って報告をしに行く時に一諸について行ったのであるが、フォン・クルーゲはオーベルクに向って、「君の責任感の命ずる通りにこの訊問を遂行せよ」と言っていた。オーベルクは私に対して、自分はこの仕事はしたくない、けれども止めるわけにはいかないから、ついでにこの訊問を紳士的にやりたいと思うと言い、そこでその保証として私の部下の参謀将校の一人を、訊問に立ち会わせることに決めた。ここで言っておきたいことは、シュパイデルも私も、七月二〇日の夕方に行なわれた会談については、だれにも一言ももらさなかったということである。

すぐその後で、フォン・クルーゲは、パリの病院にいたロンメルをたずねた。彼は帰ってから私に向って、ロンメルはただ単に早期和平をヒトラーに向って要求するという計画以外に、その暗殺計画さえもあったということについて、驚きを表明したと語った。その後数日、私には、フォン・クルーゲが日ましに懊悩の度をまして行くように思われた。彼はしばしば自分のことについて語り、ある時には憂うつそうに、「ものごとはなるようにしかならないものだ」と言ったりした。そこへ突然モーデル元帥が彼の後任としてやってきた。そして帰国の途中、前に述べたように車の中で毒をのんで死んだのである。

七月二〇日の夕刻に我々と話をしたその会話を別にして、フォン・クルーゲはヒトラー逮捕、あるいは顛覆計画について私に語ったことはなにもない。私は一九四二年一月にフォン・クルーゲの幕僚部を離れており、その後一九四四年七月まで、彼とは深い関係がなかった。フォン・トレスコウ大佐はフォン・クルーゲの作戦主任参謀であったから、あるいは私よりも彼の信任を得ていたかもしれぬ——しかし彼も死んだ。

一九四五年五月、降伏の後に、私はデンプシィ将軍と共にシュレッスウィッヒにいたけれども、その時でさえも、民間人の間ではヒトラーに対する見方が分れているということをはっきり知ったのである。国民の約半数はドイツの将軍達がヒトラー顚覆計画に参加したということについてショックを受けており、結局彼らに悪い感じを持っていたのに対して——その同じ感情は軍そのものの中にさえあった——他の半数は、将軍達がもっと早くヒトラーを追い出さなかったことを残念がっていた。

余波

モーデル元帥は西部軍総司令官になった後、〝B〟軍集団司令部に止っていた。一、二日たって、そこから私に電話をよこし、たった今総統大本営から、実に困った連絡が来たところだと言った。「彼らが話すこと、考えることというのは、全部七月二〇日のことばかりだ。しかも今や彼らはシュパイデルを容疑者として連れていこうとしている」と。彼はカイテルに対して、情勢がこんなに危い時に、軍集団司令部の参謀長を手離すわけにはいかないと強調した。そのためシュパイデルは、九月の第一週までそこにいたけれども、結局交代させられ、私に会いにやってきて、帰国命令を受けたと語った。帰るとゲシュタポによって逮捕された。

シュパイデル将軍が去った後、一通の電報がきて、私はウェストファル将軍と交代する、そして九月十三日に総統大本営へ報告に来いというのであった。私はいささかショックを受けた。出発に当って真先にコブレンツにいたルントシュテット元帥を尋ねた。丁度その時彼は再び西部軍総司令官として呼び戻された直後であって、そこに司令部を構えていた。フォン・ルントシュテット元帥は、自分が丁度また総司令官を引き受けた直後に、こうやって私を取られることに非常に迷惑を感じたようである。彼は直ちにO・K・Wへ抗議して、私を参謀長として止めておけないだろうかと聞いたけれども、要求は聞き入れられないという返事が戻ってきた。その理由は、私がたびたび第一線の戦闘司令官を望んでいたからというのであったが、これはしかし、当時の状況の下では大してもっともらしくは聞こえなかった。

私はコブレンツを九月九日に立ち、この機会を利用して途中でマルブルクの自宅へ立ち寄った。もうこれから先どうなるか分らなかったからだ。私は十日の日曜日を自分の家ですごしたが、電話が鳴るごとに　あるいは車の音が近づく毎にふるえを覚え、窓ぎわに行って外を眺めたものである。

十一日にベルリン行きの汽車に乗ったが、途中空襲のためカッセルで停り、それでそこから電話して、遅れてしまったからこの分ではベルリンから東プロシヤ行きの夜行の特別列車には乗れまいと思うという連絡をした。ベルリンにつき、それからポツダムまで行ったらレールがやられていて降りなければならなかった。私が汽車を降りたとたんに、突然暗闇の中から声がして「ブルメントリット将軍はどこにおられますか」と言ってきた。私は別の戦慄を覚えた。ここだと答えると、そこへ小型機関銃を携行した兵士をつれた一人の士官が現われた。士官は私に丁寧にあいさつしてから、私をベルリンのホテル——アドロンへお連れせよという命令を受けてきたと言った。ホテルへつくと、受付け係りが私に密封封筒が来ていると言い、それを開くと——中にあったものは東プロシヤのアンゲルブルクまでの切符であった。私はいささかほっとした。どうということはなかったのだ。けれどもこれは一時の気休めにすぎないかもしれない。私の運命が総統大本営でどうなるか、それを危ぶみながら待たねばならなかったのである。

翌日の夜特別列車をつかまえて、十三日の朝アンゲルブルクに着いた。私はカイテル元帥の副官に会い、彼は私をカイテルの特別列車につれて行った。そこで私は朝飯をとって手荷物を渡した。総統は非常に疲れていて私に会うことはできないけれども、私が望むならば午後の定例会議には出ても良いということであった。私はそうすることに決めた。

会議の行われる家の前のところに、将軍達のグループがいた。私はそこへ行って、参謀総長になっていたグーデリアン将軍に申告した。私が気がついたことは、彼は握手しようとはせず、また、カイテルと他の将軍達も離れたところに立っていた。グーデリアンは私に向って大きな声で「君は西部であんなヘマをやらかしておいて、よくもここへ来られたな」と言った。私は彼に、報告に来いという、私を召致した電報を見せた。そこへSSの士官がやってきて、結局、総統は定例会議には出るつもりだと言ってきた。数分後に、五、六人の護衛にとり囲まれたヒトラーが、疲れた、ゆるい足どりで、森の中を歩いてくるのが見えた。

グーデリアンは私の方を向いてしかめ面をしながら、「行って総統に報告してこい」と言った。ところが驚いたことに総統は私に向ってにこやかに挨拶しながら、「君は西部ではさぞ辛かったろう。敵の空軍は最高調だ。それが何を意味するか僕には分るよ。君とはこの会議の終ったあとで話したい」と言った。

会議の終った後で、グーデリアンは私に向って「一寸僕のところへ来て、一緒に東部戦線の話を聞けよ」と言ったが、私は「今は全然興味がありません」と答えておいた。それからヒトラーと十分ぐらい話をしたが、そこでも彼は機嫌が良かった。

外へ出てくると将軍達が待っていて、いっせいに私に聞いた。「総統は君にどう言った」私は「彼は上機嫌だったよ」と答えた。そこで彼らもみな上機嫌になり、カイテルは私をお茶にさそった。私は、夕方、ここを立って帰国するつもりであると言い、「私はもう二年間も家族と一緒に休暇を取ったことがない」とつけ加えた。それに対してカイテルは「それは一寸無理だと思う」と言うから、私は「しかし総統は帰って休んでも良いと言った。それからルントシュテット元帥に報告し、元帥は自分を西部の一軍団長に任命するつもりらしい」カイテルは私に三〇分ぐらい待てと言い、総統に会って帰ってきて、行っても良いと言った。

話の中で、今度はカイテルはフォン・クルーゲのことを言い、彼の反逆的活動については記録の証拠もあると言った。また、連合軍の司令部からフォン・クルーゲと連絡をとりたい旨の無電を傍受したとも言っていた。カイテルはまた、「それだから彼は当日アヴランシュのそばで、あれほど長く所在不明であったのだ」と言うから、私は、それはぬれぎぬだと抗議してから、彼はその時いかに動こうにも動けなかったか、隠れておらざるを得なかったか、第一、無電係りが爆死しているのだから、数時間自分の司令部との連絡もとれなかったという話をしたが、結局カイテルがこの説明を信用していない事は明らかであった。

私はまた出発前にヨードルに会った。ヨードルも握手せずに私に向って、「君は西部で醜態をさらすことになると思うね」と言うから、私は、「貴官が直接自分でやってきて状況を見られた方が良いと思う」と言い返した。私がその日に帰るといったらヨードルは驚いていた。

それから私はカイテルの汽車へ自分の手荷物を取りに行った。一人の下士官が私に赤ブドー酒のビンをくれて、「今朝、閣下が朝食をとられたそのお席がシュティーフ大佐が最後にお座りになったところです」と言った。私は全く幸運にものがれることができたと思った。マルブルクの自分の家へ帰ってから後でも、電話がなると飛び上った。私は前線へ帰って、自分の新らしい部隊の指揮をとるようになるまでおちつかなかった。気持の奥に不安がよどんで、いつまでも続いていたのである。

それ以後戦争が終るまで、我々の多くは常に嫌疑の雲に覆われているように感じていた。一九四五年三月、私がオランダで軍を率いていた時、O・K・Wから電話がきて、私の家族の所在をすぐに知らせよと言ってきた。これは良い感じがしなかった。――あたかも人質に取られそうな気がしたからだ。私は地図を見て、アメリカ軍がマルブルクに近づいているのを見た。――すでに六〇マイル以内のところにいるのを確かめ、そこで私はこの電報に対して返事を出さなかったのである！　家族はアメリカ軍と一諸にいた方が、より安全だろうと思ったからだ。

＊　　＊　　＊

七月二〇日の夜以来、ドイツの将軍達は、連合軍と接触をとるかどうかについて、しばしば仲間のうちで議論した――丁度フォン・クルーゲが、その七月二十日の夕方に、ヒトラーが死んだと思ってやろうとしたのと同様に。だが実際それができなかった理由は次のようなものであった。

㈠総統に対する忠誠の誓（彼らの論理はこうである。我々は総統に忠誠を誓った。もし彼が死ねばその誓いは消滅するが、生きている限りは消えないのである。そこで大部分のものは彼が死んだと信じたかった）

㈡ドイツ国民は今の切迫した事態の真相を知らされていない。従って平和を実現するために将軍達がどんなことをしても、彼らは理解しないであろう。

㈢東部戦線の軍隊は、自分達を見すてたと言って西部をうらむであろう。

㈣祖国に対する反逆者として、歴史に汚名を残すだろうという恐怖。

等であった。

第十九章　ヒトラーの最後の賭け——アルデンヌ

一九四四年十二月十六日の暗い霧の深い朝、ドイツ軍はアルデンヌに打ってでた。この攻撃は連合軍にはショックであった。というのは、その最高指揮官達の間には、ドイツ軍はもはや攻撃に出てくる力はないと断言していたものがあったからである。それと同時に、この攻撃がアルデンヌのアメリカの戦線を突破して連合軍を分断するおそれが生じたために、一層大きなショックになった。警報は後方にまで拡がり、特に連合国の首府においてはひどかった。それは悪夢のようなものであった。ドイツ軍は海峡に達するのではないか、そうして第二のダンケルクになるのではないかと噂された。

それはヒトラーの最後の賭けであり——しかも一番軽率な賭けであった。

これもその望遠鏡をドイツの側から眺めると、すべては非常に違って見えた。この攻撃は極めて確率の低いものであっただけでなく、信じられない混乱でもあった。連合軍はこれを「ルントシュテット攻勢」と言ったが、しかしこういう言い方をすることは、ルントシュテットの気持にはそっていない。というのは、彼はこの計画に対しては今も昔も反対であって、極めて形式的な形でしか関係していないからである。彼はヒトラーを説得したけれども、結局これを止めさせることができず、かつこれが望みのない冒険であるという感じを持っていたために彼は背後に退いて、モーデル元帥にその実行を委せたのであった。

結局この決定は全面的にヒトラーのもので、その戦略もまたそうであった。ただもし彼がこの時これを成功させるだけの兵力、資材を持っていたとするならば、これは確かにすばらしい名案であったろう。当初の出だしが華々しい成功を収めた理由は、若いマントイフェル将軍から示唆を受けた戦術によるところが非常に大きい——彼は当時四十七才の軍司令官で、ヒトラーを説得してその戦術を採用させた。ヒトラーは、自分が信用していないもっと年とった将軍の議論ならば聞こうとはしなかったであろうけれども、若い新らしい思想の持主に対しては非常に違った態度をとった。彼はマントイフェルを自分の発見した一人であると考えていた。彼は革命的なアイデアを好んでいたのだ。

この奇襲攻撃が最初成功したのは、その計画の秘密が非常に良く保たれていたことにも多く起因している。けれどもこの反撃が進んでくると、秘密はむしろ妨害になった。かえって多くの混乱を引き起し、その得たチャンスを失ってしまった。けれどもこの計画が失敗してからずっと後になっても、ヒトラーはいつまでもその続行を主張した。彼はいかなるタイムリーな撤退をも許さなかった。だからもし連合軍がもっと早く動いていたら、ドイツ軍はワナの中に包囲されてしまったであろう。そうでなくてさえ極めて大きな損害を受け、そのためこの後ではもう継続的な防衛はできなくなった。

これに関係した主なドイツの指揮官達の目を通して、この事態の結果をたどってみると参考になる。まずその組織の頂点にはルントシュテットがいる。九月はじめ、連合軍がライン河にせまり、ヒトラーがその粉砕された軍隊の信頼を結集するシンボルを必要としていた時に、西部軍総司令官としてその古い地位に帰り咲いたのである。そしてそのルントシュテットの下にはモーデルが来る。彼は偉大な戦略家ではないが、カラの食器棚から無慈悲に残りものをかき集めてくる強引な能力を持っており、かつその上にヒトラーと議論することのできる数少い将軍の一人であった。このモーデルは戦争の終り頃に自殺した。モーデルの下に機甲軍司令官としてのゼップ・ディートリッヒとマントイフェルがくる。ゼップ・ディートリッヒはSSのリーダーの一人で、かつてさまざまの仕事を渡り歩いたことがあり、その攻撃的な気質がヒトラーの好みに合ったものである。この男のおかげで、この攻勢の一番カナメの部分がだめになってしまったとルントシュテットは考えていた。それからマントイフェルは若い世代の職業軍人で、貴族であった。ルントシュテットに似た静かな威厳の持ち主で、同時にまた新らしい戦術の精力的な演奏者でもあった。彼はここ一年の間に一機甲師団長から軍司令官にまで昇進していた。このアルデンヌ反撃作戦の戦術面の立案者であると共に、特別群を抜いて脅威を与えたのは彼の攻撃だったのである。これらの理由からして、私は主に彼の言葉に基いて、他の資料から集められた証拠によって抑制したり補足したりしながらこの物語りを描いてみた。

マントイフェルは「自分のやった戦さを、くり返し議論で戦う」ことを楽しむような、非常に熱心な職業軍人であったけれども、他方それがどうして間違ったかということについてはそれほど深く考え込まないようなタイプの思想家であった。彼はまた快よいユーモア性もあった。ドイツの将軍達がこうやって拘置所に入れられ、そのきびしい条件とそれから自分の家族はどうなるか、また果して家族に会えるかどうかといったような精神的な緊張の中にあっても、彼のこのユーモアは消えなかった。遠い山の谷あい深く作られていた不愉快なキャンプというものは、真に憂うつなものなので、よし有刺鉄線はなくとも閉所恐怖症を引き起すのに十分であるが、私はそこへ冬の一番荒涼とした時に訪れて、マントイフェルに向って、このグリズディルは今は良くないところだが夏はもう一寸ましだと言ったら、彼は笑いながら、「いやもっと悪いかもしれん。来年の冬は不毛の島かあるいは大西洋の真中につないだ船の中で暮しているかもしれんから」と答えたものである。

計画

「アルデンヌの反撃作戦の計画は徹頭徹尾O・K・Wで作られて、そして我々のところへは『総統命令』という極めて簡潔かつ無感情な形で送られてきた。その作戦の目的は、ディートリッヒ麾下の第六軍と私の第五軍という二つの機甲軍を使って、西部の戦争を一挙に決定的な勝利にもって行こうとしたのである。第六軍は北東に進んで、エージュとユイの間でミューズ河を渡ってアントワープの方へ出る。これが主役であり主力でもある。私の軍はもう少し迂回してナミュールとディナンの間でミューズ河を渡って——側面を援護するような形でブラッセルの方へ押して行く。そして三日目か四日目になって、第十五軍は特別に強化されたブルメントリット将軍麾下の第十二SS軍団を使って、北東からミューズ河畔のマーズトリヒトの方に向って集中するような形で攻撃する。——これはアントワープに向って進む第六機甲軍を助けるためである。総統の考えでは、アルデンヌを攻撃すれば、敵はそこのアメリカ軍を助けるために予備兵力の大部分をそちらへさいてくるだろう。そうすればたとい軽くても、この二度目の打撃で成功の機会があるというのであった。

「全攻撃の目標は、英軍をその補給基地から切り離し、結局大陸から撤退させることであった。」

ヒトラーはもしここで第二のダンケルクが実現したら、イギリスは事実上戦争から脱落するであろう、そうなったら対ソ戦でも一息つけることになり、結局は東部で手づまりの状態に持ち込むことができると思った。ルントシュテットの話では、「十一月はじめにこの計画を聞いた時、私はぎょっとした。ヒトラーはこれの可能性について私と相談したことは一度もない。これほどの野心的な大計画に対して、使える兵力が余りにも少ない。モーデルも私と同じ考えであった。実際だれもアントワープまで本当に行けるとは思わなかったが、ただその時にそういう可能性はないというようなことをヒトラーに話して、それを止めさせようとしても無駄であったろうと今でも思う。私はモーデルとマントイフェルに相談して、結局このヒトラーの気違いじみた計画を止めさせるためには、他にもっと成功の可能性のありそうな代案でも出す他はないと言った。これが結局、アーヘン周辺の連合軍の突出部を両方からはさみつけるような、限定された攻撃となって現われた。

マントイフェルは、この時の議論と結論とを一層詳しく話してくれた。「我々はこの時の計画に対する異論について、完全に一致していた。まず第一に戦術的な配置において欠点がある。今度の場合、側面をカバーする手を講じておかなければ非常にあぶない。おまけに、これほど大きな計画にしては武器弾薬が不足である。また連合軍に空を押えられているということが、真に大きな障害になる。その上、連合軍はフランスの後方あるいはイギリスに大部隊を擁しているから、いつでも増援しうる態勢にある。また私が特に強調したのは、イギリスに待機している空輸師団が、いつでも介入してくるおそれがあるということであり、さらにはミューズ河の向うの道路網が完備しているから、連合軍の反撃にとっては非常に好都合であるということであった。

「我々はO・K・Wに向って報告書を書き、下命されたような線にそった攻撃を実施するには、兵力が不足しているということを強調すると同時に、それに対する修正プランを差し出した。それは、右側面を強く固めた第十五軍でアーヘンの北をマーストリヒトの方に向って攻撃する。第六機甲軍はアーヘンの南を攻撃し、その向う側まで切りこんで、できたならばミューズ河の対岸のリエージュ地区へ橋頭堡を作る。ここの主目的は連合軍の注意をここへ釘づけにしておくことである。第五機甲軍は、アイフェルからアルデンヌを通ってナミュールに橋頭堡を作るつもりでそちらへ向う。全軍はそれからいっせいに内転して、ミューズ河にそって所在の連合軍を包囲する。もし敵の抵抗がもろくて、すぐに崩壊しそうであるならば、余勢をかってアントワープまで出ても良く、またその反対ならば危険に備えて自重する。」マントイフェルの意見では、ドイツ軍が最も望んでいたことは、アーヘンをこえてロエール川まで進出していたアメリカ軍を両方からしめつけることであったが、本当は、連合軍が新たな攻勢に出てくるまで待つのが一番良かった。そしてその時のチャンスに備えて、機械化部隊は全部手許においておく。ルントシュテットも同じ意見だったということは、ブルメントリットも証言している。「元帥も本当はこちら側から攻撃をしかけるようなことには反対していた。彼の意見は、こちらはロエール川を防御して、その線に味方のすべての機械化師団をおいておき、敵がそこを破って踏み込んできた時に、強烈に反撃するというのであった。つまりこちらとしては当分このままの形で防御を続けてゆきたいと考えていた。」ところがヒトラーはこういう考えには反対だったのだから、結局唯一の希望は、うまくこっそり彼をだましてその攻撃戦法を変えさせて、あまり大きな被害を被らないで適度の成功を収める程度の計画に改めることだった。

マントイフェルの説明によると、この修正された攻勢の規模と方向とは、一見ヒトラーの案と大して違わぬように立案されていたらしい。この代案を出すに当って、もし相手がつぶれそうであったら、こちらはその成功を利用して一挙にアントワープまで行くつもりであると言って、一層受け入れ易いものにした。「私の記憶では十一月四日に、この代案をヒトラーに提出するためにO・K・Wに送付した。そこで特に強調したのは、こちらは十二月十日以前には攻勢に出る準備が絶対ないということであった。――ヒトラーはもともと、日どりを十二月一日と決めていたのだ。」

マントイフェルは続けて、「ヒトラーはこの穏やかな案に対しては反対し、最初の案を固執した。こういう場合、彼はいつでも返事を遅らせて我々を待たすくせがあるのを知っていたから、この間こちらでは、やや小さい規模においてではあるが我々自身のプランをはじめることにした。私の率いていた第五機甲軍の全師団をトリエルとクレフェルトの間のところへ集結し、但しいくらか広い場所へ拡げておいた。つまりスパイや住民にこちらの意図を悟られないようにするためである。味方の軍隊に対しては、連合軍がケルンへ来るのでこれを要撃するためであるとふれておき、ごく一部の参謀将校にだけ本当の計画を打ち明けておいた。」

第六機甲軍は、もっとずっと後ろの方のハノーバーとヴェーゼルの間のあたりに集結させた。その各師団は戦力回復と装備補充のために戦線から離れていたのである。奇妙なことにゼップ・ディートリッヒは、かなり時間が切迫するまで自分の任務について全く知らされていなかったし、かつこの計画について相談されてもいなかった。また、大部分の師団長も数日前に知らされただけであった。マントイフェルの軍の場合は、その攻勢のスタートラインに着くのに三晩でやった。

欠点

この戦略的カムフラージュは奇襲の効果を助けたけれども、ただあまりにもきつく秘密にしすぎたために、かえって高価な犠牲を払ってしまった。各指揮官はあまりにも遅く知らされたために、自分の問題を研究する暇がなく、また地形を調べたり準備をしたりする暇もほとんどなかった。そのため多くの見落しがあり、またいよいよ攻撃がはじまってみると、さまざまの障害がでてきた。ヒトラーはその計画を自分の本部でヨードルと一緒になって作り上げ、これで大丈夫成功すると思ったらしい。彼はその場所的な条件だとか、あるいはそれを実行する実行者の個人的な問題などには全然注意を払わなかった。彼はまた、その作戦に必要な兵力についても楽観していた。

ルントシュテット曰く、「兵力の点で充分な補強ができず、弾薬の補給もなく、また機械化師団の数だけは多かったけれどもその戦車の数は少なかった――専ら紙の上だけの力であった。」(マントイフェルの話によると、二つの機甲軍の戦車を合わせて実数は八〇〇ほどであったという。ところがこれが連合軍の側の発表では、師団の数から勘定して、この戦争中未だかつてみられなかったほどの戦車を最も強力に集めてきたという、別の調子に変ってしまった)

すべての中で一番不足していたものはガソリンであっ

確言をあてにしていた。ルントシュテット曰く、「これに参加した兵の士気は攻撃当初は驚くほど高かった。彼らは本当に勝利が可能であると信じていた——上級指揮官達と違って。我々の方は事実を知っていたのだ。

新らしい戦術

攻撃開始のはじめのころは、次の二つの理由から、勝利のチャンスは濃厚なように見えた。第一はアルデンヌ地区におけるアメリカ軍の防御が薄かったことである。ドイツはそれについて情報を得ており、七十五マイルの戦線にただ四個師団しかいない事を知っていた。ヒトラーの、「まさか」という点に対する鋭いカンが敵の弱点をついたのだ。それはまた——一九四〇年の教訓を忘れて——こういうむつかしい土地でドイツが大規模な攻勢に出ることはあるまいと言う、連合軍司令部の備えのなさの徴候であった。

第二の利点は、ここで採用された戦術にあった。これは最初の計画にはなかったもので、マントイフェルの説明によると、「私がヒトラーの攻撃命令を見た時、それが攻撃の方法やタイミングまで指定してあることに驚いた。マントイフェルは言う、「ヨードルは我々が全力を発揮展開して、さらにその突進を完遂するだけのガソリンは充分あると確言したが、この確約は完全にま違いであった。その原因の一半は、O・K・Wが見積もる時に、一個師団あたりの運動距離を約百キロと勘定し、それに要するガソリンを極めて算術的に計算したからである。ロシヤにおける経験からすれば、実際の戦場ではこの二倍の量が必要であったが、ヨードルはこれを知らなかったのである。

「アルデンヌのようなむつかしい土地での冬の戦争ということになると、そこにはさまざまの特殊な困難を予想せねばならないから、私は個人的にヒトラーに対して、標準量の五倍は用意する必要があるということを話しておいた。ところが実際、攻撃開始となってみると基準量の一倍半しか用意されていなかった。さらに悪いことには、その多くは遙か後方ライン河の東岸の、長大な輸送トラックの縦列という形で存在していたことである。霧が晴れて連合空軍が活動を起すと、これの前進は極度に困難となった。」

この作戦の底に横たわっている、こういう弱点を知らない兵隊達は、ヒトラーに対する強い信頼とその勝利のた。砲撃は午前七時三〇分にはじめること、歩兵の襲撃は午前十一時にはじめることというのである。この間に空軍が敵の司令部とその通信を爆撃する。機械化師団は歩兵の大集団が突破口を作るまでは突っこまない。砲は攻撃の全正面に拡げる、等々。「これはいくつかの点で非常に愚かなことに思われたので、私は早速別の方法を考えてこれをモーデルに説明した。モーデルは賛成したが、皮肉そうに『君はそれを総統と議論した方がいいよ』と言うから『分りました。あなたが一緒に行って下さるなら私は行きます』と言って、十二月の二日に二人でヒトラーに会うためにベルリンへ行ったのである。

「私はヒトラーに説得をはじめた。『当日の天気がどうなるか我々はだれも知らないのです。――閣下は連合空軍の圧倒的な優勢の下で、味方の空軍がその任務を果しうると思われますか』私はヒトラーに、前にヴォージュ川で起った二つの例を思い出させた。そこでは機械化師団は、日中全く動くことができなかったのである。それから続けて『七時三〇分に我が砲兵部隊のやることは、いわばアメリカ軍を起すことです。――それから彼らは我々が攻撃する前に、その反撃の準備をするのに三時間半もあるでしょう。』さらに私は、味方の歩兵集団は以前ほど良くないのだから、そこで期待されているほど深い突破口は作れまい、特にこういう悪い地形のところではなおさらそうだ。というのは、アメリカ軍の防御はその主線を充分後ろに下げて――それはなかなか突破し難い――いくつかの前進防御陣地をつないだ形になっているのだから。

「私はいくつかの変更すべき箇所をヒトラーに提示した。第一点は、攻撃は未明の暗やみを利用して五時三〇分にはじめること。もちろんそうすると砲撃の的は制限されてくるけれども、その代り逆に重要目標だけに集中することができる。――敵の砲とか、弾薬貯蔵所とか、司令所とか――それらは位置が分っているから。

「第二に私が提案したことは、各歩兵師団において、よりぬきの突撃大隊を一つずつ作る。(その将校は私が自分で選んだ)これらの突撃隊は、早朝五時半のまだ暗いうちに援護砲火なしに発進して行って、アメリカの前哨陣地を突破する。彼らは深く進入するまで、できる限り戦闘をさける。

「高射砲陣地から探照燈を上に向けて光を放ち、それが雲に反射して下へ照りかえしてくる明りで以って突撃隊の進路を照らしてやる。私はこの少し以前に、このやり方のデモンストレーションが非常に効果のあることを痛感し、日の出前にす早く進入する戦法の鍵になると思っていた。」（奇妙なことにマントイフェルは、すでに英軍がこの『人工的月明り』を発明、利用していたことを知らなかったらしい。そして彼は一九三二年に私が出した《未来の歩兵》という小さな本に感銘を受けたといったけれども、実はその本の中ですでにこの探照燈戦術についても示唆を与えてあるという事を忘れていた）。

続いてマントイフェルは、「私はこうして自分の代案をヒトラーに提示した後で、もし我々が成功の合理的な機会を得ようと思うならば、もう他の方法は一つもないということを強調した。『午後の四時には暗くなる。だとするならば午前十一時の攻撃からは五時間しかないのである。そして突破はその五時間の間にやらねばならぬ。これは非常に疑わしい。その反対にもし閣下が私の案を採用すれば、さらに五時間半の余裕ができる。それから暗くなったら戦車が出せる。この方は夜の間に味方の歩兵を追い抜いて、障害のとり払われた通路を通って翌朝までには敵の主陣地を攻撃することができるだろう。」

マントイフェルによれば、ヒトラーは異議なくこの提案を受け入れた。これは大変重要なことであった。彼は自分が信用している少数の将軍の提案ならば、喜んで聞いたらしい――モーデルもその一人であった――けれども、彼は本能的にほとんどすべての高級将軍達を信じなかった。一方、自分の側近幕僚に対する信頼はあったけれども、逆に彼らには戦場の経験がないことをヒトラーは知っていたので、そこに信頼と不信の交錯した感じがあった。

「カイテル、ヨードル、ウォーリモントは、いずれも戦場の経験がない。そのためかえって実際の困難を過少評価し、ヒトラーに向って全く不可能なことでも成しとげられるかのように信じさせるくせがあった。ヒトラーは実戦の経験があり、かつ実際的な考え方をする軍人の言うことは良く聞いた。

こういう戦術的な変更によって、この攻撃の見込みがいくらかでも良くなった反面、投入される兵力が減るというマイナスが生じた。現地の指揮官達は、その使えるはずになっていた兵力の一部が使えないという湿っぽいニュースをすぐ聞いた――それは東部におけるロシヤの攻撃という脅威的な圧力の故である。そのため、マーズトリヒトに対するブルメントリットの収斂攻撃がとり止められ、連合軍は北から自由にその予備兵力を下してくることができるようになった。その上、攻撃のもう一方の翼を援護することになっていた第七軍は、戦車を持たない数個師団に減らされた。これを聞いてマントイフェルは大変落胆した。彼はその二日にヒトラーに向って、自分の想像ではアメリカ軍はその主要な反撃コースを、セダン地区からバストーニュに向けてくるだろうと話しておいたからである。「私は非常に多くの道路がバストーニュに集っていることから、このコースをくるに違いないと判断した。」

けれども、この攻撃の野心的ないくつかの目標は変更されなかった。奇妙なことにヒトラーもヨードルも、前進の運動量におよぼす影響というものを理解していないようであった。「ミューズ河に到達する時間のようなものは、ちっとも詳しくは議論されなかった」とマントイフェルは私に語った。「冬期に、しかもこういう制約された条件のもとで、敏速に前進するのは非常に困難であるということをヒトラーは知っているものと思っていたが、その後に私の聞いたところからすると、彼はもっと早く進めるものだと思っていたらしい。ミューズ河へは――ヨードルが予期していたようには――二日か三日で行けるはずがなかった。結局、彼とカイテルとがヒトラーの楽観的な幻想を煽ったのである。」

この縮小された計画に対してヒトラーが反対すると、ルントシュテットはモーデルとマントイフェルとを後に残して自分は背後に退いた。この二人は、この作戦の技術的な変更に関して――それは全部ヒトラーの考えることであったのだが――ヒトラーと議論して、ともかくも、もっと影響を与えることのできる人間であった。ブルメントリットは苦々しげに言ったものである。「西部軍総司令官は、事実上もはや全然相談を受けなかった。彼は、ただ総統の作戦命令に従って――それは極めて小さいことまで決めてある――自分では少しもそれにかかわることができないままに、ただ機械的に攻撃を実施するだけであった。」ルントシュテットは、ただ十二月十二日にバド・ナウハイムのそばの、チーゲンベルクの司令部で行われた最後の会議へ形式的に出ただけである。ヒトラーは出席して議事を統裁した。

失敗

マントイフェルとの話のはじめに、私は空輸部隊の使用について質問した。そして戦前にアルデンヌ地方を広く歩いてみた結果、この一帯は普通に考えられているより遥か以上に、特にフランスの統帥部が伝統的に考えていたよりもずっと以上に、戦車を動かし易いところである。ただそれと同時に一つの明白な困難は、道路がすべて渡河地点で急にけわしく谷へ落ち込むようになっており、もしそのあたりで頑強に抵抗されたら、これは大きな障害になるだろうと思ったという話をした。そこでこれに対する攻撃側の答としては、この隘路へ空輸部隊を下して、戦車の前進に先立ってここを押えることである。アルデンヌの攻撃がはじまった時に、ドイツ軍がきっと空挺部隊をここへ持ってきたに違いないと私が思ったのはそういうわけであった。ところが事実はそうでなかったらしいから、これについてマントイフェルはどういう説明をしてくれたかということだ。

彼の答は次の通り。「アルデンヌの自然条件ならびに問題についての貴下の考えには、私も全く同感である。貴下の言われるようなやり方でパラシュート部隊を使用するというのは、極めてすぐれた考えだったろうと思う。そうすればドアを開けることができたかもしれぬ。けれども私の記憶では、この問題が議論されている過程で、またそういうアイデアが出たようなことは一つもない。またいづれにしても、使えるようなパラシュート部隊はほとんどなかった。我々の持っていた空挺部隊は、すでにこれを輸送する飛行機において不足していただけでなく、もうこの時には兵員自体が不足であった。東部戦線の状況が極めて危険であったので、その割れ目をつなげるために、普通の歩兵として使ったり、またイタリヤの方へ廻されて、そこでの戦闘に使われたりしていた。こういうさまざまの事情からして、当時アルデンヌの攻撃に使えるものは僅か九〇〇名ぐらいのもので、しかもそれは第六機甲軍の戦線で陸兵として使われていた。」

マントイフェルは話を続けて、ドイツのパラシュート部隊は、一九四一年のクレタ攻略以後は有効な使いかたを怠ってきた。マルタ、ジブラルタルの奪取のためにわざわざ用意してあったものが、いかにして結局実現されることがなかったか、またシュツーデントがロシヤで使いたがったのに、ヒトラーがそれを何か他の奇襲用にとっておこうと考えて妨害されたか、そして最後は自分達の本来の職能ではないところの、普通の歩兵の役割りをやらされて、次第に消耗させられてしまったかという話をした。彼の結論は、「私の考えでは、戦車とパラシュート部隊の併用にまさるものはなかったろう」というのである。

この点について、大分以前にトーマは私に言ったことがある。「グーデリアンは、パラシュート部隊を訓練していたシュツーデントといつも協力して行動したが、ゲーリンクの方は機甲部隊との協同作戦はいやがった。彼は常に空軍を温存したいと考えて、パラシュート部隊の輸送といったような、そんな仕事は拒否したのである。

私はシュツーデント大将の口から、アルデンヌの攻撃でパラシュート部隊がどんなふうに使われたかということについての詳しい話を聞いた。フランスにおけるドイツ軍の戦線が崩壊し、連合軍がベルギーにまで侵出した九月のはじめ、彼は南オランダへ新らしい戦線を作るために派遣させられた。この目的のために、彼は第一パラシュート軍とは到底呼べない程度の、ひとかき集めの部隊を与えられた。それはいくつかのやせこけた歩兵師団へ、当時彼の下で訓練中であったパラシュート部隊をパラパラに交ぜ合したものであった。ともかくも、そうして新らしい戦線を作って連合軍を食い止めて後、オランダのドイツ軍は〝H〟軍集団というものを形成し、これはその第一パラシュート軍と、それからさらに一層新らしく作られた第二十五軍から成っていたが、スツーデントは従来の空挺軍総司令官としての仕事の外に、この新らしい軍集団の司令官にも補せられた。

彼は十月八日になってアルデンヌの予定の攻撃について聞かされて、そうして強力な一個大隊を作るために、ともかくも訓練されたパラシュート部隊をできるだけ多く集めてくるよう命令された。それは攻撃開始の僅かに一週間ほど前であった。大隊はフォン・デア・ハイッテ大佐の下に約一千で構成され、ゼップ・ディートリッヒの第六機甲軍の部署に廻された。ところがこうやって空軍の司令部と接触してみて、フォン・デア・ハイッテは、これらの輸送にわりあてられた操縦士達が、いずれもパラシュート作戦の経験がなく、装備も不足していることを知った。彼がセップ・ディートリッヒに会えたのはやっと十三日になってからであったが、ディートリッヒは、自分はパラシュート部隊は使いたくないと言い、これは敵を警戒させるおそれがある、けれどもヒトラーの命令だから仕方がないと言った。

結局パラシュート部隊に割りあてられた仕事というのは、機甲部隊の前進に先立って、その厄介な隘路の一つを抑えることではなくて、マルメディ＝オイペン＝ヴェルヴィエル交叉点のそばのモン・リジィに降下して、連合軍の救援部隊が北から来るのを遅らせるために、側面防壁を作ることであった。フォン・デア・ハイッテは、自分が反対したにも拘らず、敵に気づかれないために明け方をさけて夜間降下するよう命令された。けれども攻撃の前夜になって、中隊を飛行場へ運ぶための約束の車が来ないので、降下は翌日の晩まで延期された——そしてその時には地上攻撃はすでにはじまっていた。降下は輸送機の約三分の一だけが正確な場所に着いたけれども、強風のためにパラシュートが吹き流されて、森と雪で覆れた高地に着陸する時に多くの兵が死傷した。この時までに道路は南下するアメリカ軍の縦列で一ぱいになり、フォン・デア・ハイッテは、漸く二、三百人を把握することができただけであったので、結局その交叉点を押えて閉塞陣地を作ることができなかった。それでも数日間、その小さな襲撃部隊で道路に向って攻撃をかけ、それからゼップ・ディートリッヒの部隊がちっとも助けに来そうな気配がないので、こちらの方からそれに合流するために東へ打って出ようとした。けれどもその途中で捕虜になった。

「これが我々のやった最後のパラシュート作戦であった」とスツーデントは言う。「Dディの時には、我々は十五万のパラシュート兵と、組織された六つの師団を持っていた。うち五万はすでに仕上っており、残りは訓練中であった。けれどもしょっちゅう地上作戦にかり出されるために、その訓練を終えることができなかった。そしてその五ヵ月後にアルデンヌ反撃戦のために彼らが必要となった時には、もうごく一握りの部隊しか使えなかった——本来の任務の代りに、ただの歩兵として使用されてしまっていたからである。」

打撃

一九四二年以後、連合軍に一番大きなショックを与えた攻撃は、当時彼らが描いて見せたような大きな力を、全然背後に持っていなかった。それはドイツの戦闘順序から見ても明らかである。マントイフェルはそれは強調しなかったが——彼は自分の話を非常に抑えてやるたちで、たとえどんなに正当であっても弁解しないという型の人間であった。

攻撃はアーヘンの南のモンシャウと、トリエルのすぐ北西に当るエクテルナッハとの間の七〇マイルの幅の所で、十二月十六日にはじまった。けれども南部の扇形地帯を受け持っていた第七軍の攻撃は、僅かに歩兵四個師団しか使えなかったために、ほとんど力にはならなかった。意図した主攻撃は、ゼップ・ディートリッヒの第六機甲軍の手によって、僅かに十五マイルの狭い区域で展開されたものである。これは、第一、第二のＳＳ機甲軍団と、歩兵の第六十七軍団を補強して作られたものによってできており、第五機甲軍よりも、もっと多くの機械化師団を持っていたけれども、その目標からすると軽すぎた。

ゼップ・ディートリッヒの右腕のパンチは、たちまち、モンショウを守っていたアメリカ軍の強力な抵抗にあってせき止められた。それから彼の左手のパンチは、そのまま進んでマルメディを通り、十八日にスタヴロの向うで、アンブルブ河の渡河点を抑えた——出発点から三〇マイル進んだわけである。ところがここの隘路でせき止められ、そうしているうちにアメリカ軍の反撃部隊によって横へ廻られてしまった。何度も攻撃をくり返したけれども、アメリカの予備兵力が続々駆けつけてきて、失敗し、結局第六機甲軍の攻撃は潰れてしまった。

マントイフェルの第五機甲軍の方は、約三〇マイルの、もっと広い戦線を攻撃した。彼は私のためにその配置とコースを描いてくれた。第六十六歩兵軍団は、味方の右翼をサン・ヴィスの方向へ進む。「ここは抵抗が強かったから、わざとここへ置いたのである。だから当然、南ほど早く進めるとは思っていなかった。」それから第五十八機甲軍団は、中央、プリュムとワックスヴァイラーの間におり、第四十七機甲軍団は味方の左翼、そのワックスヴァイラーとビットブルクの中間でバストーニュの方を向いていた。最初はこれら二つの軍団は、僅か三つの機械化師団を持っているだけで、後に、補強はされたけれども、それでも後者はそれぞれ六〇台から百台の戦車を持っているだけだったから、これは通常編成の約三分の一から二分の一にすぎないのである。ゼップ・ディートリッヒの機械化師団も、戦車の数では特に多いというわけでもなかった。

マントイフェルの戦線では、攻撃の出足は好調であった。「私の突撃大隊は——丁度雨のしづくのように——アメリカの戦線の奥の方へ浸透して行った。午後四時になって戦車が前進をはじめ、例の『人工的月光』に助けられて闇の中を進んだ。その時までにウール河の橋は補修されていたから、機械化師団は真夜中にここを渡って、午前八時にはアメリカ軍の主陣地に着き、それから砲兵隊の援護を受けてす早くここを突破した。

「けれども次のバストーニュが、非常に厄介な難関であった。難儀の一部は、まず第七軍の兵力が削られていたことである。この軍の仕事は、南の方からバストーニュに来るいくつかの道路を閉塞することであったから。」第四十七機甲軍団は、ダスブルクのところでウール川を渡ってから後、ウォルツ河畔のクレルヴォーでまた別の隘路を通過しなければならなかった。これらの障害は、冬という悪条件も加わって一層進撃を遅らせた。「敵の抵抗はこちらの戦車が集中攻撃をかけると消えるけれども、戦車が動き難いものだから、その弱い抵抗でもどうにか持った。バストーニュに近づくにつれて抵抗は増してきた。」

十八日には、ドイツ軍はバストーニュのそばまで来た——スタートから約三〇マイルの進撃である。けれどもその前夜のうちにアイゼンハウアー大将は、当時ランスのそばにいた第八十二、第一〇一空輸師団をブラドレー大将の指揮下に置いてあり、第八十二師団は北部地区の強化に廻され、第一〇一師団は道路ぞいにバストーニュに急行した。そのうち、アメリカの第十機甲師団の一部がうまくバストーニュに到着して、そこで最初からドイツ軍の圧迫を受け止めていた第二十八師団の中の、かなり叩かれた一連隊を援護していた。そこで、第一〇一空輸師団が十八日の夜着いた時には、この、一番大事な道路の集合点の防御はぬい合わされた。次の二日間、それに対する攻撃を前と横とからやったけれども、それは全部失敗した。

二十日になってマントイフェルは、ここの障害を取り除くのに、これ以上時間をかけるわけにはいかないと考えた。「私は自分で機甲教導師団をつれて前進し、バストーニュを迂回して二十一日にサンチユベールに突入した。そして第二機甲師団はバストーニュの北を廻った。こういう迂回作戦をとるのに、私は第二十六国民擲弾師団を使ってバストーニュの町を包囲させて、その目をくらますようにした。私のつれていた教導師団の中からも、機甲擲弾連隊一個をさいて協力させた。その間に、第五十八機甲兵団はフォウファライズ、ラロッュシを通って進撃し、サン・ヴィスのあたりで味方の第六十六軍団を支えていた敵の側面を脅かすように、一時北へ廻ってその前進を支援しながら進んで行った。

「それでもこうやってバストーニュの敵の目をくらますために兵をさいたために、前進力が弱ってしまって、ディナンのところでミューズ河の線に出るというチャンスを減らしてしまった。その上、第七軍の方は渡河ができずに、依然後方のヴィルツにあった。その右翼の第五空挺師団は私の横を通り抜けて、バストーニュから南へ伸びている道路まで進出したが、そこを突破することはできなかった。」

状況は増々不利になり、しかも潜在的には、マントイフェルが考えていたよりも一層危険であった。連合軍の予備兵力は、四方から大挙ここに集結しはじめて、その勢力はドイツ軍が攻撃に投入したよりも遙かに強力であったのである。モントゴメリー元帥が全兵力をひっさげて、この亀裂の北側にいる連合軍の、一時的な臨時の指揮をとり、それからイギリスの第三十軍団が第一アメリカ軍を支援するためにミューズ川まで移動した。またこの亀裂の南側では、パットン将軍麾下の第三アメリカ軍の中の二個軍団が北に迂回し、二十二日には、そのうちの一つはアーロンからバストーニュに至る道路を伝って強襲をかけてきた。そのスピードは早くはなかったけれども、その脅威のためにマントイフェルは手持ちの兵を段々さかねばならなくなって、結局自分の前進力を弱めてしまった。

好機はすでに去っていた。ミューズ河をめざしたマントイフェルの迂回攻撃は連合軍司令部を驚ろかせたけれども、本当に重大となるには遅すぎた。予定の計画によれば、バストーニュは二日目にけ取れるはずであったが、実際にはそこへ着くのが三日目になり、そして六日目になるまでそこを迂回することができなかった。第二機甲師団という「小指」が、二十四日にディナンから数マイルのところまで進んだけれども、それが前進の最大限で、しかも指は直ちに切り落された。

泥濘と燃料の不足とが一番のブレーキになった。ガソリン不足のため砲兵は約半分しか出動できず、もちろんその分を空軍の援助で補ったというわけでもない。はじめの二、三日は連合空軍も霧のため活動できず、ドイツ軍の浸透を許したけれども、二十三日になって霧が晴れると、味方空軍の不足のために地上部隊は大変な頭上攻撃を受けることになってしまった。これがまた、時間の損失を一層倍加した。おまけにヒトラーは初めからその主力である第六機甲軍を北翼に置くときめてあり、そこは一層動きにくいところであったので、またまた損害を重ねてしまった。

最初の週には攻撃は予定よりも遙かにおよばず、第二週の開始当初に一寸ばかりスピードが上ったけれども、それも結局幻想であった——というのは、それはもうすでにアメリカ軍ががっちり守りはじめた主要な道路の集合点の間をぬって、いくらか深く浸透したというだけであったから。クリスマス・イブの日に、マントイフェルは直接ヒトラーの大本営と電話で連絡をとり、その実状を説明して一つの提案をした。彼はヨードルに向って、段々時間がなくなっている、バストーニュは多くのめんどうを起している、第七軍は自分の側面を援護できるほど前進していない、まもなく南から道路ぞいに連合軍の大規模な反攻が開始されるだろうというようなことを強調した。

「ヒトラーが何を望んでいるか、今夜私に知らせてほしい。問題は、私が自分の全力をあげてバストーニュを取るか、それとも小部隊でここを遮閉し続けておいて、主力をミューズ河の方へ投ずるかどちらかである。

「私はそこで、今我々ができることは、せいぜいミューズ河まで行くことだけであると言って、次にその理由を述べた。第一はバストーニュで遅れたことである。第二は第七軍が非常に弱体化していて、南からくる道路を全部閉塞しきれないということである。第三に、もう戦闘八日もすぎたのだから、連合軍はミューズ河の線のところへ相当強力に集結しているに違いない、その強力な防御を排して渡河することは不可能であろう。第四に、第六機甲軍は未だそれほど深く浸透しておらず、しかもすでにモンショウ＝スタヴロの線で停止している。そして第五に、我々はミューズ河のこちら側で戦わざるを得ないことは明らかである。というのは、私はユイにあった連合軍の輸送本部からの無電を聞いたが、それによると、敵の増援がそこの橋を渡って送られてきているということを規則正しく報告していた——我々は暗号を解読することはできたのである。」

その後でマントイフェルは自分の提案をした——ミューズ河の東側にいる連合軍を包囲するために、河の近くで北へ向って円形に攻め、その湾曲部にいる敵を掃討しよう。そうすれば味方の体勢が強化され、そこを持ち続けることができるであろう。「私はこの目的で以って、O・K・Wの予備軍と第六機甲軍の予備軍とを合わせた全兵力を、ウルツ川の南、ラロッシュのあたりに集めて、そこからマルシュを通ってリエージュの方向へ円を描いて旋廻攻撃をすることを強調した。『私にこの予備兵力を貰いたい。そうすれば私はバストーニュを取り、ミューズ河に達し、さらに北へ廻って第六軍の進撃を援護できるだろう』そして次の諸点を強調しておいて電話を切った――今夜のうちにこの返答を貰いたい。O・K・Wの予備軍はガソリンを充分持っていなければならぬ、それから空軍の援護を必要とする、と。その時までに私は敵の飛行機しか見ていなかった！

「夜の間に総統の副官であったヨハン・マイヤー大佐がやってきて、討議した後ヨードルに電話した。それから私自身が電話へ出たが、総統はまだ決めていないとヨードルは言う。彼が今単独でできる事は、もう一つ新しい機械化師団を私の方へ廻すことだけであった。

「残りの予備軍が私に与えられたのは、やっと二十六日になってからであった――しかしその時にはもう燃料がなくて動けなかった。一番必要な時に、延々百マイルにわたって座り込んでいたのだ。」（皮肉なことに、十九日にはドイツ軍はスタヴロの近所の、二五〇万ガロンを擁していたアンドリモンの巨大な石油貯臓所から僅か四分の一マイルのところまで来ていたのである。それはドイツがそれまでにろ獲した最大の貯臓所の約百倍の大きさであった）

私はマントイフェルに向って、十二月二十四日になってもなお成功は可能であったと思うか――すぐ予備軍が与えられ、またそれが充分燃料を持っていたとするならば――と尋ねた。彼は答えて、「ある限定された成功だけならやはり可能であったろう――ミューズ河に着くこと、河の向うの橋頭堡を取るということだけならば。」けれどもさらに議論を続けているうちに、そんなに遅れてミューズ河へ着いても、結局長い目で見た時には利点よりも欠点の方が多いだろうということを認めた。

「我々がこの新たな突進をはじめたかと思うとほとんど同時に、連合軍の反撃がはじまった。私はヨードルに電話して総統に伝言をたのみ、前進している部隊をラッシュ＝バストーニュの線まで下げたいと思うと言ったけれども、ヒトラーはこの後退を許さなかった。こうして早期の撤退ができなかったことのために、我々は連合軍の攻撃を受けながら、全く無駄な大損害を出しつつ、チビチビ後退して行った。一月五日には、状況が非常に危険になって、私はモントゴメリーが味方の二つの軍を切断するのではないかと恐れたが、どうにかそれは免れたものの、結局大きな部分が犠牲になった。味方の損害は、ヒトラーの不撤退方針のために、その初期よりも後期の段階になって遙かに多かった。こちらはもうそんな損失には耐えられないほど弱っていたから、もはや破産を免れなかった。」

余波

マントイフェルは、この戦争の最後の段階を、次の二つのセンテンスで要約した。「アルデンヌが失敗してから後は、ヒトラーは『伍長の戦争』をやりだした。もう大きな計画は一つもなく、ただ切れ切れの戦闘が数多くあるだけであった。」

彼は続けて「アルデンヌの攻撃が失敗したのを見て、こうなったらもう全面的な撤退より他はないと思った。——最初はその出発点のところまで、それから次にはライン河の線まで。けれどもヒトラーは耳をかそうとはしなかった。彼はライン河の西で、無駄な戦闘を継続することによって、主力を犠牲にすることの方を選んだのである。」

ルントシュテットもまたこの判断に賛成しているが、ただ彼自身、ドイツ軍切っての攻撃戦法の立役者、提唱者であるにも拘らず、この作戦の利点については最初から全然評価しなかった。「アルデンヌでの我々の攻撃が、一歩一歩と前へ伸びれば伸びるほど、それにつれて味方の側面もまた非常に危く伸びてしまって、そこを突かれるおそれが強くなってきた。」その状況を地図について説明しながら、「私はこの計画の目的が実現されないということが分った時に、もっと早めに攻撃をやめるべきだと思ったが、ただヒトラーがまるで気違いのようになってその続行を主張した。それはスターリングラードの二の舞であった。」

「攻撃は最善の防御である」という軍事的な信念を、一番極端に愚劣な形で展開してみせたのがこのアルデンヌの攻撃である。それは結果的には「最悪の防御」になってしまった——それ以後はもう有効に防ぐこともできなくなってしまったからである。この時以降、ドイツの指揮官達のほとんどすべてのものの考えは、連合軍の攻撃を止めることができるかどうかということではなくて、逆に連合軍はなぜもっと早く進撃してきて、早く戦争を終らせないかということであった。彼らはヒトラーの政策とヒムラーの警察力とによって現在位地に縛りつけられてしまっていたが、もちろん解放されることを望んでいた。この戦争の最後の九ヵ月間、彼らは降伏のとり決めをするために、どうやって連合軍と接触をとるかという議論に多くの時間を費していた。

私が話を聞いた人達は、みな一様に連合軍の揚げた無条件降伏という方針がこの戦争を長びかせる結果になったと主張した。彼らは、これさえなければ自分たちも、またその軍隊も――これの方が一層大事な要素だが――個別的にでも集団的にでも、すぐ降伏しただろうというのである。連合国側の宣伝放送をこっそり聞くということは、誰しも一様にやっていた。けれども連合軍の宣伝は、ドイツ兵に戦をやめさせる誘因となるような積極的な講和条件については何も言わなかった。そうなると今度は、逆にナチの流していたような宣伝、つまり、もし降伏すれば物すごい目にあわされるぞ、という宣伝を裏書きしていることになると彼らは思った。これが結局いつまでも軍隊とドイツ国民とをかりたてて、もうとうの昔に諦らめてしまった戦争をいつまでも続ける結果となったのである。

第二十章　ヒトラー——一人の若い将軍から見た——

アルデンヌ攻撃戦についてのマントイフェルとの話の中で、彼は自分の頭に印象づけられていたヒトラーの軍事的な性格、才能についての描写をしてくれた。これは他の古参の将軍達の話とは非常に違っているのだが、いずれにしても、それが彼の権力と、その失敗との両方の要因を一層良く説明することになると思うので、ここに紹介しておく必要があると思う。

マントイフェルがヒトラーの目にとまった理由というのが面白い。一九四三年八月、彼は第七機械化師団長になった——それは一九四〇年にロンメルが率いていた師団であって、マンシュタインの軍集団に所属していた。そしてその年の秋にロシヤ軍がドニエプル河を越えてきてキエフを取り、さらに西に進んでポーランドの国境に迫った。マンシュタインはこの新たな攻勢を迎え撃つ予備兵力がなかったので、そこでマントイフェルに言いつけて、ともかくもできるだけあたりの部隊をかき集めて、応急措置の反撃をやらせようとした。マントイフェルは進撃してくるロシヤ軍の背後に廻って夜襲をかけ、ジトミールの連結点から追い払い、さらに北へ進んで再びコロステンを取ったのである。マントイフェルは自分の少い兵力をいくつかの機動力のある小グループに分け、よそ目には非常に大きな大部隊のように見せて、そして急反撃によってロシヤの前進を食い止めたのである。

それから後もマントイフェルはこの手法を続けて、つまりロシヤ軍の縦列の間を急襲突破して後に廻り、尻から叩くというやり方を発展させて行った。「もっともこれは、ロシヤ軍が普通のように後方からの補給に頼るという組織をとっていないために、あまり成功はしなかった——こうやって奥へとびこんで行っても私は補給部隊に出会ったことがない——。ただこうやって後ろの敵を叩くと同時に、その司令部と通信基地を押えたことは何度かある。この背後へ廻るという浸透作戦は、相手を混乱させ、さらにそれを大きくして行くのに非常に効果があった。無論これがためには、その任に当る機械化師団自身が、一応必要なものは全部自分で携行していかなければならない。作戦中は後方からの補給には頼れないからである。」（ここでマントイフェルがやったことは、実はイギリスで一九三四―三五年の大演習で、当時第一戦車旅団長であった、後のホッバート大将が、ソールズベリーの平原でやったと同じものである。もっとも当時はイギリスの参謀本部も、こんな戦術が役に立つとは思わなかった。）

ヒトラーはこの新戦術を聞いて大いに喜び、もっと詳しく聞きたいと思った。そこでマントイフェルと戦車連隊長であったシュルツ大佐を、東プロシヤのアウグスブルクの総統大本営に呼びよせて、そこでクリスマスをすごさせた。マントイフェルに祝辞を述べた後、ヒトラーは「クリスマスプレゼントとして、君に五〇台の戦車をやろう」

一九四四年はじめ、マントイフェルは特別に強化された「グロス・ドイチュランド」という名の師団長となり、これを率いてあちこちで戦い、その都度ロシヤ軍の侵透を食い止めたり、あるいは包囲されている味方を救い出したりした。九月に、バルチック海岸の、リガ附近に残留していたドイツ軍への通路を開いてやった後、彼は一躍大出世――西部の第五機甲軍司令官に昇進した。

一九四四年には、ヒトラーの招きに応じて。他の将軍達よりもずっと屢々ヒトラーに会い、当時の緊迫した状態の下での仕事の話と、それから機甲戦の諸問題についてのヒトラーの話し相手になったのである。この密接な接触の結果、マントイフェルは、他の将軍達をこわがらせたり、あるいは催眠術にかけたりしていたヒトラーの、そういう表の底にあるものに触れることができた。

「ヒトラーは一つの磁石のような、そして実際催眠術師的な性格の人物であった。それは何であれ、ともかく自分の意見を進んで述べようとしてヒトラーに会いに行く人々に対して、非常に大きな効果を与えた。つまり、はじめは自分の議論を切り出すが、次第にヒトラーの性格に負けて行く。そうして結局は、自分の意図とは正反対のものに同意して退出してくるということがしばしばあった。私としては戦争の末期にヒトラーを良く知るようになったので、どうやったら彼を話の要点に引き止めておくことができるのか、そして自分の主張を言い続けることができるかということを自得した。私は他の多くの人達ほどヒトラーにこわさを感じなかった。あの、ヒトラーの注目をひいたジトミールの攻撃戦のごほうびで彼に呼ばれたクリスマス休暇の後も、彼は屢々相談のために大本営へ私を呼んだ。

「彼は多くの戦争文学を読んでおり、かつ軍事的な話を聞くのを好んでいたから、そのやり方と、それから前大戦で一兵率として従軍したことの経験からして、戦争についての低い次元の知識は豊富であった――たとえば、種々の兵器の持性とか、土地、天候の影響とか、兵隊の気持や士気といったようなものである。彼はまた特技のように、軍隊がどう感じているかということを測定することも上手であった。私はそういう問題で彼と議論していて、意見が会わなかったことはほとんどない。だが一方、彼は、より高度な戦略論とか戦術的な組合わせのようなことについては、何らの考えもなかったのである。彼は、たとえば一個師団がどう動いてどう闘うかということについては理解ができたが、いくつかの軍がどのように行動するかということについては理解できなかったのである。」それからマントイフェルは、そのいわゆる〝はりねずみ型〟防御体系がどうして工夫されたのか、またヒトラーがどうしてそれに重きを置きすぎるようになったかという話をした。「味方がロシヤ軍の攻撃を受けて退却した時、兵隊達はあたかも磁石にでも引きつけられるように、あらかじめ後方に準備された防御地域に集ってきた。そこまで後退してくると、自然にそこに集結し易くなっていることを知り、そこで頑強な抵抗を示した。ヒトラーはそういう地域の価値と、そこを守ることの重要性を見抜くのが早かった。けれども彼は、ある地区の指揮官に、必要があれば自分の判断でその配置を変えても良いし撤退しても良いという、合理的な行動の幅を与える必要があることは見落していた。彼はいつでも、どんな場合でも、問題を自分のところへ持ってくることを主張した。従って、あまりに頻繁に、彼が決断を下す前に、ロシヤ軍が、もう緊張に耐えられなくなった防御地域を破ってしまったのである。

「彼は戦略戦術の両面において、真の直感を持っており、特に奇襲行動においてそうであったが、ただそれを適当に応用して行く基礎的な軍事的知識を欠いでいた。かつまた、彼は数量だけで一人で陶酔するくせがあり、たとえば何かの議論の途中で、何度も電話をとりあげて、どこかの省か局かの長を呼び出し『これこれはどのくらいあるのか』と言って問い合わせるのが常であった。それから彼は相手のところへ戻ってきて今聞いた数字をあげ、『それ見ろ——』と言うのである。あたかも数字が問題を解決するかのような調子であった。こういう紙の上の数字をそのまま信用するくせがあり、その数字が実際に役に立つかどうかは問わないのである。戦車でも飛行機でも、銃でもシャベルでも——問題が何であろうと、いつでもそういう調子であった。

「何か問題が起ると、彼はいつでもシュペールとブーレの二人をすぐ電話口へ呼び出した。両名は工場の責任者だったのである。ブーレはいつも小さな手帳を持っていて、ヒトラーが聞きそうな数字をそれへ書き込んであり、問われたら適確にさっと答えた。けれどもかりにその数字が実際の生産額であったとしても、その大部分はまだ工場の中にあって、前線の軍隊に届いてないことはしばしばあった。またそれと同じでんだが、ゲーリンクなども、もしロシヤ戦線の方で要るというなら、十個師団ぐらいの地上兵力は空軍からでもすぐに作れるというようなことを良く言っていた。その場合、その将校達は空での訓練しかしてないために、地上でこれを使うためには、相当長期の訓練をしなければならぬということを忘れていたのだ。」

私はマントイフェルに言ったものである。自分がドイツ側の話を聞けば聞くほど、ヒトラーという人は、戦略・戦術両面について極めて独創的な直感力の持主であったらしいのに対して、一方参謀本部の方は、なるほど確かに有能ではあるが、どうもこの独創性という点については多く欠けるところがあったのではないかと思う、と。私が多くの将軍達の話しぶりから察したことは、作戦の技術的な点についてのヒトラーの誤解が彼らの考えと和合せず、そのため常にヒトラーのアイデアの可能な価値を無視する傾向となった反面、一方ヒトラーの方はその将軍達の型にはまった考え方と、その柔軟な理解力のなさに腹を立てたわけである。この調子でけんかが続いていったために、両者の協調が全然とれなくなってしまった。こういう私の結論に対しては、マントイフェルも同感であると言っていた。軍事面の不手際を要約すればそういうことだ。「一九四三年のクリスマスをヒトラーと一緒にすごした時、私も彼にそっくり同じことを言ったのである。その時は戦争の新学派ともいうべき戦車派と、それから古い伝統的な感覚の下に育ってきたグループとの見方の違いについて論じたものであった。上級の将官になればなるほど、新たな状態の下で闘っている軍隊の気持は分らなかった。」

結語

ドイツの戦争指導の記録と、その行動の経過を辿って、さて、そこにどういう結論がでてくるか。戦略・戦術の両面は時に一様ではないまでも、一応見事に遂行されているにも拘らず、それの基礎になる大きな戦争政策というか、大戦略というか、そういう点における完全な失敗がそれである。これはまた二重の意味を持っている。旧来の参謀本部の伝統の下に育った旧いタイプの指導者達は非常に有能であったけれども、天才としての才能がなかった――〝無限に苦労をすることができる〟という意味でならともかくも。その優れた能力には実は固有の限界があった。彼らは昔の戦さの名人と違って、戦争というものを一つの芸術としてではなく、むしろチェスのようにやろうとした。彼らは仲間が新らしい考えを持つことを嫌い、特にそういうアイデアが素人から出てきた時には、一層これをばかにした。また、彼らの大部分は軍事的な分野以外のいかなる問題についても、その理解の能力は限られていた。

他方、ヒトラーの方は新らしいアイデアとか新兵器とか、あるいは新らしい能力というものの価値を認めることにおいて、ずっと早かった。彼は参謀本部より先に快速機械化部隊の潜在力を認識し、かつその使い方でも、彼がひきたてたグーデリアンというこの新兵器の指導的な演出家によって、緒戦の勝利に最も決定的な影響を与えたのである。ヒトラーはその計算あるいは行動の両面において、時に基本的な誤ちを犯したけれども、天才特有の直観力を持っていた。そしてまた彼が探し出し、かつ引き立てていった若い世代の軍人達は、屢々その点についてはヒトラーに似ていた――特に、最も彼に気に入られた「出世組」のロンメルはそうだった。この連中は敵の〝予期しないこと〟についての直観力を持っており、かつそれが敵をマヒ状態に陥れることができるという点において、量り知れない効果を持つということを知っていた。彼らは古典的な術策や戦略へ、新たな装いをつけて持ち戻してきた。それは、過去半世紀にわたって確立された戦争学の教師達によって時代遅れと宣言され、近代戦争には適用不可能であると宣告されたものである。そういった戦争の正統派理論の誤りをまざまざと見せつけることに成功したことによって、ヒトラーは軍という階級組織の上へ自分の有利な地歩を築いて行ったが、元来彼はその軍の階序組織をつぶしてしまうよりも利用することに急だったのだ。

ドイツの長い戦争遂行の過程の中では、こうした素人の直観の方が事実によって正当化されたこともしばしばあったし、またその反対に、完全に数学的に計算された職業的専門家の方が正しいこともあったけれども――もちろん、長い目で見た時には自然にそちらの方が多かった――この両者の間の嫉妬と、その上、必然的に増大しがちな意見の衝突とが、実際の失策以上に遙かにドイツにとって致命傷になった。これについての第一の責任者は、いつでもそうであるように、確立された階序組織の方である。こういう結果は不可避であったかも知れない。というのは、戦争というものはその遂行者に知恵を授けるような活動ではなく、また反対の意見を妥協させるような性質のものでもない。ヒトラーの政策とその気質からすれば、彼はいかなる状況の下においても抑制することは極めて困難であったろう。けれども相手の職業専門軍人の態度が悪かったり、またヒトラーの洞察力の方が、将軍達よりも屢々に正しかったりしたということが、彼を増々制御しがたいものにした。けれども、いずれの側も自分の能力の限界には気がつかなかったのである。

いずれにしても――今度の戦争におけるドイツの将軍達は、その職業人という点から言えば、最上のできの人達ばかりであった。ただもし彼らの視野がもっと広くて、かつその理解力が深ければ、さらに一層良かったであろう。けれども、もし彼らがそれほど立派な「達人」になっていたとしたならば、彼らは軍人たることをやめたであろう。

訳者あとがき

本書は、『ドイツの将軍たちは語る』(The German Generals Talk.) の全訳である。この本はもと一九四八年に、The Other Side of the Hill. という名で公刊された。『丘の向う側』とでも言うべきか。当時はまだ第二次大戦の終った直後で、史料も未公開のものが多く、正確な戦記もの、回想録の類も少なかったから、このドイツ国防軍生き残りの将軍たちの直話は非常に大きな興味をよんだ。さほど部厚くはないけれども、尋ねるのは世界有数の軍事学者リデル＝ハートであり、答えるのは、これまた、敗れたりとはいえ、足かけ七年にわたって全欧洲を震憾させたドイツ国防軍の作戦の枢機に参画した、ルントシュテット、ブルメントリット以下の錚々たる将帥たちであったから、その証言はおそらく第一級の史料にも劣らぬ価値を持つであろうと思われた。現に本書の内容で、その後の諸書に引用され、公知の事実になっているものも非帯に多い。

著者のリデル＝ハートは一八九五年、パリに生れた。父は聖職者であったようである。ケンブリッヂ大学を卒業してから第一次大戦に従軍して負傷し、さらにのちに健康を害して、三十一歳で大尉の時に軍籍を去った。彼はそれから軍事学の研究に没頭し、特に当時まだ未開拓であった空軍と機械化戦争の研究者として有名となり、その名は次第に大陸諸国、アメリカにまで聞えるに至った。ドイツの百科辞典、大ブロックハウスの中で彼のことを、〝近代機械化戦争理論の開拓者〟として紹介しており、これはまた、本書にも出てくるドイツ機甲部隊の生みの親たるグーデリアン将軍の言葉でもある。結局彼は英・独両国の機甲戦力のパイオニアで、やがてこの二国を通して世界の近代戦争論の創設者になった。大戦の少しまえ、一九三七年には、時の陸軍大臣、ホール＝ベリシャの顧問にもなったが、イギリスの防衛態勢の遅々として進まないのにゴウをにやして、ほどなくその職を去り、デリー・テレグラフ、タイムズ等の軍事問題通信員として与論の喚起につとめたりした。第二次大戦後は英・米その他各国の大学、研究所等に招聘され、一九六六年にはナイトに叙せられ、Sir の称号を賜わった。一九七二年、逝去している。

本書の中で著者は、大戦略というものにうとかったドイツの将軍たちの限界について述べているが、これはいづこの国の軍隊にもあてはまることではあるまいか。また、個々の戦闘の記述を通じて、ヒトラーが常に最少限度の撤退をも許さなかったことのために生じた漠大な犠牲とか、リデル＝ハートの持論であるところの柔軟防御のすすめ、さらには七月二十日事件のドイツ国防軍の上層部に与えた影響等の記述の中に、本書の特色が散見される。

最後に本書の刊行に当って、原書房の高橋輝雄氏が、校正、編集その他に関して多くの協力をされたことについて、末尾ながら特に附記して、お礼を申し述べたい。

一九七三年三月

岡本鐳輔

1942—43年　対ソ戦で第９軍司令官
1943年10月—44年８月　対ソ戦で北部方面軍司令官，南部方面軍司令官，中部方面軍司令官を歴任
1944—45年　西部〝B〟軍集団司令官（1944年８月末，一時西部総軍司令官）

ハインリッキ
1940年　対仏第12軍団長
1941年　対ソ第43軍団長
1942年５月—44　年対ソ第４軍司令官
1944—45年　第１機甲軍司令官
1945年３月　ベルリンを含む西部方面軍司令官

ティッペルスキルヒ
1941—42年　対ソ第30歩兵師団長
1943—44年　対ソ第12軍団長
1944年５月—７月　対ソ第４軍司令官（飛行機事故で負傷）
1945年　イタリヤ第14軍司令官，４月東部ドイツ第４軍司令官

マントイフェル
1940—41年　対仏戦および対ソ戦で第７機甲師団（ロンメル）中の快速歩兵連隊長
1942年　対ソ戦で第７機甲師団中の快速歩兵旅団長
1943年　初期チュニジアでの混成師団長
1943—44年　対ソ戦で第７機甲師団長　ついでグロス・ドイチュランド機甲師団長
1944—45年９月　西部第５機甲軍司令官

ブルメントリット
1939—40年　対ポーランド戦及び対仏戦で，ルントシュテット軍集団参謀長
1941年　対ソ戦で第４軍（クルーゲ）参謀長
1942年　参謀次長
1942年９月—1944年９月　西部総軍参謀長
1944年10月—1945年５月　西部軍団長および軍司令官

クルーゲ

1939年　　　対ポーランド戦で第四軍司令官

1939—40年　対仏戦で第四軍司令官

1941年　　　対ソ戦で第四軍司令官

1942—43年　中部方面軍司令官に昇任（飛行機事故で負傷）

1944年7月—8月　西部総軍司令官　解任後自殺

クライスト

1939年　　　対ポーランド戦で機甲軍団長

1940年　　　対仏戦で機甲軍団長

1941年　　　対ソ戦で機甲軍団長

1943年　　　対ソ戦で第一機甲軍司令官

1942—44年10月　対ソ戦で〝A〟軍集団司令官　解任

マンシュタイン

1939年1月　対ポーランドおよび対仏戦でルントシュテット軍集団の参謀長

1940年　　　対仏戦で第38軍団長

1941年　　　対ソ戦で第56機甲軍団長

1941年9月—42年11月　対ソ，第11軍司令官

1943年　　　対ソ戦で南部方面軍司令官

1944年3月　解任

ロンメル

1940年　　　対仏戦で，第7機甲師団長

1941—43年4月　北阿軍団長ついで機甲軍司令官

1943年　　　北イタリヤ方面軍司令官

1944年　　　西部〝B〟軍集団司令官　7月負傷，10月強制自殺

トーマ

1936—39年　スペイン内乱でのドイツ義勇軍司令官

1939年　　　対ポーランド戦で機甲旅団長

1940年　　　参謀本部機動局長

1941—42年　対ソ戦で機甲師団長，ついで軍団長

1942年9月—11月　アフリカ軍団長，アラメインで捕虜

モーデル

1940年　　　対仏戦でブッシュ将軍の率いる第16軍の参謀長

1941年　　　対ソ戦で第3機甲師団長ついで第3機甲軍団長

ドイツ軍統帥部の構成

三軍総司令官
1933—38年　ブロンベルク
1938—45年　ヒトラー，カイテル

国防軍総司令官
1933—38年　フリッチュ
1938—41年　ブラウヒッチュ
1941—45年　ヒトラー

参謀総長
1933—38年　ベック
1938—42年　ハルダー
1942—44年　ツァイトラー
1944—45年　グーデリアン

本書に登場する将軍たちの官職

ルントシュテット
1935年　対ポーランド戦で南部方面軍司令官
1939—40年　対仏戦で〝A〟軍集団司令官
1941年　対ソ戦で南部方面軍司令官
1942—44年7月2日，および
1944年9月4日—45年3月18日　西部総軍司令官

ボック
1939年　対ポーランド戦で北部方面軍司令官
1939—40年　対仏戦で〝B〟軍集団司令官
1941年　対ソ戦で，中部方面軍司令官
1942年　初期に解任

レープ
1939—40年　対仏戦で〝C〟軍集団司令官
1941年　対ソ戦で北部方面軍司令官
1942年　初期に辞任

ライヘナウ
1939年　対ポーランド戦で第十機甲軍司令官
1940年　対仏戦で第六軍司令官
1941年　対ソ戦で第六軍司令官
1941年12月　南部方面軍司令官に昇任
1942年1月　死亡

本書は一九七六年小社刊『ヒットラーと国防軍』の新装版です。
刊行にあたって訳者に連絡がとれませんでした。お心当たりの
方は小社までご連絡下さい。

ベイジル・ヘンリー・リデルハート（Sir Basil Henry Liddell-Hart）
1895-1970年。ケンブリッジ大学で歴史学を専攻。第一次世界大戦では陸軍将校として従軍し、西部戦線で負傷。のちに陸軍教育団に所属するが、1927年、大尉で退役。以後、作家、ジャーナリストとして、軍事史、軍事評論家として活躍。戦争の世界史を解読し、「間接アプローチ戦略」を提唱した主著『戦略論』他著書多数。

岡本鐳輔（おかもと　らいすけ）
大正9年高知県に生まれる。昭和21年9月東京大学法学部を卒業。日本工業大学教授（初版刊行時）。専攻は憲法、政治学。著書に『現代世界と学生』（共著）がある。

ヒトラーと国防軍《こくぼうぐん》

●

2010年9月23日　第1刷

著者……………B・H・リデルハート
訳者……………岡本鐳輔《おかもとらいすけ》
発行者……………成瀬雅人
発行所……………株式会社原書房
〒160-0022 東京都新宿区新宿1 25 13
電話・代表　03(3354)0685
http://www.harashobo.co.jp/
振替・00150-6-151594
本文印刷……………株式会社平河工業社
カバー印刷……………株式会社明光社印刷所
製本……………小高製本工業株式会社

ISBN 978-4-562- 04641-6, printed in Japan